정보통신법연구 II

통신법의 집행절차 및 불복제도

-이원우 편-

景仁文化社

머리말

우리나라 정보통신법제가 가진 여러 가지 문제 중에서 실무상 가장 문제가 되는 것이 집행절차라고 할 수 있다. 어쩌면 통신법상 집행절차의 문제는 우리나라 행정법제 전체적인 문제의 반영이라고 할 수 있을 것이다. 행정절차법, 행정규제기본법, 정보공개법 등 행정의 투명성과 적법절차를 확보하기 위한 법제도가 1990년대 말 도입되어 시행되고 있지만, 이들 법제도 자체의 미비점들은 차치하고라도 현행제도의 정신마저도 행정실무의 현장에서는 제대로 준수되지 못하는 경우가 허다한 것이 현실이다.

한편으로는 규제법제의 실효성 확보를 위해 법령위반에 대한 효과적인 제재수단이 확보되어야 하고, 그 집행이 효율적으로 이루어져야 할 것이지만, 다른 한편으로는 그 과정에서 규제권이 남용되거나 불필요하게 국민의 자유와 권리가 제한되는 일이 없도록 적법절차의 원리가 충실히 지켜져야 할 것이다.

이러한 관점에서 통신시장규제의 합리화를 위해서는 통신시장규제권을 집행하고 있는 통신위원회, 정보통신부, 공정거래위원회 등 규제기관의 집행절차를 면밀히 분석하여 문제점을 도출하고, 적법절차 원리가 충실히 구현될 수 있도록 개선방안을 모색할 필요가 있다.

이 책의 제1장은 이러한 문제의식에 따라 기획한 연구성과를 모은 것이다. 여기서는 각 국가별 전문연구자들이 미국, 영국, 독일, 프랑스 등 선진국에서 통신규제법 집행절차의 현황과 시사점을 검토한 후, 이를 기초로 우리나라 통신규제 집행절차의 문제점을 분석하고 대안을 제시하고 있다. 부디 우리의 연구가 우리나라 통신법 집행절차의 합리화에 조금이나마 기여하기를 바란다.

제2장 제1절은 통신법상 제재수단 가운데 실무상 가장 중요한 수단으로 사용되고 있는 과징금제도의 문제점과 그 개선방안에 관한 연구이고,

제2장 제2절은 통신위원회의 재정의 의의 및 문제점을 분석하고 불복수단의 개선방안을 모색하는 글이다. 현실적으로 통신규제기관의 제재에 대해서 소송이 제기되지 않고 있는 실정을 고려할 때, 앞으로 실질적인 불복가능성을 제고하기 위한 다양한 연구가 수행될 필요가 크다고 할 것이다.

이 책은 서울대학교 공익산업법센터 연구총서(CeLPU 연구총서)의 두 번째 기획물이다. 이 책과 동시에 정보통신법연구 I (통신시장에 있어서 전문규제기관과 일반경쟁규제기관의 관계)과 정보통신법연구 III (통신법상 이용자보호 및 공정경쟁을 위한 규제제도의 주요쟁점과 개선방향)이 함께 출간된다. 우리센터에서는 곧이어 정보통신법연구 IV (방송통신융합에 따른 규제체계의 정비방안)와 정보통신법연구 V (방송통신시장과 규제정책) 그리고 (가칭)식품안전법연구 I (현행 식품안전법제의 쟁점과 개선과제)도 출간할 계획이다. 독자들의 많은 관심을 부탁드린다.

이 책 역시 정보통신법연구 I 과 마찬가지로 KT와 SKT의 연구지원을 받아 수행된 연구결과를 정리한 것이다. 우리 센터의 후원사인 KT와 SKT에 대해서 깊은 감사의 말씀을 드린다.

이 책의 편집은 지난 2월까지 공익산업법센터 선임연구원으로 있었던 순천향대학교 김상태 교수가 책임을 맡았다가, 김 교수가 대학으로 자리를 옮기고 난 뒤에는 공익산업법센터의 김태오 연구원이 그 뒤를 이어 책임을 맡아주었다. 책임감 있게 성실히 임무를 수행해준 김상태 교수와 김태오 연구원에게 감사의 말을 전한다. 그 밖에도 공익산업법센터 연구원으로 있는 최지은 석사, 윤지은 석사, 그리고 서울대학교 석사과정의 최정윤 학사도 번거로운 교정과 편집의 임무를 성실히 수행해주었다. 이들 연부역강한 젊은 연구자들에게 학운이 깃들기를 기원한다.

2008년 2월
서울대학교 법과대학 연구실에서
공익산업법센터장 이 원 우

차 례

제2장
전기통신사업법상 행정제재와 불복절차

■ 필자 약력
■ 서울대학교 공익산업법센터 소개

제1장

통신규제 집행절차 제도개선의 과제

제1절 통신시장에 대한 규제집행절차의 개선*
─미국 연방통신위원회의 경우─

Ⅰ. 통신전문규제기관으로서의 연방통신위원회

1. 개 관

연방통신위원회(Federal Communications Commission: FCC)는 1934년 창설된 미국의 통신전문규제기관으로 직접 의회에 대해 책임을 지는 독립된 정부기관이다. FCC가 창설될 당시는 대공황과 뉴딜정책으로 '큰 정부'가 요구되던 시기였는데, ICC(주간통상위원회), FRC(연방무선위원회), DOC(상무부) 등으로 통신규제권한이 분산됨에 따라 관할권에 혼란이 있다는 우려가 있었으며, 방송을 개념적으로 분리하지 않고 통신으로 통합하여 보는 시각의 영향을 받아 독립규제위원회 형태로 설치되었다. 본부는 워싱턴에 있고 전국 각지에 지역사무소와 현장사무소가 산재하고 있다.

FCC는 1934년 통신법 규정을 충실하게 시행하는 것을 목적으로 한다. 즉, 보편적 서비스를 추구하고, 소비자의 이익을 보호하며, 산업구조의 원활한 개편을 지원하고, 장기적으로 사업자간의 비차별적인 규제를 지향한다. 그 밖에도 지배적 사업자의 효율적 관리, 전기통신부문의 혁신 촉진, 공정경쟁여건의 조성, 효율적인 자원관리 등을 목적으로 한다.

---

* 경건(서울시립대 교수).

FCC의 주요업무는 통신정책의 수립과 규제이다. FCC가 담당하는 업무를 구체적으로 보면, 통신정책 수립업무로서 규칙 · 규정의 제정, 무선통신사업자의 진입허가, 방송국허가 및 운용감독, 기술표준 설정 및 감독, 서비스품질 감시, 요금규제, 상호접속조건 제정, 주파수 할당 및 조정, 번호계획 통제, 전기통신관련 국제협상 지원 및 국제협약 이행의 책임, 규정위반자에 대한 제재 등이 있다.

FCC가 관할하는 영역은 라디오, TV, 유 · 무선, 위성, 케이블에 의한 모든 주간 및 국제통신 등에 걸쳐 매우 다양하다. 다만, 주내통신과 유선방송사업자의 사업구역 신청 등은 PUCs(공익산업위원회)의 관할사항이며, 방송, 저작권법, 영화산업, 음악산업, 시청률조사, 광고료, 이윤율, 허위광고 등은 FTC(연방거래위원회)의 관할사항이다.

2. 위원회의 구성

1) 위원회

위원회(Commissioners)는 대통령이 상원의 권고와 인준에 따라 임명하는 5인의 위원으로 구성되며, 위원의 임기는 5년이다. 1983년 7월 이전에는 7년 임기의 7명의 위원으로 구성되어 있었다. 업무의 연속성을 보장하기 위하여 위원들을 한꺼번에 교체하지 않는 스태거링 시스템(staggering system)을 채택하고 있다. 위원이 되기 위한 자격요건으로는 우선 미국 시민이어야 하고, 지나친 정치적 편향을 막기 위하여 동일 정당 소속 위원의 수가 3명 이하이어야 하며, 이해관계로부터의 중립을 위하여 유무선 통신설비회사 및 통신사업자와 직접적으로 금전관계에 있거나 그런 관계에 놓인 사람에 의해 고용된 자이어서는 아니되고, 일단 위원으로 임명되면 다른 사업, 직업 또는 고용직에 근무할 수 없는 제한이 있다.

위원회는 공개의제회의(open agenda meeting), 폐쇄의제회의(closed agenda meeting), 특별회의(special meeting), 회람(circulation) 등과 같은 회의를 통하여 운영된다. 공개의제회의에서는 위원들이 토의를 원하는 어떠한 의제도 토론가능하며, 폐쇄의제회의에서는 사전에 미리 합의된 의제만 토론가능하다. 위원회는 위원 과반수의 찬성으로 의결한다.

2) 위원장

위원장(Chairman)은 대통령이 위원 중 1인을 지명한다. 위원장이 공석인 경우에는 위원회 스스로 대행을 지정한다. 위원장은 위원회의 모든 회의와 회합을 주재하고, 위원회의 업무와 관련된 사항에 대해 위원회를 대표하며, 위원회의 업무체계를 조직하고 조정한다.

3. 위원회 산하조직의 구성

1) 실조직(staff office)

室은 주로 위원회의 법률적 이해관계를 대표하고, 기술적·경제적 조언을 제공하기도 하며, 그 밖에 위원회의 운영에 관한 총괄업무를 담당한다. 현재 Office of Administrative Law Judges(행정심판관실), Office of Communications Business Opportunities(통신사업기회실), Office of Engineering and Technology(공학기술실), Office of the General Counsel(일반법무실), Office of Inspector General(감사실), Office of Legislative Affairs(입법업무실), Office of the Managing Director(사무총장실), Office of Media Relations(매체관계실), Office of Strategic Planning & Policy Analysis(전략기획 및 정책분석실) 및 Office of Work Place Diversity(직장다양화실) 등

10개의 실로 구성되어 있다.

2) 국조직(operating bureau)

현재 Consumer & Governmental Affairs Bureau(소비자·정부업무국), Enforcement Bureau(집행국), International Bureau(국제국), Media Bureau (매체국), Wireless Telecommunications(무선전기통신국), Wireline Competition Bureau(유선경쟁국) 등 6개의 局이 있다.

II. 미국 연방행정절차법상의 규제집행절차

1. 규칙제정(rulemaking)

1) 適用除外規則制定(exempted rulemaking)

미국연방행정절차법(Administrative Procedure Act: APA)은 정식과 약식 2개의 규칙제정[1]절차를 두고 있는 한편, 적용제외를 명시하고 있다. 우선 §553(a)는 (1) 합중국의 군사 또는 외교기능, (2) 행정기관의 내부관리, 인사, 국유재산, 대부금, 보조금, 급부금, 계약에 관한 사항을 §553의 적용에서 일률적으로 제외하고 있다. (1)의 경우에 대해서 행정기관 스

---

1) APA는 "규칙이란 법 또는 정책을 집행하고 해석하고 또는 규정하여 행정기관의 조직, 절차 등을 정하는 행정기관의 의사표시의 전부 또는 일부로서 장래에 향하여 효력이 있는 것을 말한다"고 하고 있는데, 주의할 것은 일반적 뿐만 아니라 개별적으로 적용됨에 불과한 경우도 포함한다는 점이다. 우리의 경우 행정처분으로 이해되는 요금인가 등도 규칙으로 분류되고 있다(5 U.S.C. §551(4)). 규칙제정은 규칙을 제정, 개정 또는 폐지하는 행정과정을 말한다 (§551(5)).

스로의 재량에 의해 절차적 요건을 부가하는 경우는 거의 없다. 그러나 군사·외교에 관련되는 사항 전부를 §553의 적용에서 배제하는 합리적 이유가 반드시 명확한 것은 아니다. 그래서 학설 중에는 이 조항의 적용을 제한적으로 해석하고자 하는 것도 있었다.2) 또 의회에서도 법개정으로 동조항의 적용범위를 축소하려는 시도가 행해진 적이 있다. 합중국행정회의(Administrative Conference of the United States)도 군사외교에 관한 규칙제정에 대하여 개선을 권고하고 있다. 이 권고에 기하여 국방부는 국방부 또는 공중의 중대하며 정당한 이익에 반하지 않는 한, 공중에게 중대하며 직접적인 영향을 가지는 규칙을 제정할 경우 public comment 절차를 취한다는 취지의 규칙을 제정하였다.3)

(2)는 ① 인사를 포함한 광의의 행정기관의 내부관리와 ② 재산적 사항으로 대별할 수 있다. ①의 경우를 §553의 적용제외로 하는 것을 정당화하는 근거는 일반국민의 권리의무에 직접 영향을 주지 않는 것이기 때문이므로, 행정기관의 내부관리나 인사에 관련되는 규칙이더라도 일반 사인의 권리이익에 상당한 영향을 주는 경우에는 §553(a)(2)에 해당하지 않는다는 것이 판례의 일반적 경향이다. ②의 경우는 §553(a) 중에서 특히 커다란 문제를 가지고 있다. 이의 주된 정당화근거는 권리와 특권의 준별론(doctrine of right-privilege distinction)에서 찾을 수 있지만, '적법절차의 폭발'의 단서를 제공한 Goldberg v. Kelly, 397 U.S. 254(1970) 이후 양자의 준별론은 부정되고 있고, 오늘날 ②의 경우를 §553의 적용제외로 하는 것에는 강한 반대가 있다. 급부행정의 비중이 높아짐에 따라 그 개혁을 구하는 소리도 강해지고 있다. 합중국행정회의는 입법적 개혁을 구하는 권고를 하고 있고, 의회에도 §553(a)(2)의 재산적 사항을 삭제하는 법안이

---

2) 군사·외교기능에 관한 규칙을 제정하는 연방행정기관의 대부분도 그러한 규칙제정의 전부를 일률적으로 §553(b) 이하의 적용제외로 할 필요가 없는 것에는 암묵적으로 동의하고 있었다고 한다.

3) 32 C.F.R. §336.3.

여러 번 상정되었다. 또 행정기관 중에는 재산적 사항에 관한 규칙을 제정하는 경우의 절차적 규칙을 자발적으로 정하는 경우도 있다.

적용제외규칙제정 중에는 §553(b)(A)(B)에 해당하는 경우가 있다. §553(b) 본문은 告知(notice)절차를 정하고 있는데, 단서 (A)(B)의 경우에는 이 고지절차의 적용이 제외된다. (A)(B)에 관해 명시적으로 적용제외가 인정되고 있는 것은, 이처럼 고지에 관해서만이지만, §553(c)의 comment 절차는 §553(b)의 고지절차를 전제로 하고('After notice required by this Section') 있기 때문에, §553(b) 본문의 적용이 제외되면 당연히 §553(c)의 적용도 제외되게 된다. §553(a)에 해당하는 경우와 §553(b)(A)(B)에 해당하는 경우의 차이와 관련해서는, 전자의 경우에는 §553 전체가 적용되지 않음에 반해, 후자의 경우에는 §553(e)의 적용은 배제되지 않게 된다. 따라서 §553(b)(A)(B)에 해당하는 규칙에 대해서는 이해관계인은 그 제정·수정·폐지를 청원하는 권리를 가진다.

§553(b)(A) 가운데 조직법적 규칙은 법규명령은 아닌 점이 고려된 것으로 보인다. 또 절차적 규칙은 국민의 권리의무에 영향을 주지만, 이미 APA에 의해 규칙제정 일반에 관해 최소한의 절차적 보장은 행해지고 있고, 또 규칙제정에 대해서는 연방헌법 수정5조의 적법절차의 보호는 주어지지 않는다는 것이 다수설이기 때문에, APA에 저촉되지 않는 한에서는 행정기관이 어떠한 절차로 절차적 규칙을 정할지는 행정기관의 재량에 맡겨도 지장이 없다고 고려한 듯하다. 해석적 규칙과 정책의 일반적 선언(general statements of policy)은 모두 사인을 법적으로 구속하는 것은 아니고, 법원도 이에 구속되지 않는다. 해석적 규칙은 우리나라의 解釋通達에 가까운 것이고, 정책의 일반적 선언이란 年報 등의 형태로 제시된 행정기관의 정책에 관한 일반적 태도표명으로, 이러한 것도 APA에서 말하는 규칙에 포함된다. 우리나라 같으면 처분으로 취급될 요금인가도 APA에서는 규칙으로 취급되고 있어, APA에서 말하는 규칙제정은 우리의 행정입법보다 광범한 대상을 포함하고 있다.

§553(b)(A)에 관하여 실제로 가장 문제가 되는 것은 해석적 규칙이다. 어떤 규칙이 해석적(interpretative)인지 실체적(substantive)인지가 반드시 명확한 것은 아니다. 실체적 규칙은 APA에서 사용되는 용어(§553(d)(1) 및 §552(a)(1)(D) 참조)이다. 실체적 규칙은 행정기관이 제정법의 위임에 기하여 작성하고, 법률을 보충하는 규칙으로 법으로서의 효력을 가지는 것이라는 것이 입법자의 의견이다. substantive의 반대말은 procedural이므로, interpretative rule에 대립하는 의미에서 substantive rule이라는 용어를 쓰는 것은 적절하지 않으므로, 강학상으로는 입법적(legislative) 규칙으로 부르는 경우가 많다.[4] 해석적 규칙과 입법적 규칙을 구별하는 기준으로는 다음의 3가지가 많이 사용된다. 첫째, 법률의 위임에 기한 것인지 여부를 징표로 하는 경우가 있다. 둘째, 일반사인에 대한 법적 구속력의 유무를 기준으로 하는 것이 있다. 그러나 법률의 위임에 기하지 않고 일반사인에 대한 법적 구속력을 가지지 않는 규칙이더라도, 국민에게 사실상 상당한 영향(substantial impact)을 주는 이상, 입법적 규칙으로 간주하여 public comment 절차를 밟아야 한다는 입장도 있다.[5] 이는 해석적 규칙의 정의에 관한 입법자 의사로부터는 괴리되어 있지만, 이해관계인의 보호에 두터운 기준이라 할 수 있다. 1970년대에는 비교적 유력하였던 이 기준은, 문리적 해석으로는 무리가 있기 때문에 최근에는 지지를 잃고 있다.

해석적 규칙과 입법적 규칙을 구별하는 실익은, APA의 규칙제정절차가 적용되는지 여부뿐 아니라 사법심사와 관련해서도 있을 수 있다. 즉 이론상으로는 법원은 해석적 규칙에 전혀 구속될 필요는 없고, 그와 독립

---

4) 절차적 규칙은 많은 경우 입법적 규칙이기도 하기 때문에 절차적 규칙과 입법적 규칙은 반드시 대립하는 개념은 아니다.

5) 판례가 채택하고 있는 Legal Effect Standard에도 Substantial Impact Test에도 결함이 있고, 이 적용제외규정을 폐지하는 것도 적절하지 않다는 견해도 있다. 합중국행정회의도 해석적 규칙에 대해서는 APA를 개정하여 규칙제정 후에 public comment의 기회를 주어야 한다고 제언하고 있다. 宇賀克也, 『アメリカ行政法』, 弘文堂, 2000, 69면 참조.

하여 스스로 해석을 하는 것이 가능함에 반해, 입법적 규칙의 경우에는 §706(2)(A)의 재량권남용심사가 행해지게 되어 행정기관의 판단이 상당히 존중되게 된다. 그러나 실제로는 해석적 규칙의 경우에도 법원은 행정기관의 해석을 상당히 존중하고 있어, 이 점에서는 입법적 규칙의 경우와 거의 차이가 없다고 한다. §553의 규칙제정절차가 사용되는 것은 행정기관으로서도 많은 정보를 수집할 수 있다는 장점이 있지만, 시간과 비용이 드는 절차를 회피하려는 경향도 보인다. 예컨대, Citizens Communications Center v. FCC, 447 F.2d 1201(D.C. Cir. 1971)에서는 연방통신위원회가 TV·라디오 면허의 갱신기준의 중대한 변경을 정책성명의 형식으로 하여, 이해관계인에게 의견표명의 기회를 전혀 주지 않았던 것이 다투어졌다.

§553(b)(B)는 행정기관이 정당한 이유로 고지 및 그에 기한 공개절차가 실행불가능, 불필요 또는 공익에 반한다고 인정하는 경우에는 §553(b) 본문의 적용이 배제된다고 한다. 다만 이 경우에는 제정하는 규칙에 상기 사유가 인정된다는 것 및 그 간결한 이유를 부기해야 한다. 행정기관의 이러한 인정도 사법심사의 대상이 되고, 따라서 법원이 행정기관이 인정한 사유가 존재하지 않는다고 판단하면 public comment 절차를 생략한 규칙은 취소되게 된다(§706(2)(D)). §553(b)(B)에 해당하는 예로서 공중의 생명, 건강 등을 보호하기 위해 긴급하게 규칙을 제정할 필요가 있는 경우, 절차가 중복된다든지 규제가 경미한 것인 경우, 가격동결명령과 같이, 사전에 고지를 하면 규칙의 목적이 손상되어 버리는 경우 등이 상정되고 있다. 그러나 이 조항은 규칙의 실체적 내용을 불문하고 일반적으로 적용될 수 있는 것이므로, 운용할 때에는 약식규칙제정의 적용범위를 대폭적으로 제한할 가능성을 내포하고 있다. 실제로 이 조항 적용의 시비가 다투어진 사례에서 법원은 public comment 절차를 생략함에 충분한 정당한 이유가 없다고 판시하는 경우가 드물지 않다.

다만, 적용제외규칙제정이라고 하더라도 그것은 APA의 규칙제정절차의 이용이 의무화되어 있지 않다는 것이지 행정기관이 자발적으로 무언

가 규칙제정절차를 정하는 것을 금지하는 취지는 아니다. 합중국행정회
의는 해석적 규칙이나 정책의 일반적 선언이 공중에게 상당한 영향을 주
는 경우에는 공중에게 참가의 기회를 줄 것을 권고하고, §553(b)(B)가 규
정하는 '정당한 이유'에 의한 적용제외가 인정되는 경우에도 사후적으로
public comment를 구할 것을 제언하고 있다. 또 의회도 적용제외규칙제
정의 경우에 대해 법률로 일정한 절차를 행정기관에게 과하는 것은 가능
하다.

2) 略式規則制定(informal rulemaking)

앞의 적용제외규칙제정에 해당하지 않는 경우에는, 다른 법률에 특별
한 규정이 없는 한, 규칙제정 일반에 §553이 적용된다. 규칙 시행일 30일
이전에 규칙을 공시 또는 송달해야 한다는 요건(§553(d))은 약식규칙제정
에도 일반적으로 적용되지만, 예외적으로 다음 3가지 경우에는 적용이 제
외될 수 있다. 첫째, 입법적 규칙 자체가 30일 요건의 적용제외 또는 제한
을 규정하고 있는 경우, 둘째, 규칙이 해석적 또는 정책선언인 경우, 셋째,
행정기관이 정당한 이유에 기하여 별도의 규정을 두고 당해 규칙과 함께
그것을 공포한 경우이다. 30일 요건을 제외하면, §553이 요구하는 것은,
기본적으로는 규칙안의 고지(§553(b))와 의견진술(§553(c))의 절차뿐이다.
그 때문에 §553의 절차는 종종 notice and comment procedure라고 불린
다. 고지는 통상 연방관보(Federal Register)에 규칙안을 게재함으로써 행
해진다. 그러나 APA의 정의에 따르면, 규칙은 일반적으로 적용되는 것
뿐만 아니라 특정인에 대해서만 적용되는 경우도 포함하기 때문에, 규칙
의 수범자가 소수인 경우에는 수범자에게 직접 규칙을 송달함으로써 공
시에 갈음할 수도 있다. 또 그 이외의 방법에 의한 경우이더라도, 법이
정하는 바에 따라 실제로 고지가 행해지고 있다면 충분하다. 고지해야 할
내용은 ① 공개적인 규칙제정절차가 행해지는 경우 그 일시, 장소, 성질,

② 규칙작성의 근거가 되는 권한규범, ③ 규칙안 등의 전문 또는 요지 혹은 주제와 문제가 되는 사항의 설명이다. 고지가 행해진 다음 이해관계인에게 의견을 진술할 기회가 주어지는데, 구두에 의한 의견표명의 기회를 줄지 여부는 행정기관의 재량에 따른다. 행정기관은 표명된 의견을 고려한 다음 규칙을 제정하고 그 근거 및 목적의 개요를 간결하게 기재해야 한다. 이 기재는 약식절차에서 논의된 주요한 정책사항은 무엇이었는지, 그리고 왜 행정기관은 그러한 방침을 선택한 것인지를 법원이 알 수 있을 정도로 이루어져야 한다.[6]

APA가 적용되는 규칙제정은 약식과 정식으로 2분되는데, 전자는 §553의 절차규범의 적용을 받을 뿐이다. 이 절차는 다양한 정보를 수집하여 행정기관에게 넓은 시야를 주는 것을 주된 목적으로 만들어진 것으로, 이 점에 관해서 §553은 우수한 방법을 정하고 있다. 그렇지만 이해관계인의 권리이익의 보호라는 측면에서 보면, 반드시 충분하지는 않다는 비판이 적지 않다. 즉, 행정기관은 이해관계인으로부터 제출된 의견 이외의 자료를 참고하는 것은 자유이지만, 어떠한 자료를 고려하였는지를 보일 필요는 없다. 또 다른 이해관계인이 어떠한 의견을 제출하였는지도 공표되지 않는다. 나아가 이러한 자료의 존재를 알고 정보자유법(Freedom of Information Act)에 의해 그것을 입수할 수 있었다고 하더라도, 반대심문을 할 권리는 인정되지 않는다. 그 때문에 최근 피규제자측에서 약식규칙제정에서의 절차적 보호를 가중하라는 요청이 행해지고 있다.

약식규칙제정의 비중이 증대함에 따라 실체적·절차적으로 그 통제를 강화하려는 움직임이 많이 목격된다.

우선, 집행부(executive branch)에 의한 통제부터 보면, 닉슨대통령 이후 역대 대통령은 규제의 경제적 영향을 배려하기 위한 통제를 시도하였는데, 레이건대통령은 대통령명령 제12291호로 약식규칙제정절차에 대해

---

6) Automotive Parts & Accessories Ass'n v. Boyd, 407 F.2d 330, 338(1968).

비용편익분석을 이용한 강력한 통제를 하였다.

레이건대통령은 나아가 대통령명령 제12948호를 발령하였는데,7) 이는 규제계획과정(regulatory planning process)의 확립을 의도한 것이다. 이 명령 아래에서 집행부의 각 행정기관은 다음 연도에 계획되고 있는 모든 중요한 규제활동을 기술한 규제프로그램案(Draft Regulatory Program)을 작성하여 이를 행정관리예산청(Office of Management and Budget)에 제출할 것이 의무 지워진다. OMB장관은 이 프로그램이 정권의 방침과 일치하는지를 심사할 권한을 가진다. 이 심사 후 행정기관은 최종적 규제계획을 작성하고 이를 OMB에 제출해야 한다. OMB는 이에 기하여 정권규제프로그램(Administration Regulatory Program)을 작성하여 연방관보에 공표한다. 행정기관이 최종적 규제계획에 포함되어 있지 않거나 그와 실질적으로 다른 규제를 하려는 때에는 OMB의 심사를 받아야 한다. 대통령명령 제12948호도 역시 제12291호와 마찬가지로 약식규칙제정의 실체적 통제를 의도한 것이다.

레이건대통령은 1987년에 대통령명령 제12606호(가족에 관한 것), 대통령명령 제12612호(연방제에 관한 것), 1988년에 대통령명령 제12630호(재산권에 관한 것)를 발령하고, OMB에는 이 영역에서의 규제정책을 조정하는 역할이 주어졌다. 같은 공화당 부시정권은 기본적으로 레이건의 규제정책을 답습하였는데, 부통령을 장으로 하는 '경쟁력에 관한 위원회(Council on Competitiveness)'를 설치하고, 이 위원회에 주요한 규칙제정에 관여할 권한을 부여하였다. 클린턴정권은 1993년에 대통령명령 제12866호를 발하였다. 이것은 레이건정권의 대통령명령 제12291호, 제12948호를 골격에서 계승하면서도, 합중국행정회의의 권고에 따라, OMB의 '정보 및 규제사항실(OIRA)'의 제안에 의해 규칙안에 변경이 행해진 때에는 최종규칙을 공포할 때에 그 변경사항을 명확하게 하는 등 OMB와

---

7) 50 Fed.Reg. 1036(1985).

행정기관의 협의의 투명화를 도모하는 등의 조치를 강구하고 있다.

의회 역시 규칙제정의 통제에 적극적이다. 비교적 최근까지 의회가 즐겨 사용해 온 것이 의회거부권(congressional veto) 또는 입법거부권(legislative veto)이다. 의회거부권의 대상은 반드시 규칙제정에 한정되지 않지만, 그 주안은 규칙제정, 특히 약식규칙제정의 실체적 통제에 있었다. 1983년의 위헌판결 후에도 의회거부권은 형태를 바꿔 존속해 왔는데, 1996년의 議會審査法은 광범한 규칙을 의회가 심사하는 메커니즘을 만들어 내었다.

의회는 나아가 집행부와 마찬가지로 규제영향분석을 요구함으로써 규칙제정의 실체적 통제를 도모하고 있다. 비용편익분석을 의무지운 연방법은 약식규칙제정이 급증한 1970년대에는 현저히 증가하고 있다.

규칙제정의 의회에 의한 통제로는 나아가 規制柔軟性法(Regulatory Flexibility Act)[8]을 들지 않을 수 없다. 이는 중소기업의 로비활동에 의해 카터정권 말기인 1980년 9월 19일에 성립한 것이다. 동법에 따르면 행정기관은 규제를 창설하려는 때에는 고지를 하기 전에 제1차규제유연성분석(initial regulatory flexibility analysis)을 해야 한다. 이 분석에서는 당해 규칙을 제정하려는 이유, 규칙의 목적과 법적 근거, 규칙의 영향을 받는 중소단체수, 당해 규칙에 의해 부과되는 보고·기록 등의 의무(이러한 의무가 부과되는 중소단체의 종류, 보고나 기록을 위해 필요한 전문기술 등을 포함), 당해 규칙안과 중복 또는 저촉될 수 있는 연방의 규칙, 중소단체에의 중대한 경제적 영향을 감소시킬 수 있는 代替案을 설명해야 한다. 제1차규제유연성분석 또는 그 요지는 규칙안의 고지시에 연방관보에 함께 공표되어야 한다(§603). 행정기관은 특히 중소단체가 이에 대해 의견을 진술하기 쉽도록 여러 가지 배려를 해야 한다(§609). 또 행정기관은 제1차규제유연성분석의 등본을 1통, 중소기업청의 수석법무관에게 송부해야 한다(§603). 최종적인 규칙을 공표하기 전에 행정기관은 최종

---

8) 5 U.S.C. §§601-612.

규제유연성분석(final regulatory flexibility analysis)을 해야 한다. 최종분석에서는 규칙의 필요성과 목적, 제1차규제유연성분석에 대한 comment에서 제기된 사항, 그에 대한 행정기관의 평가의 요지, comment의 결과로서 규칙안에 행해진 변경, 중소단체에의 경제적 영향을 완화하기 위하여 행정기관이 고려한 대체안, 그 대체안이 선택되지 않은 이유를 제시하여야 한다. 행정기관은 최종적인 규칙을 연방관보에 게재할 때에 최종규제유연성분석도 공표하여야 한다(§604). 행정기관이 당해 규칙이 공포되더라도 상당수의 중소단체에게 중대한 경제적 영향을 미치는 것이 아니라는 점을 증명하면, §603, §604의 절차를 취할 필요는 없다. 이 경우 규칙안 또는 규칙을 연방관보에 게재할 때 동시에 증명서와 간결한 이유를 등재해야 한다. 또 중소기업청 수석법무관에게 증명서와 설명서를 송부해야 한다(§605). 중소기업청 수석법무관은 행정기관이 규제유연성법을 준수하고 있는지를 감시하여 적어도 1년에 한 번은 이 점에 대해 대통령, 상하양원 사법위원회, 중소기업위원회에 보고해야 한다(§612).

의회에 의한 규칙제정의 통제로서는 절차적 통제도 중요하다. 말할 것도 없이 APA는 일반법이기 때문에 개별법률에서 특별한 규정을 하면 APA에 우선한다. 그래서 약식규칙제정에 해당하는 경우에 개별법으로 §553의 절차에 덧붙여 공청회의 개최의무 등 이해관계인의 권리보호를 위한 절차를 요청하는 사례가 증대해 왔다.

나아가 의회는 1990년에 '교섭에 의한 규칙제정법(Negotiated Rule-making Act)'을 제정하였다. 이 법률은 한시법이었지만, 1996년 의회는 이 법률을 항구법으로 전환하였다.9)

사법부 역시 한편에서 규칙제정 확대의 사회적 요청에 따라 그 요건을 완화하면서, 다른 한편에서 규칙제정에 대한 통제를 강화하고 있다.

규칙제정 요건의 완화부터 살펴보면, 첫째, 위임금지원칙(non-delega-

---

9) Pub.L. No.104-320 §11, 110 Stat. 2870, 3873.

tion doctrine)의 적용 억제를 들 수 있다. 연방대법원은 1935년 2개의 판결10)에서 이 이론에 근거한 위헌판결을 내린 이후 한 번도 위임이 포괄적임을 이유로 한 위헌판결을 하고 있지 않다. 학설 중에는 제정법상의 기준의 요청을 단념하고 절차적 통제나 행정기관에 의한 재량기준의 설정에 의해 재량통제를 도모해야 한다는 것도 있다(다만 전통적인 위임금지 원칙의 부활을 제창하는 견해도 있다).

둘째, 일반적 근거규정에 기초한 입법적 규칙의 승인을 들 수 있다. 전통적인 해석에 따르면 입법적 규칙의 제정에는 법률에 개별적인 근거규정을 요한다. 이러한 개별적 근거규정과는 달리 많은 법률에 두어져 있는 일반적 근거규정("본법의 목적달성을 위하여 필요한 규칙을 제정할 수 있다."고 규정하고 있는 경우가 보통이다)은 해석적 규칙을 제정할 수 있음을 확인하는 규정으로 해석되어 왔다. 그러나 최근 법원은 ① 당해 규칙이 근거법의 목적에 합리적으로 관련되어 있을 것, ② 적절한 절차에 의해 제정되어 있을 것의 2가지를 조건으로 하여 일반적 근거규정에 의한 입법적 규칙의 제정을 명시적으로 인정함에 이르렀다.

셋째, 규칙제정과 재결의 선택에 관해 행정기관에 넓은 재량을 인정하고 있다. APA는 규칙제정과 재결 2개의 행위유형을 정하고 있는데, 행정기관은 전에는 규칙제정의 이용을 그다지 선호하지 않았다. 그러나 다수의 학설은 규칙제정의 재결에 대한 우월성을 이유로 규칙제정의 적극적 활용을 제창하게 되었다. 행정기관도 특히 1960년대 후반부터 종래에는 정식재결만으로 처리해 온 분야에서 약식규칙제정을 많이 사용하게 되었다. 이것이 增分모델(incremental model)에서 包括合理性모델(comprehensive rationality model)로의 변화라 불리는 현상이다. 판례는 규칙제정과 재결의 선택에 관하여 행정기관이 광범한 재량을 가짐을 인정함으로써 이 경향을 조장하였다.

---

10) Panama Refining Co. v. Ryan, 293 U.S. 388; Schechter Poultry Corp. v. U.S., 295 U.S. 495.

이처럼 이 문제는 일반적으로 규칙제정과 재결과의 선택의 문제로 표현되고 있지만, 양자는 배타적인 양자택일의 관계에 있는 것은 아니어서, 규칙제정이 행해지더라도 그 분야에서 재결이 배제되는 것은 아니다.

이상과 같이 판례는 한편에서는 널리 규칙제정을 인정하면서, 다른 한편에서는 규칙제정에 대한 통제를 강화해 왔다.

첫째, 執行前(pre-enforcement)訴訟의 광범한 승인을 들 수 있다.

APA는 이미 제정 당초부터 규칙에 대한 직접심사(direct review), 즉 규칙 자체를 직접 공격하는 소송의 가능성을 인정하고 있었지만,[11] 실제로는 성숙성(ripeness)의 이론에 의해 청구가 부적법하다고 한 경우가 많았다. 따라서 규칙위반을 이유로 하여 제재를 부과하는 소송에서 규칙의 무효 항변을 제기하는 간접심사(collateral review)가 주류였다. 그러나 1967년의 Abbott Laboratories v. Gardner, 387 U.S. 136에서 규칙은 특정의 개인에게 적용될 때까지는 성숙하지 않았다는 추정이 부정되고, 특별한 이유가 없다면 공포 후 곧바로 소송으로 다툴 수 있다고 된 이래 집행전소송이 증가하여, 오늘날에는 간접심사보다도 직접심사가 일반적으로 되었다.[12]

둘째, Hardlook 어프로치의 생성발전을 들 수 있다.

전통적인 행정기관＝공익옹호자 모델이 비판되고, 1970년대가 되면, 이익대표(interest representation) 모델이 미국행정법학의 주류가 되는데, 이는 약식규칙제정의 사법심사에도 영향을 주었다. APA는 약식규칙제정의 사실인정의 사법심사에 관해서는 재량권남용심사를 예정하고 있을 뿐이다. 따라서 사실인정이 불합리(irrational)하지 않다면, 규칙을 취소할 수는 없다. 그러나 행정과정에서의 이익대표의 균형을 회복하기 위해서는,

---

11) "… 사전의 적절하고 배타적인 사법심사의 기회가 법에 의해 정해져 있는 경우를 제외하고, 행정기관의 행위는 사법적 집행을 위한 민사 및 형사소송절차에서 사법심사에 복한다."고 §703에 정해져 있고, 여기서 말하는 행정기관의 행위는 규칙을 포함한다(§551(13)).

12) 최근 법률로 집행전소송을 배타적 소송형식으로 하는 예가 보이고 있다.

최소한의 합리성심사만으로는 불충분하고, 행정기관이 관계 제이익을 엄격하게 고려하는 것이 불가결하다고 여기기에 이르렀다. 그리고 다른 합리적인 선택지를 고려하였는지, 선택지의 비교를 위하여 필요한 사실을 고려하였는지, 당해 선택지를 채택한 것의 충분한 이유가 부기되어 있는지 등이 심사되게 되었다. 다만, 이 시기의 Hardlook 어프로치는 당해 선택지를 선택한 것의 실체적 합리성까지는 심사하지 않는 것으로 準節次的 어프로치(quasi-procedural approach)라 불린다. 1980년대가 되면 規制緩和(deregulation)의 사법심사가 중요하게 되는데, 이 영역에서는 Hardlook 어프로치가 실체적 합리성에 입각하여 심사하는 것으로 발전하고 있다.

셋째, 행정기록(administrative record)의 중시를 들 수 있다.

APA 아래에서는 정식규칙제정의 경우와 달리 약식규칙제정에 대해서는 행정기관은 기록에 근거한 결정이 의무 지워져 있지 않다. 그러나 법원은 후자의 경우에도 행정과정에서 충분한 기록을 수집·보존할 것을 요구하고, 이 기록에 의해 행정기관의 판단을 합리화할 수 없는 경우에는 규칙을 취소한다는 태도를 취하게 되었다.

넷째, 하급심판례 중에는 약식규칙제정에서도 법률이나 행정기관의 규칙으로 부과된 이상의 절차를 취할 것을 행정기관에 명하는 것이 1970년대에 많이 보이게 되었다. 이것이 混合規則制定(hybrid rulemaking)이다.

APA의 약식규칙제정절차는 입법 당시 그 자체로서는 현저하게 번잡한 것으로 상정되었던 것은 아니지만, 의회, 대통령, 법원에 의한 통제 강화의 결과, 약식규칙제정절차의 '硬直化(ossification)' 현상이 지적되고 있다. 약식규칙제정절차가 번잡하고 시간이 걸리는 것이 되었기 때문에, 행정기관은 입법적 규칙이 아니라 해석적 규칙이나 정책성명에 보다 많이 의거하게 된다든지, 규칙제정절차에 대신하여 재결절차를 선택한다든지, 경우에 따라서는 규칙제정에 의할 것을 필요로 하는 행정사무에 대응하는 것 자체를 단념한다든지 하는 예조차 보고되고 있다. 그 때문에 학계에서는 이러한 상태를 어떻게 해소할 것인지가 진지하게 논의되게 되었다.

3) 混合規則制定(hybrid rulemaking)

약식규칙제정은 1960년대 이후부터 급증하였다. 그에 따라 이 방식으로는 이해관계인의 보호에 불충분하다는 비판도 강해졌다. 그러나 정식규칙제정절차도 문제가 많다고 인식되었다. 그래서 한편에서는 이해관계인의 참가를 보다 실효적으로 하고, 다른 한편에서는 과도한 사법화를 회피할 수 있는 절충적인 규칙제정의 창조가 각 방면에서 요청됨에 이르렀다. 이것이 혼합규칙제정, 요컨대 약식규칙제정절차에 심의회에의 자문 등 무언가의 절차가 부가되어, 약식규칙제정절차와 정식규칙제정절차의 절충적 형태를 취하는 규칙제정절차이다. 이 혼합규칙제정절차의 창조에 가장 적극적이었던 것이 항소법원, 특히 워싱턴DC 연방항소법원이다.

초기에는 혼합규칙제정의 근거를 절차적 적법절차(due process)에서 구하려는 시도도 있었다. 1966년의 American Airlines, Inc. v. CAB, 359 F.2d 624에서, 원고는 허가의 변경에 즈음해 사전에 對審型 의견청취(trial-type hearing)를 할 것을 법률이 정하고 있음에도 불구하고, 민간항공위원회가 약식규칙제정에 의해 이를 한 것은 위법이라고 주장하였다. 법원은 이 사안에서 약식규칙제정에 의해 일반적 기준을 정하는 것은 적법하다고 하면서도, 절차적 적법절차의 요청으로서 對審型 의견청취가 요구되는 경우가 있을 수 있음을 시사하였다. 그러나 연방대법원은 United States v. Florida East Coast Ry., 410 U.S. 224(1973)에서 규칙제정에서는 적법절차의 요청으로서 구두절차가 의무 지워지는 것은 아니며, 더군다나 대심형 의견청취가 요구되는 것은 아님을 분명히 하였다.[13]

그러나 항소법원은 혼합규칙제정의 필요성을 인정하기 위한 다른 방법을 고안하고 있었다.

---

13) 그러나 그 후의 판례 중에도 적법절차를 하나의 근거로 들고 있는 것이 없는 것은 아니다. 이를테면 규칙제정에서의 일방적 접촉(ex parte contact)이 적법절차의 이념에 반한다고 판시한 판결이 있다.

하나는 제정법이 규칙제정에 관해 일반적으로 수권하면서 규칙에 대해서는 실질적 증거심사(substantial evidence review)를 해야 한다는 취지로 규정하고 있는 경우 이러한 유형의 사법심사는 통상 정식규칙제정에 대하여 인정됨에도 불구하고 혼합규칙제정을 의무지운 것으로 해석하는 방법이다.

나아가 §553의 확장해석을 통하여 이해관계인의 절차적 보호를 확장해 가려는 경향도 인정되었다. 예컨대 §553은 규칙제정의 기초가 되는 중요한 자료의 공개를 행정기관에 의무지우는 것은 아니지만, 판례 중에는 기본적 자료가 제공되지 않음으로써 의미있는 의견진술이 행해지지 못한 때에는 의견진술이 거부된 것과 같다고 판시함으로써 규칙안의 기초가 되고 있는 중요 자료를 공표할 것을 행정기관에 요구한 것이 있다.

또 실정법의 해석을 벗어나 커먼로로서 혼합규칙제정의 법리를 형성한 판례도 있다.[14]

혼합규칙제정에서 요구되는 부가적 요건은 다양한데, 중요한 정보의 공개, 설득력 있는 의견에의 응답, 일방적 통신의 금지, 때로는 반대심문까지 인정한 판례도 있다. 이러한 혼합규칙제정의 발전은 약식규칙제정의 서면 의견청취(paper hearing)化라고 부를 수 있을 것이다.[15]

그러나 1978년 유명한 Vermont Yankee Nuclear Power Corp. v. Natural Resources Defense Council Inc., 435 U.S. 519에서 연방대법원은 판례에 의한 혼합규칙제정의 창조를 부정하는 판결을 내렸다.[16] 본건에

---

14) 다만, 헌법의 적법절차조항이나 APA에 언급이 없는 판례에서도, 그에 화체된 공정절차의 이념이 참작되지 않은 것은 아니다. 따라서 헌법이나 제정법을 벗어난 순수한 커먼로라고 불러도 좋은지에는 문제가 남는다.

15) 서면 의견청취라는 용어는 원래 APA에서 public comment의 기회만 주어졌던 절차가 원칙적으로 서면에 의한다고는 하더라도, 의견청취라고 부를 가치있는 것이 되었다고 하는 인식 아래에서 사용된 것인데, 오늘날에는 정식규칙제정이나 정식재결에서의 의견청취가 구두절차에 의하지 않고 서면절차에 의해 행해지는 경우에도 사용되고 있다.

16) 다만, 본판결도 극히 예외적인 경우에 법원은 실정법이 요구하는 이상의 절차를

서 행정기관은 약식규칙제정에도 불구하고 구술 의견청취를 하였는데, 워싱턴DC 항소법원은 이것으로도 불충분하고 중요사항에 관해 반대심문이 필요하다고 판시하였다. 대법원은 전원일치로 이 판결을 파기하고 대립하는 사회적·정치적 제세력의 타협으로 성립한 APA에 제시된 입법자의 의도를 변경하는 것은 사법의 영역이 아니며, 만약 법원이 절차요건을 창조하는 것이 허용되면 사법심사는 전혀 예견할 수 없게 되어 결국 행정기관은 취소를 걱정해 시간이 걸리는 정식규칙제정을 이용하도록 강요될 것이라고 판시하였다. 다만 이 판결은 법률이나 행정기관의 규칙에 의해 혼합규칙제정을 정하는 것까지 부정한 것은 아닌데, 이 유형의 혼합규칙제정은 현재에도 적게나마 존재하고 있다.

하급심 법원은 일반적으로 말해 Vermont Yankee 사건에서의 대법원 판결에 따라 혼합규칙제정을 단념하였지만, APA의 약식규칙제정의 요건을 엄격하게 해석함으로써 의연하게 강력한 사법통제를 하고 있다. 예컨대, 규칙안을 공표함에 즈음해 그 기초가 된 중요한 정보를 공개하는 것은, 혼합규칙제정이 아니라 §553(b)에 의해 요구된다고 해석하고 있다. 그리고 규칙제정절차에서 나온 중요한 의견에의 응답도, Hardlook 어프로치에 의해 의무 지워진다는 입장이 오늘날에도 판례법이다. 한편 일방적 통신의 금지에 대해서는 워싱턴DC 항소법원은 이를 엄격하게 요구하지 않고 있다.

4) 正式規則制定(formal rulemaking)

§553(c) 제3문은 "규칙이 행정기관의 의견청취를 거쳐 기록에 기하여 제정되어야 함을 법률이 요구하고 있는 때에는 (c) 대신에 §556, §557이 적용된다."고 규정하고 있다. §556, §557은 대심형 의견청취를 정하고 있

행정기관이 이행하도록 명령하는 경우가 있을 수 있음을 부정하는 것은 아니다.

다. 이 §556, §557이 적용되는 규칙제정은 정식규칙제정 또는 '기록에 기초한 규칙제정(on the record rulemaking)'이라 불린다. 어떤 법률이 "on the record after opportunity for an agency hearing"이라는 문언을 그대로 사용하고 있으면 그 규칙제정이 정식의 것임에는 의문이 없다. 그러나 입법자는 반드시 이러한 문언을 사용하지 않기 때문에 해석상 의문이 생기는 경우가 적지 않다. 원래 'hearing'이라고 하면 §556, §557이 전형적으로 예상하고 있는 대심형 의견청취가 당연히 염두에 두어져 있었지만, 'hearing'이라는 말은 그 후 극히 다의적으로 사용되게 되었다. 이는 적법절차의 요소인 'hearing'에 대해서는 상당히 일찍부터 지적되고 있었는데, 연방대법원은 Florida East Coast 사건에서 규칙제정과의 관계에서도 이를 분명히 하였다. 이 사건에서는 州間通商委員會는 'hearing'을 거쳐 규칙을 발할 수 있다고 법률이 정하고 있음에 불과한 경우, APA의 정식규칙제정이 요구되는지 여부가 다투어졌다. 연방대법원은 'hearing'이라는 용어는 그 자체로는 다양한 의미를 가진다고 하고, 입법자의사에 비추어 보아도, 의회가 이 사례에서 주간통상위원회에 정식규칙제정을 의무지우는 취지였다고는 단언할 수 없다고 하였다. 다만, 본건 판결도 "on the record after opportunity for an agency hearing"라는 §553(c)의 문언이 그대로 사용되고 있지 않더라도 정식규칙제정으로 해석될 여지가 있음은 부정하지 않고 있다. 그러나 정식규칙제정을 의무지우는 입법자의사가 명백하지 않은 한, 약식규칙제정으로 해석해야 한다고 하였다. 이에 의해 정식규칙제정으로 해석되는 경우는 극히 한정되게 되었다. 이 판결은 정식규칙제정을 명시적으로 비판하고 있는 것은 아니지만, 규칙제정에서 대심형 의견청취를 이용하는 것은 바람직하지 않다는 가치판단이 근저에 깔려 있다는 지적이 행해지고 있다. 食品藥品局이 땅콩버터는 땅콩을 87% 포함해야 하는지, 90% 포함해야 하는지에 관해 몇 주 동안에 걸쳐 의견청취를 하고 수백 페이지에 달하는 서류를 작성한 것으로 악명 높은 이른바 땅콩버터사건[17] 비판에 보이는 것처럼, 정식규칙제정이 불필요하게 시간과 노력을 소모한다는 지적은 넓게 이루어지고 있었다.[18] 이러한 비판에 따라 대법원도 정식규칙제정의 적용을 가능한 한 제한하는 해석론을 채택한 것이다.

§556, §557이 적용된다고는 해도 정식규칙제정에 대해서는 정식재결에 비해 약간 절차가 완화되어 있다.

첫째, §556(d)에서는 당사자에게 구두로 주장·반론을 할 권리를 인정하고 있는데, 규칙제정에서는 당사자의 이익을 해치지 않는 한 서면절차를 채택하는 것이 명시적으로 인정되고 있다(이 경우에도 반대심문의 권리는 보장해야 한다).

둘째, 규칙제정에서는 행정기관 스스로 의견청취를 주재하지 않는 경우에도 행정심판관(Administrative Law Judge: ALJ)에게 기록을 송부하게 한다든지 행정기관의 책임있는 직원에게 결정안을 권고하여, 잠정적 결정(tentative decision)을 하는 것이 인정되고 있고(§557(b)(1)), 나아가 부득이한 경우에는 이 잠정적 결정의 절차조차 생략할 수 있다고 하고 있다(§557(b)(2)). 이는 규칙제정에서의 의견청취에는 순수하게 정책적인 판단형성을 위한 것이 있을 수 있음을 인정하고, 이러한 경우에는 ALJ의 기여는 적다는 인식에 기초하고 있다.

셋째, 정식재결과 달리 §554는 적용되지 않기 때문에, 행정기관의 재결기능과 다른 기능과의 엄격한 분리는 요구되지 않는다. 따라서 정식규칙제정절차의 결정권자가 의견청취의 장 밖에서 행정기관의 직원과 자유로이 협의하는 것도 인정된다. 다만, §557(d)는 적용되기 때문에 외부인과의

---

17) 이 규칙제정에서는 잠정적인 결론이 제시된 것이 의견청취 종료 18개월 후이고, 최종적인 규칙(33 Fed.Reg. 17482(1967))이 공포된 것은 그 7개월 후였다.

18) FDA에서 행해진 16개의 정식 의견청취 가운데 2년 이내에 규칙제정이 종료한 것은 하나도 안 되고, 2건에서는 10년 이상의 시간이 걸려, 평균하면 약 4년을 요하고 있다. 정식규칙제정에 너무나 시간이 걸리기 때문에 행정기관 중에는 정식규칙제정절차를 사용해야 하는 행정사무를 실질적으로 방기하는 경우도 있다고 한다.

일방적 통신은 금지된다.

또 정식규칙제정의 사법심사에 대해서는 §706(2)(E)가 적용되는 결과, 실질적 증거심사가 행해지게 된다.

2. 裁 決(adjudication)

1) 略式裁決(informal adjudication)

APA는 §551(7)에서 재결이란 명령(order)을 작성하는 행정기관의 과정이라 정의하고, 명령에 대해서는 §551(6)에서 긍정적·부정적·금지적·선언적 등 그 형식을 묻지 않고 규칙제정 이외의 행정기관의 최종행위로서 허가(licensing)를 포함한다고 정의하고 있다. 이처럼 APA가 정의하는 재결은 극히 넓어, 우리의 행정처분보다도 상당히 많은 대상을 포함하는 것이다. APA는 재결에 관해서는 §554에서 절차적 규제를 정하고 있는데, 이는 §556, §557이 적용되는 경우, 즉 정식재결에 대한 규정이다. 약식규칙제정의 경우와 달리 약식재결에 대한 일반적인 절차는 규정되어 있지 않다. 이는 약식재결이 너무 다양하기 때문이다.

다만, APA가 약식재결에 관련하는 규정을 전혀 두고 있지 않다고 할 수는 없다.

첫째, §554(c)(1)이 시간, 절차의 성질, 공익이 허용하는 때에는 행정기관은 사실, 변론, 화해안, 조정안의 제출과 고려의 기회를 모든 이해관계인에게 주어야 한다고 하고, §554(c)(2)가 당사자가 합의에 의해 분쟁을 해결할 수 없는 경우에는 §556, §557의 의견청취의 기회를 주어야 한다고 하고 있는 것은 법률이 정식재결을 요구하고 있는 경우에도 행정기관은 가능한 한 비정식 절차로 당사자가 화해에 도달하도록 노력할 것을 예정하고 있는 것으로 해석할 수 있다.

둘째, §555는 정식절차에 적용이 한정되어 있는 것은 아니기 때문에 동조가 정하는 절차요건은 원칙적으로 약식재결에도 적용된다.

따라서, 약식재결에서도 변호사 기타의 자격을 갖춘 대리인과 함께 출두한다든지, 절차를 대리시킨다든지 하는 것이 인정된다(§555(b)). 또, 행정조사절차에 대해서는 §556(c)가 적용된다. 동조에 따르면 영장, 보고의 요구, 검사 기타의 조사행위 또는 요구는 법이 인정하는 경우에만 행할 수 있는 점, 자료 또는 증거의 제출이 강제되는 자는 그 사본 혹은 등본을 보유하거나 또는 법정의 비용을 지불하고 그 교부를 요구할 수 있음(다만, 비공개의 조사절차에서는 정당한 이유가 있으면 행정기관은 증인에 대해 자기의 증언의 공식조서를 열람하게 하는 것에 그침)을 규정하고 있다. 소환장의 발급에 대해서는 §556(d)가 일반적으로 적용된다. 또, 행정기관의 절차와의 관련에서 이해관계인이 서면으로 한 신청, 청원 기타의 요구의 전부 또는 일부를 거부할 때에는 행정기관은 곧바로 고지를 해야 한다. 사전거부를 확인하는 때 또는 거부의 이유가 자명한 때를 제외하고, 고지에는 거부의 간결한 이유를 부기해야 한다(§556(e)).

셋째, §558(c) 제2문은 당사자가 고의로 위반한 경우나 공중의 건강, 이익, 안전을 지킬 필요상 부득이한 경우를 제외하고, 허가의 철회, 정지, 취소 등은 ① 당해 처분의 근거가 되는 사실 또는 행위에 관해 서면으로 고지를 할 것, ② 피허가자가 법이 정하는 모든 요건에 따르고 있는 점을 변명하거나 또는 요건을 달성할 기회가 주어질 것이 보장되지 않은 한 위법하다고 하고 있다. 따라서, 인허가의 취소·철회 등은 정식재결이 아니라 약식재결로서 행해지는 경우이더라도 원칙적으로 고지와 변명의 기회의 부여는 필요하게 된다.

또, 수정5조가 보호하는 생명, 자유 또는 재산이 박탈되는 때에는 적법절차의 요청으로서 절차적 요건이 부과된다. 또, 개별법률이나 행정기관의 규칙에 의해 약식재결에 관해 일정한 절차적 요건이 필요하게 되는 경우는 당연히 있을 수 있다.

약식절차에 대해서는 APA가 일반적 절차를 정하고 있지 않기 때문에 미국에서도 비교적 최근까지 거의 연구가 행해지지 않았다. 그러나, 행정활동의 90% 이상은 약식재결이고, 이 부분의 고찰을 빼놓고 미국 행정절차의 개요를 파악할 수는 없다.[19]

약식재결에 대해서는 APA의 §554, §556, §557의 적용은 없으므로 개개의 법률이나 행정기관의 규칙에 별도의 규정이 없는 한 행정기관은 아무런 절차적 구속도 받지 않는 것처럼 보이지만, 사실 반드시 그렇지는 않다. 그것은 헌법의 적법절차조항에 의해 어떤 종류의 절차가 요청될 수 있기 때문이다. 그러나 이 적법절차조항이 어떠한 경우에 적용되고, 어떠한 절차적 보호를 요청하는지가 간단히 정해지지는 않는다. 적법절차란 극히 다의적이고 유연한 개념이다. 이를 가장 잘 보여주는 것이 Cafeteria and Restaurant Workers Union 판결의 "적법절차의 본질 그 자체가, 상상할 수 있는 모든 상황에 획일적으로 적용되는 경직된 절차라는 개념을 부정하는 것이다."라는 판시이다.

수정5조(州의 경우에는 수정14조)에 의해 보호되는 법익은 생명, 자유 및 재산이다.

연방대법원은 1974년의 Arnett 판결에서 실체적 권리의 부여는 당해 법률에 의한 절차적 권리의 부여와 밀접하게 결부되고 있다고 하고, 연방 공무원의 해고에 즈음해 적법절차의 적용을 부정하는 듯한 판시를 하였기 때문에, Goldberg 판결 전의 권리·특권 준별론의 부활은 아닌가라는 의문을 학계와 실무계에 준 일이 있었다. 그러나 이 Arnett 판결의 판지는 현재로는 명확하게 부정되고 있다.

적법절차의 적용에 관하여 현재 일반적으로 사용되는 것이 Mathews 판결이 세운 기준이다. 동판결은 행정기관의 행위에 의해 영향을 받는 사

---

19) 약식재결의 기본적인 6가지 유형, 즉 화해, 시험 및 검사, 허가의 효력정지·취소, 선언적 명령, 계약, 사회보장급부에 대한 상세한 설명은 宇賀克也, 『アメリカ行政法』, 弘文堂, 2000, 90~93면 참조.

적 이익, 현재 사용되고 있는 절차에 의해 당해 이익이 잘못 박탈될 위험, 부가적 또는 대체적 절차에 의해 추구되는 편익, 기존의 시스템을 계속하는 것에 대하여 정부가 가지는 이익을 종합적으로 고려하여, 문제가 되는 절차가 적법절차조항 위반인지 여부, 가령 그러하다면 어떠한 부가적 또는 대체적 절차가 헌법상 요청되는지를 정하고자 하였다. 이는 비용편익분석에 의해 그 때마다 유연하게 적법절차에 의한 절차적 보장을 정하고자 하는 것으로, 사실에 즉응한 해결이 도모되는 반면, 판례법이 확립되어 있지 않으면 예측가능성이 결여되게 된다.

그런데 이상과 같은 방법에 따르면 적법절차의 보호가 미친다고 하더라도 그에 의해 요청되는 절차는 사안에 따라 극히 다양하게 된다.

전통적으로 적법절차에 의한 절차적 보호의 중심은 고지·의견청취라고 말해 왔다. 고지해야 할 내용은 불이익처분(안)의 내용, 그 기초가 되는 사실, 구제절차의 고지가 필요하게 되는 경우가 많다. 그러나 긴급하게 행동할 필요가 있는 때에는 사전에 고지를 하지 않더라도 적법절차 위반은 되지 않는다.

적법절차에 의해 요청되는 의견청취의 내용도 다양하다.

이미 1908년 Londner v. Denver, 219 U.S. 373, 386에서 연방대법원은 적법절차가 요구하는 의견청취에 관해 "의견청취란 그 본질상 그것을 받을 권리를 가지는 자가 비록 짧더라도 변론에 의해 그리고 필요하다면 비록 비정식이더라도 증거에 의해 자기의 주장을 입증할 기회를 가질 것을 요구한다."고 언급해, 반드시 대심형 의견청취를 요청하는 것은 아님을 밝히고 있었다. 최근에는 이 의견청취의 요건을 보다 유연하게 해석하는 경향이 강해져 반드시 구술 의견청취(oral hearing)가 아니라도 좋다고 한다. 연방대법원은 이미 1973년에 Florida East Coast 판결에서 입법적 사실('legislative' facts)에 관한 분쟁에 대해서는 구술 의견청취를 하지 않더라도 적법절차에 반하지 않음을 분명히 하였는데, 재결적 사실(adjudicative facts)에 대해서도 구술 의견청취가 필요없다고 한 판례도 적지 않다. 예컨대, 대학에서의 학생의 성적인정과 같이 고도로 재량적인 것, 신청인의 장해의 정도에 대한 의학적 판단과 같이 과학적인 것, 교통벌점의 계산과 같이 순수하게 사무적인 것 등이 그 예이다. 구술 의견청취가 요구되는지 여부를 결정하는 또 하나의 중요한 요소는 당사자가 서면으로 효과적으로 주장을 할 수 있는지이다. Goldberg 판결에서 연방대법원이 구술 의견청취를 의무적으로 한 것은 공적 부조의 수급자는 문장능력에 문제가 있는 경향이 있는 점, 또 변호사를 의뢰할 자력에 문제가 있는 경우가 많은 점을 이유로 하고 있었다. 적법절차가 요청하는 의견청취가 반드시 구술 의견청취가 아닌 것을 명시한 최근의 하급심판례로서는 Gray 판결이 있다. 동판결은 의견청취는 많은 형식을 취할 수 있는 것으로, 정식의 대심형절차인 경우도 있지만, 비정식의 토의인 경우도 있고 또 구술절차를 수반하지 않는 서면 의견청취인 경우도 있다고 말하고 있다. 또, 1985년의 Loudermill 판결에서 연방대법원은 공무원의 징계처분은 당해 공무원의 중요한 재산적 이익의 박탈이므로, 적법절차에 의해 사전에 고지와 의견청취의 기회가 주어져야 하는데, 이 경우의 의견청취는 비정식적인 서면절차로 충분하다고 하였다. 적법절차에 의해 구술 의견청취가 요청되는 경우이더라도 반드시 대심형 의견청취일 필요는 없음을 보인 연방대법원의 대표적 판례로서 Goldberg 판결이 있는데, 이 판결에서는 사후에 대심형 의견청취가 인정되고 있는 것이 사전절차의 간략화를 정당화하는 하나의 이유가 되고 있다. 마찬가지로 Loudermill 판결에서도 사후에 대심형 의견청취가 행해지는데 그것으로 사전절차는 비정식적인 것이라도 좋다고 하였다. 이와 같이 적법절차에 기초한 사전절차의 정도는 사후절차의 충실도도 고려하여 결정된다. 또, 적법절차에 기초한 의견청취는 통상 사전에 행해져야 하지만, 항상 그럴 필요는 없다. 공공의 복지를 위해 긴급하게 행동해야 하는 때에는 사전절차의 생략이 가능하고, 그 경우 사후에 신속하게 의견청취를 할 것이 요청된다. 또, 사전에도 사후에도 행정기관이 무언가 의견청취를 하지 않더라도, 적법절차의 요청이 충족될 수 있다고 한 판결도 있다. 1977년 연방대법원의 Ingraham 판결이 그 예이다. 이 판결에서는 非行을 저지른 학생에 대해 교사가 체벌을 가하는 것을 인정한 州 법률규정은 수정14조의 적법절차의 보호를 요청할 수 있음에 충분한 자유에의 위협이라고 하면서, 교사가 과잉한 체벌을 한 때에는 부상당한 학생은 손해배상청구소송을 제기할 수 있고, 이 소송이 적법절차의 요청을 충족한다고 판시하였다.

적법절차는 절차주재자의 공평성도 요구한다. 공정성에 중대한 의문이 있는 경우에는 忌避申請이 인정된다. 주재자가 절차의 결과에 개인적으로 경제적 이해관계를 가지는 때에 기피할 수 있음은 판례상 확립되어 있다. 또, 주재자가 당해 사안의 사실에 관해 사전에 조사해 偏見(bias)을 가지는 경우, 독립한 판단을 위협할 정도로 강한 외압을 받은 경우 등에 기피가 인정되고 있다. 또, APA의 정식 의견청취가 요구되는 경우 이외에는 의견청취 과정에서 수집된 기록만에 기초하여 결정을 할 필요는 없다고 종래 고려되어 왔지만, Goldberg 판결 등 최근의 몇몇 판결에서는 약식재결이더라도 적법절차의 요청으로서 기록에 기초하는 결정이 요구되는 경우가 있다고 판시한 것이 있다.

변호인의뢰권이나 처분의 이유부기에 대해서는 약식재결의 경우를 포함해 §555에서 일정한 보호가 주어지고 있지만, 이는 약식재결의 모든 경우를 포섭하는 것은 아니고, 개별법률에서 §555의 적용제외를 정하는 것도 가능하다. 따라서 적법절차에 의한 보호가 주어질 수 있는지는 문제이다. 판례는 일반적으로 말해 公費로 변호사를 선임하라고 요구하는 권리가 적법절차에 의해 주어져 있다고는 하지 않는다. 이유부기에 대해서는 정식재결의 경우만큼 상세하지 않아도 되지만, 어느 정도의 이유를 설명할 것을 적법절차의 요청이라 한 것이 있다.

이와 같이 적법절차가 다의적이고 유연성이 큰 것은 개개 사안에서 어떠한 절차적 보호가 헌법상 주어지는지를 사전에 아는 것을 극히 곤란하게 한다. 그래서 최근 학설 중에는 APA가 적용되지 않는 약식재결을 대

상으로 한 약식행정절차법(Informal Administrative Procedure Act)의 제정
을 제창하는 것도 있다.

또한, 약식재결의 사법심사에 대해서도 재량권남용심사가 사용되는데,
약식규칙제정의 경우와 마찬가지로, 법원은 Hardlook 어프로치를 채택하
게 되었다.

2) 正式裁決(formal adjudication)

일반적으로 APA가 정하는 정식재결절차가 행해지는 것은, §554(a)가
정한 대로, 행정기관에 의한 의견청취의 기회를 준 다음 기록에 기초한
결정을 하도록 개별법률에서 규정하고 있는 경우이다. 그러나, 법률에 이
러한 규정이 명시적으로 행해지지 않은 경우에도, 적법절차에 의해 APA
의 §554, §556, §557의 적용이 있는 경우가 있음은 연방대법원이 1950년
에 내린 Wong Yang Sung 판결이 보이는 바이다. 이 사건은 강제퇴거가
명하여진 Sung이 당해 퇴거절차는 APA의 정식재결에서 필요로 하는 기
능분리에 위반하였다고 하며 人身保護令狀을 구한 것이다.

행정기관에 의한 재결 가운데 정식재결이 점하는 비율은 작고, 압도적
다수는 약식재결이다. 다만, 이는 정식재결의 실제 수가 적음을 의미하는
것은 아니다. 1981년에 연방의 ALJ가 처리한 사건 수만으로도 20만 건을
넘었고, 이 수는 연방지방법원 판사가 처리하는 사건 수보다 많다. 다만,
그 태반은 사회보장청의 ALJ에 의한 것으로, 이는 불복신청단계에서 행해
진 것임에 유념해야 한다.

§554(b)는 의견청취의 전제가 되는 고지에 대하여 규정을 두어 ① 의견
청취의 일시, 장소, 성질, ② 의견청취의 근거가 되는 법적 권한 및 관할
권, ③ 쟁점이 되는 사실문제 및 법률문제 등을 적시에 전달해야 한다고
하고 있다. 일시, 장소의 결정에서는 당사자 또는 그 대리인의 이해를 충
분히 고려해야 한다. 종종 문제가 되는 것은 처분안의 명의인 이외의 누

구에게 고지를 해야 하는지이다. 직접 상대방이 아닌 간접적으로 영향을 받음에 불과한 자에 대해서는 일반적으로 고지를 할 의무는 없다. 그러나 최근 많은 행정기관은 이러한 자에게도 고지를 하려 노력하고 있다. 고지가 적절하지 않은 경우에는 처분의 취소사유가 될 수 있다.

§554(d)는 職能分離에 대하여 규정하고 있다. 즉, 증거를 수리하는 공무원은 행정기관을 위하여 조사소추기능을 하는 직원에 대하여 책임을 지거나 또는 그 지휘감독에 복해서는 안 된다(§554(d)(2)). 또, 조사소추기능을 행사한 직원은 당해 사건이나 그와 사실상 관련된 사건에서 결정에 관여한다든지 조언을 해서는 안 된다(다만, 공개절차에서 증인 또는 대리인이 되는 경우에는 그렇지 않다). 그러나 신규로 행해진 허가신청에 관한 사건이나 요금결정에 관한 사건에서는, 과거의 행위에 대하여 제재를 과한다고 하는 그런 성격의 것은 아니기 때문에, 이 직능분리의 규정은 적용되지 않는다. 의견청취절차의 주재자는 당해 절차의 모든 당사자에게 고지를 하여 참가의 기회를 준 다음이 아니면 당해 사건의 사실에 관해 어떠한 자의 의견을 들어서도 안 되지만(§554(d)(1)), 사실문제 이외의 점에 관해 조사소추기능을 행사하지 않았던 직원의 조언을 구하는 것까지는 §554(d)에 의해 명시적으로 금지되는 것은 아니다. 그러나 증언조서, 증거물건, 절차 중에 제출된 모든 서류, 신청이 §557에 기초한 결정의 배타적 기록이 되기(§556(e)) 때문에, 일반직원으로부터 기록의 평가 등에 관해 조언을 듣는 것도 제한되게 된다.

행정기관이 하는 의견청취에서 소송의 경우와 같이 사전에 證據開示(discovery)가 행해질 수 있는지 APA는 규정을 두고 있지 않다. 또, 개별법률에서도 증거개시에 대하여 규정하고 있는 것은 적다.

거증책임을 지는 것은 법률에 별도의 규정이 없는 한 명령을 구하는 자이다(§556(d)). 요구되는 입증의 정도에 대해서는 통상은 증거의 우월(preponderance of evidence) 기준이 사용되는데, 강제퇴거절차와 같이 생명이나 자유에 절박한 위험을 초래할 수 있는 때에는 명백하며 설득력 있는 증거(clear and convincing evidence) 기준이 사용되는 경우도 있다.

정식재결에서도 소송에 비교하면 증거법칙은 완화되어 있다. 예컨대, 聯邦證據規則20)에서는 傳聞證據의 증거능력이 원칙적으로 부정되고 있는데, APA는 무관하다든지, 중요하지 않다든지, 과도하게 중복된 증거의 배제에 관해 규정할 뿐 전문증거의 증거능력을 부정하지 않는다.21) 그 하나의 이유는 소송에서는 비전문가인 배심원이 전문증거를 과대평가할 수 있음에 반하여 정식재결에서는 이러한 걱정이 없기 때문이라고 하고 있다. 또, 소송에서의 '법원에 의한 통지(judicial notice)'에 상당하는 '재결기관에 의한 통지(official notice)'도 전자에 비하여 넓게 인정된다. 다만, 이 official notice는 그 만큼 사용되지 않는다. 행정기관의 결정이 기록에 증거로서 나타나지 않은 실체적 사실에 대한 official notice에 기초하고 있는 때에는 당사자는 적시에 신청을 하면 反證의 기회가 주어진다(§556(e)).

정식재결에서는 당사자에게 서면뿐 아니라 구두에 의해 의견을 진술할 기회가 주어져야 하고, 진실의 완전한 해명에 필요한 한에서 반대심문을 할 권리도 보장된다. 그러나 금전이나 급부의 청구, 신규의 허가신청의 경우에는 당사자의 이익을 해하지 않는 한 구술 의견청취를 하지 않고 서면 의견청취로 갈음할 수 있다(§556(d)).

ALJ가 제1차적 결정(initial decision)을 하는 때에는 규칙이 정하는 기간 내에 행정기관에의 불복신청 또는 행정기관의 직권에 의한 재심사가 행해지지 않는 한, 제1차적 결정이 행정기관의 최종결정이 된다. 행정기관은 고지 또는 규칙에 의해 쟁점이 제한되지 않는 한, 覆審的 審査(de novo review)를 할 수 있다. 당사자는 ALJ의 의견청취에서 제출되지 않았던 주장이나 증거를 이 단계에서 새로이 제출하는 것도 별도의 규정이 없는 한 허용된다. 그러나 실제로는 ALJ의 결정은 상당히 존중된다.

권고적 결정(recommended decision), 제1차적 결정(initial decision), 잠정

---

20) 88 Stat. 1929.

21) §556(d).

적 결정(tentative decision) 또는 행정기관의 재심사에서의 결정전에 당사자
는 사실인정 및 결론에 관해 주장하고, ALJ나 행정기관의 잠정적 결정에
불복을 신청하고, 그 이유를 설명할 적당한 기회가 주어져야 한다. 이러한
주장이나 불복신청에 대하여 어떠한 판단이 제시되었는지는, 기록으로 정
리될 것을 요한다. 모든 결정은 사실인정, 결론, 그 이유, 기록에 나타난 모
든 중요한 사실, 법률, 재량문제에 대한 설명을 포함해야 한다(§556(c)).

　최종재결에 대해서는 1976년 APA 개정에서 일방적 통신의 금지에 관
한 규정이 정비되었다. 즉, 법률에 별도의 규정이 없는 한 ① 행정기관
외의 이해관계인이 결정과정에 관여한다면 합리적으로 예상되는 직원에
대하여, 당해 절차의 본안에 관한 사항에 관해 일방적 통신을 하는 것의
금지, ② 결정과정에 관여한다면 합리적으로 예상되는 직원이 행정기관
외의 이해관계인에 대하여, 당해 절차의 본안에 관한 사항에 관해 일방적
통신을 하는 것의 금지, ③ 이상의 금지에 반하여 행해진 일방적 통신을
공적 기록으로 정리하는 것, ④ 정의의 요청과 행정기관이 운용하는 당해
법률의 방침과 일치하는 한에서, 행정기관은 고의로 이상의 금지에 반한
당사자에게 불이익한 결정을 내릴 수 있다는 것(그 경우 당사자에게 반론
의 기회를 줄 것), ⑤ 일방적 통신의 금지는 행정기관이 지정한 시기부터
시작하지만, 의견청취를 위한 고지가 행해지는 시기보다 늦은 시점을 지
정할 수 없다는 것 등이 분명해졌다(§557(d)).

　§558(c)는 허가에 관하여 특별한 규정을 두고 있는데, 그 제1문에 대해
서는 해석이 반드시 일치하지 않는다. 소수이기는 하지만 판례 중에는
§558(c) 제1문은 허가신청이 행해진 경우에는 원칙적으로 §556, §557의
정식재결이 행해진다는 취지를 정한 것이라고 해석하는 것이 있다. New
York Pathological and X-Ray Laboratories v. INS, 523 F.2d 79(2nd Cir.
1975); United States Steel Corp. v. Train, 556 F.2d 822(7th Cir. 1977);
Porter Country Chapter of the Izaak Walton League of America, Inc. v.
NRC, 606 F.2d 1363(D.C. Cir. 1979)가 그것으로, 이들은 §556, §557은

2개의 경우에 사용된다는 전제에 서 있다. 즉, 하나는 §554(a)가 정하는 것처럼 행정기관의 의견청취 후 기록에 기초한 결정을 하도록 개별법률이 요구하고 있는 경우이다. 또 하나는 §558(c)이 적용되는 경우이다.

그러나 많은 판례는 이 해석에 반대하고 있다. 예컨대, City of West Chicago v. NRC, 701 F.2d 632(7th Cir. 1983)는 §558(c) 제1문이 의미하는 바는 허가신청은 가능한 한 신속하게 처리해야 한다는 것이 불과하다고 한다. §558(c) 제1문은 허가신청이 행해진 경우 §556, §557에 기초한 절차 뿐 아니라 '법이 정하는 기타의 절차'도 부기하고 있다. 앞의 3개 판결은 이 점을 간과하고 있다. 즉, §558(c) 제1문은 허가신청이 행해진 경우 §554(a)에 의해 §556, §557에 기초한 절차가 취해질 수 있음을 인정하고 있지만, 그 이외의 절차가 사용되는 것을 전혀 배제하지 않는다. §556, §557에 기초한 절차는 법이 정하는 절차의 예시에 불과한 것이다. 이는 입법자료에 비추어보아도 긍정된다.

다만, §558(c)이 §554(a)와 독립하여 정식재결의 근거규정이 되는 것은 아닌 점을 인정하였다고 하더라도, §554(a)의 요건에 합치하게 정식재결이 행해지는 것은 어떠한 경우인지에 대해서 판례는 나뉘어 있다. 단순화하는 것은 위험하지만, 일응 협의설과 광의설로 나누어 검토할 수 있다.

협의설은 United States Lines, Inc. v. FMC, 584 F.2d 519(D.C. Cir. 1978) 등이 취하는 것으로, 정식재결이 행해지는 경우를 한정적으로 해석한다. 이 입장에서는 법률이 단지 'hearing'이라는 용어를 쓰는 것만으로는 §554(a)의 요건을 충족하지 못하고, 의회가 정식재결을 요구하는 의사를 보다 명확하게 보이지 않는 한 약식재결로서 처리된다고 하는 것이다. 이 설에서도 'on the record'라는 표현이 사용되지 않으면 절대로 §554(a)의 요건을 충족하지 못한다고 해석하는 것은 아니지만, 사실인정이 의견청취에서 수집된 증거만에 기초하여 행해져야 하는 점이나, 사법심사에 즈음해 실질적 증거법칙(substantial evidence rule)이 사용되어야 하는 점 등 의회가 정식의 의견청취를 요청하는 취지가 명시되지 않으면 안 된다고 한다.

광의설은 Marathon Oil Co. v. EPA, 564 F.2d 1253(9th Cir. 1977)이나 Seacoast Anti-Pollution League v. Costle, 572 F.2d 872(1st Cir. 1978) 등이 취하는 것이다. 이 입장에서도 규칙제정에 대해서는 'on the record'나 그에 필적하는 표현이 사용되지 않은 이상 §556, §557의 적용에는 신중하다. 그러나, 재결에 관해서는 'hearing'이라는 용어는 정식재결을 의미한다고 해석한다. 이 광의설의 기본에 있는 생각은, 모두 §554가 정식재결을 한정하고자 한 것은 대부금, 보조금, 계약 등 본질적으로 사경제적 작용을 제외하고자 한 것에 불과하고, 그 외는 원칙적으로 §554, §556, §557이 정하는 절차에 따라야 한다는 것이다. 그리고 APA의 입법자의사도 마찬가지의 입장이었던 것으로 여긴다.

그러나, 현재의 판례의 대세는 협의설로 기울고 있다. 이는 법원의 다수가 §554, §556, §557의 절차는 지나치게 경직적인 면이 있어, 절차의 유연성, 효율성을 확보하기 위해서는 그 적용범위를 축소하는 것이 좋다고 생각하고 있음을 의미한다. 그리하여 정식재결의 적용범위는 좁아지는 경향이 있는데, 약식재결이라고 부르게 되면 일반적 절차법은 없고 절차적 적법절차가 의미하는 바도 다양하기 때문에, 행정기관으로서도 사인측으로서도 예측가능성이 떨어진다는 난점이 있다. 그래서 광의설을 강하게 지지하는 학설도 있다. 이러한 학설도 APA가 정하는 정식재결은 유연성이 떨어진다는 비판에는 유념하고 있고, 이 문제에 대처하기 위해 서면의견청취의 활용 등 §554, §556, §557을 가능한 한 완화하여 해석하려하고 있다.

3. 결 론

이상의 고찰에서 다음의 점을 지적할 수 있겠다.

첫째, 미국의 행정절차의 커다란 특색은 규칙제정에 있다고 하겠다.

APA 뿐만 아니라 州 행정절차법도 일반적으로 규칙제정과 재결의 2분법을 취하고 있다.22) 제외국의 행정절차법 중에서 행정입법에 관해 규정하고 있는 것은, 미국을 제외하면 노르웨이, 스페인 등 극히 소수이고, 노르웨이와 스페인은 미국의 정식규칙제정에 해당하는 규정을 가지고 있지 않다. 따라서 미국은 행정입법에 대한 절차적 통제에 극히 열심인 나라라고 해도 과언이 아닐 것이다. 규칙제정은 정식의 것과 약식의 것으로 2분되는데, 전자는 개개의 법률에 그러한 취지의 규정이 있는 때에 사용됨에 그치고, 실제로는 그러한 예는 극히 적다. 따라서 일반적으로 이용되는 것은 약식규칙제정이고, 미국의 규칙제정의 평가도 이 약식규칙제정을 어떻게 평가할 것인지에 크게 의존하게 된다. 그리고 후자의 평가는 약식규칙제정의 의의, 기능을 어떻게 파악할 것인지에 따라 달라진다. 행정기관이 다양한 관련정보를 수집하는 수단으로는 유용하다고 할 수 있다. 행정기관이 전문적 지식을 가진다고 하더라도, 거기에는 스스로 한계가 있어, 당해 규칙안에 의해 권리이익에 영향을 받을 자가 보다 많은 정보를 가지고 있는 경우는 적지 않다. 따라서 행정기관이 다양한 원천으로부터 의견정보를 제출받아 그 의사결정의 실체적 적정성을 담보하는 데 §553이 일정한 실효성을 가지는 점은 부정할 수 없다. 그리고 바로 이 점이야 말로 입법자가 약식규칙제정에 기대한 기능이다. 그러나 이해관계인의 권리이익의 보호라는 관점에서 보면, APA를 문자 그대로 해석하는 한 §553은 반드시 충분한 절차적 보장을 주는 것은 아닌 점도 또한 사실이다. APA 규정상으로는 이해관계인이 제출한 의견이 어떻게 평가되었는지는 규칙의 공포 시에 제시되는 설명(§553(c))에 의해서 반드시 밝힐 필요는 없는 듯하고, 행정기관이 판단의 기초로 한 정보를 공표할 의무도 명시되어 있지 않다. 따라서 §553에 이해관계인의 권리이익의 절차적 보호기능을 기

---

22) 최근 APA의 재결절차와 규칙제정절차의 구별보다도 정식절차와 약식절차의 구별이 본질적이라는 견해가 주창되고 있다. 宇賀克也, 『アメリカ行政法』, 弘文堂, 2000, 117면.

대할 것 같으면, 절차의 충실이 요청됨에 이르는 것도 필연의 결과라고 해도 좋을 것이다. 1970년대의 혼합규칙제정의 증가는 이러한 기대의 증대를 배경으로 하고 있다. 미국에서는 정식규칙제정은 지나치게 경직적이라는 평가가 일반적인데, 약식규칙제정이 비효율이라는 비판은 당초 거의 없고, 오히려 적용제외규칙제정의 범위를 축소해야 한다든지, 혼합규칙제정을 확충해야 한다는 주장이 많았다. 그러나 법원에 의한 Hardlook 어프로치, 의회에 의한 통제(의회심사법, 규제유연성법 등)의 강화, 대통령명령에 의한 통제의 결과, 약식규칙제정절차의 경직화가 지적되고, 행정기관이 이 절차를 회피하는 경향이 지적되게 되었다.

둘째, 정식재결에 대해서는 §556, §557이 적용되는데, 전자는 개별법률에 의해 채택된 때에만 이용되는 것이기 때문에 이를 일반적인 행정절차와 비교하는 것에는 문제가 있다. 미국에서는 인허가는 일반적으로 약식재결에 의해 행해지고 있고, 이 약식재결에 대해서는 APA는 약간의 것을 제외하고 규정하고 있지 않으며, 개별법률이나 행정기관의 규칙, 판례법에 의해 절차가 정해지고 있다. 미국에서 정식재결이 이용되는 절차의 종류는 상당히 많고 또 정식재결의 실제 건수도 정식규칙제정에 비하면 상당한 수에 달한다. 또 약식재결에 대해서는 APA가 일반적인 규정을 전혀 두고 있지 않은 것은 아니다. 미국에서는 인허가행정은 주, 자치단체에 의해 행해지는 경우가 적지 않고, 따라서 연방법만의 조사로는 불충분함에도 주의가 필요하다.

셋째, 적법절차가 제반상황의 函數로서 정해지는 극히 다의적인 개념이고, 사후적인 의견청취의 정도·내용도 비교형량의 한 요소가 되는 경우가 있음으로부터 엿볼 수 있듯이, 사전절차의 개선방향을 고려할 때에 불복신청절차의 충실도도 염두에 두어야 한다. 미국에서는 정식절차에 즈음해 ALJ가 제1차적 결정을 한 때에는 행정기관에 심사청구할 수 있다는 취지의 규정(§557(b))이 있는데, 정식절차의 적용이 한정되기 위해서는, ALJ를 이용할지 여부는 행정기관의 재량에 맡겨져 있기 때문에, §557(b)

를 일반적인 불복신청규정이라 부르기는 곤란하다.

Ⅲ. 연방통신위원회의 규제권한 및 집행절차

FCC는 독립규제위원회로서, 일정한 사무에 대하여 행정적 · 준입법
적 · 준사법적 권한을 행사한다. FCC의 이러한 권한은 각각 단독적으로
행사되기 보다는 중대한 사안일수록 결합되어 나타나는 경향이 있다. 이
점이 일반 행정기관과는 달리 행정적 · 준입법적 · 준사법적 권한을 동시
에 지니는 독립규제위원회의 특성이며, 동시에 독립규제위원회가 요구되
는 이유라고 할 수 있다.

FCC는 우선, 통신법을 집행하고 그것을 해석하며 위원회의 결정사항
을 시행하는 행정적 권한을 지닌다. 중요한 행정적 권한에는 전기통신의
장거리전화요금, 국제전화요금 및 접속료 승인, 면허증 발급과 갱신, 주파
수관리 등이 있다. 이러한 권한은 방송 및 통신산업의 독점규제, 방송편성
및 프로그램의 규제에 있어 중요한 수단으로 사용되고 있다.

FCC는 다음으로, 법개정을 건의하고 규칙 · 규정을 제정하며 정책보고
서를 발간하는 등 준입법적 권한을 지닌다. FCC는 공익개념을 분명히 설
명하기 위해 보다 효과적인 법규를 제정해 왔다. 또 통신법은 시대와 상
황에 무관하게 적용될 수 있도록 매우 포괄적이고 일반적인 용어로 표현
되어 있어 FCC는 이를 개별사안에서 구체적으로 해석할 필요가 있는데,
이를 위해 FCC는 정책보고서를 발행한다.

또한 FCC에게는 방송사업자들이 명령, 법규, 정책결정사항을 제대로
이행하는지 판단하고, 이를 위해서 수사, 조사 및 청문회 개최 등의 권한
이 있으며 위반사항에 대해서 제재를 가할 수 있는 준사법적인 권한이
주어져 있다.

이하에서는 FCC에 의한 통신시장의 규제를 행정적 · 준입법적 · 준사법

적 권한의 측면으로 나누어, 각 권한의 행사방식에 대해 살펴보기로 한다.

1. FCC의 행정적 권한

행정적 권한은 규제기관으로서 FCC가 갖는 가장 기본적이고도 고유한 권한으로, 특정 산업에 대한 진입 및 요금에 대한 규제권한과 기술기준의 설정 및 장비에 대한 형식승인 등의 기술관련권한이 있다.

1) FCC의 행정적 권한

FCC는 통신 및 방송산업에 대하여 다음과 같은 행정적 규제권한을 지닌다.

(1) 통신사업자의 진입허가

FCC의 관할인 주간 장거리서비스의 경우 완전경쟁을 허용하고 있으므로 진입규제는 행해지지 않으나, 통신법 제214조에는 통신사업자가 시설을 구축하거나 확장하는 경우와 서비스를 중단하는 경우 FCC의 승인을 얻도록 하고 있다. 또한 FCC는 전화회사간의 합병을 승인하는 권한을 가진다. 무선을 이용한 이동전화서비스나 무선호출서비스의 경우 FCC가 가지고 있는 미국 내 모든 주파수의 배분권한을 근거로 진입을 규제한다.

① 전화서비스

전화서비스의 경우 주내 통신서비스는 대부분의 주 공익산업위원회(PUC)에서 LATA 내에서의 전화서비스 제공에 있어서 독점적인 권한을 인정하여 다른 사업자의 진입을 규제하고 있다. 그리고 주내 장거리전화서비스는 대부분의 주에서 규제의 정도는 다르지만 현재 경쟁을 허용하고 있다. 한편 주간 장거리전화서비스는 FCC의 권한범위 내이지만 완전 경쟁을 허용하고 있기 때문에 진입규제는 이루어지지 않고 있다. 그러나 진입규제와 관련하여 통신법에 통신사업자가 시설을 구축하거나 확장 또 는 서비스를 중단할 때에는 FCC의 승인을 받도록 하는 근거를 마련해 놓 았으며, 이를 근거로 장거리 및 국제전화에서 지배적 사업자의 역할을 하 고 있는 AT&T에 대해서는 이와 같은 시설의 설치와 철수 등에 대해 사전 에 FCC의 승인을 받도록 하고 있는 데 비해 신규사업자들의 시설변경에 대해서는 사전승인이나 사후통보의 의무를 부과하고 있지 않다. 이와 아 울러 FCC는 전화회사의 합병을 승인할 권한을 가지고 있는데, 흥미로운 것은 이러한 FCC의 권한은 합병을 불법화하는 어떤 법규의 적용도 받지 않는다고 규정하고 있어(통신법 제221조), 합병에 대한 승인이 독점금지 법의 적용을 받지 않는다는 것을 분명하게 하고 있다.

② 무선통신서비스

무선을 이용한 이동전화서비스나 무선호출서비스에 대해서는 FCC가 미국내의 모든 주파수를 배정하는 권한을 가지고 있기 때문에 이를 근거 로 진입규제를 행하고 있다. 이동전화사업자들이 영업을 하기에 앞서 주 PUC의 허가를 다시 받아야 하는 경우가 있지만 FCC의 허가권한은 각주 의 권한에 우선한다. 이동전화사업자를 허가함에 있어 734개의 지역 가운 데 30개의 광역 MSA(Metropolitan Service Area)에 대해서는 청문회를 거 쳐 사업자를 선정하였던 것에 비해, 선정방식을 바꾸어 나머지 MSA에 대 해서는 추첨으로 사업자를 결정하고 RSA(Rural Service Area)에 대해서도 추첨으로 사업자를 결정하였다.

무선호출서비스에 대해서도 주파수배분권한을 근거로 FCC가 사업자를 지정할 권한을 가진다. 1991년 현재 미국에는 전국적 무선호출서비스를 제공하는 사업자가 세 개 있는데, 이들 사업자는 추첨을 통해 선정되었다. 그리고 그 밖의 수많은 지역사업자들도 FCC에 의해 면허를 발급받았는

데, 이들은 대체로 경쟁적인 입찰과정을 통해 선정되었다. 무선호출사업자에 대한 진입규제권한은 FCC가 각주의 PUC보다 우선하는데, 전국규모의 3개 사업자에 대해서는 FCC가 독점적인 권한을 행사하고 있고, 지역사업자에 대해서는 일부 주에서 FCC의 주파수허가와 별도로 사업허가권을 행사하여 진입규제를 하는 경우가 있다.[23]

③ 정보서비스

정보서비스 또는 고도서비스는 Bell계열 지역전화회사에 대한 규제가 풀림으로써 주정부나 연방정부 차원에서 아무런 규제를 받지 아니하고 완전경쟁이므로 이들 서비스의 제공은 개방되어 있다.

(2) 통신사업자의 요금책정

FCC는 국제 또는 주간 전기통신서비스를 제공하는 공중통신사업자의 요금과 주간 장거리전화사업자와 시내전화사업자간의 접속료에 대하여 심사할 권한을 지닌다. 이들이 제출한 요금에 대하여 소비자로부터 이의가 있거나 그들의 이의가 없더라도 FCC의 직권에 기하여 내용의 합법성에 관한 청문회를 개최할 수 있다. 그리고 이러한 청문회 기간 동안 5개월을 넘지 않는 범위에서 새로운 요금의 시행을 보류할 수 있다(통신법 제204조). 충분한 청문회 후에 FCC는 결정을 내릴 수 있으며, 만약 5개월 이내에 결정이 내려지지 않으면 새로운 요금은 시행된다. 공중통신사업자의 요금이 통신법에 저촉된다고 판단하게 되면, 공정하고도 합당한 요금을 결정하여 그것을 시행하도록 명령할 권한을 가진다.

(3) 방송국의 허가

FCC는 공공의 편의, 이익 또는 필요에 부응하는 목적이면 어떤 신청인

---

23) 조신·김흥도, 『전기통신 규제기관의 역할과 운용』, 통신개발연구원, 1991, 114면.

에게나 통신법이 제한하는 범위 내에서 방송국 면허를 발급하여야 한다. 방송국의 허가와 관련한 제반신청은 서면으로 제출되었을 경우에만 승인하며, 신청인은 법적, 기술적, 재정적 측면에서 자격을 갖추어야 한다. 방송국의 허가신청은 우선 여유주파수가 있는지 탐색한 후 지역사회의 수요확인조사를 거치고, 건설허가신청의 구비요건에 의문이 있거나 공중의 이의가 제기된 경우 또는 방송국신청에 경합이 있는 경우에는 청문회를 거친 후 건설허가를 발급하고 이후 방송국을 허가한다.

한편 유선방송, 즉 케이블TV의 경우에는 FCC가 진입규제권한을 가지고 있지 않으며, 각 지방정부가 독점적 사업자의 선정과 요금규제권한을 갖는다. 다만 케이블TV사업자들은 FCC에 등록하여야 한다.

① 지역사회의 수요확인조사

방송국 허가신청이 있으면 FCC는 방송국이 그 지역사회에 잘 봉사할 것인지 또 공익에 적합할 것인지에 관해 조사하여야 한다. 우선 해당지역의 인구조사결과를 기초로 한 인구의 분포에 따라 계층별로 의견을 제시할 비율을 결정하고, 그 지역사회의 지도자의 의견을 듣고 일반적 여론조사를 한다. 이에 더하여 공동의 이해관계를 가지지만 조직되지 않거나 대변자가 없어 간과되기 쉬운 집단의 의견도 적극적으로 들을 것이 요청되고 있다.

② 방송국건설허가

지역사회의 수요확인조사를 마치면 신청인은 FCC에 방송국건설허가를 신청한다. 이 신청이 접수되면 해당지역의 지방신문에 신청사실이 공고되고 공고 후 30일 이내에 일반인의 이의와 경합신청인의 신청이 제기될 수 있다. 신청사실이 공고된 후 별도의 이의나 경합신청이 없고, 신청인의 재정적, 기술적, 법적 요건이 충족된다고 판단하면 FCC는 건설허가를 승인한다.

건설허가요건의 충족 여부에 의문이 있거나 공중의 이의 또는 경합신청이 있는 경우에는 청문절차를 거치게 된다. 청문회는 행정심판관(Administrative Law Judge)이 주재하며, 청문개시 전에 60일 이상의 준비기간을 주고, 이해관계인에게 고지하여야 한다. 청문절차 종료 후 20일 이내에 행정심판관은 최초결정을 내리며, 이에 불복이 있는 자는 30일 이내에 재심위원회(Review Board) 또는 FCC에 이의를 제기할 수 있다. FCC의 최초결정에 대해서는 30일 이내에 연방항소법원에 제소할 수 있다.

③ 방송국허가

건설허가를 받은 자는 호출부호(call letter)를 지정받고, 소정기간 내에 건설을 마친 후 설비기준검사와 프로그램검사를 받아 방송국허가를 신청한다. 방송국허가는 일정채널에 대하여 소유권이 아닌 사용권을 그 허가조건에 기재된 범위 안에서 소정기간 동안 행사할 수 있는 권리를 부여하는 것이며, 그 면허증의 조건, 내용, 기간 외에 어떠한 권리도 부여하지 아니한다.

④ 허가의 갱신

방송국허가의 유효기간이 만료되면 방송사업자는 허가의 갱신을 신청하여야 하고, FCC는 공공의 편의, 이익, 필요에 따라 그 허가를 결정한다. 신청인은 면허내용과 조건에 따라 성실하게 방송국을 운영하였음을 증명하고 이를 위해 신규허가시 필요했던 것과 같은 지역사회의 수요확인조사를 하여 그 결과를 제출하여야 한다. 일반인에 대한 공고를 거친 후 이의제기 또는 경합신청이 있는 경우 청문절차를 거쳐 허가의 갱신을 하거나 단기간의 허가를 승인하거나 허가갱신을 거부하게 된다.

(4) 통신사업자의 영업활동에 대한 규제

FCC는 진입과 요금규제 외에도 통신사업자를 규제하기 위하여 이들의 영업활동에 대하여 여러 통제를 할 수 있다. 주된 것으로는 통신사업자의 회계양식에 대한 통제, 감가상각방법에 대한 통제, 통신사업자의 회계·기록·서류 등의 정보조사, 통신사업자의 자산평가, 서비스와 설비 등에 관한 거래와 계약의 검토, 통신사업자의 경영실태조사, 통신장비의 승인 등이 있다.

2) FCC의 행정적 권한의 행사절차

FCC는 한달에 적어도 1회 이상 정기적으로 회의를 개최한다. 이 회의에서는 위원회의 업무수행과 사업의 처리에 대하여 검토하며, 이에 기해 명령(order)을 발할 수 있다(통신법 제5조). 또, 청문이 필요없는 경우에는 신청이 접수된 날로부터 3개월 이내에, 청문이 필요한 경우에는 청문이 종료된 날로부터 6개월 이내에, 최종결정(final decision)을 내리기 위하여 신속하고도 적절한 업무처리에 필요한 행위를 할 수 있다. 위원회는 규칙이나 명령을 통해 위원 및 직원에게 권한의 일부를 위임할 수 있다(CFR 1.101).

FCC의 명령·결정·보고 그 밖의 행위에 의해 침해를 입은 자는 위원회에 재심을 청구(application for review)할 수 있으며, 위원회는 이를 재심하여야 한다(통신법 제5조). CFR 1.115에서는 위임된 권한에 의한 행위로 인해 법적 이익의 침해를 입은 자는 재심신청서와 보충자료를 계쟁 행위의 통지일로부터 30일 이내에 제출하도록 규정하고 있다. 또한 재심신청서의 내용과 위원회에 당해 행위의 재심을 청구하는 절차에 대하여 상세한 규정을 두고 있다.

위원회가 재심청구를 받아들일 경우 위원회는 명령·결정·보고 그 밖의 행위를 확인·수정 또는 폐지하거나 이에 대한 청문을 명령할 수 있다. 이러한 재심청구는 사법심사(judicial review)에 앞서 이루어지는 선행절차이다.

중요한 사안의 경우 위원회의 결정에 대한 재심은 FCC를 벗어나 법원으로까지 이어지는 경우가 많다. 통신법 제4편(Procedural and Administrative Provisions)과 CFR 1.13에서는 위원회의 명령에 대하여 통신사업자가 워싱턴DC 연방항소법원(United States Court of Appeals for the District of Columbia)에 항소할 수 있다고 규정하고, 항소의 제기가 가능한 항목을 열거하고 있다. 통신사업자는 이의가 있는 명령·결정에 대한 통지가 있었던 날로부터 30일 이내에 법원에 항소장을 제출할 수 있으며, 법원은 제기된 항소에 대하여 위원회와 당사자에 대하여 정당하다고 생각되는 잠정적 구제조치를 취할 수 있다. 항소가 제기된 날로부터 30일 이내에 이해관계인은 당해 항소에 대하여 법원에 의사통지서나 진술서를 제출하여야 한다. 위원회의 명령을 뒤집는 법원의 판결이 있는 경우 위원회는 이를 이행하기 위하여 당해 사안을 의무적으로 재심사(remand)하여야 하며, 이러한 재심사절차가 없는 경우에는 위원회는 즉시 판결을 이행할 의무가 있다. 이러한 법원의 판결은 다시 연방대법원(Supreme Court of the United States)의 재심리대상이 된다.

2. FCC의 준입법적 권한

1) FCC의 준입법적 권한

준입법적 권한이란 규제기관이 자신에게 주어진 규제적 권능을 가지고 주어진 상황에서 규제대상에 대해 무엇을 할 수 있고 무엇을 할 수 없는지를 일반적으로 규율하는 권한이다. 규제기관에 대한 입법권의 위임은 기준을 제시하는 법률에 근거하여야 하며, 절차적으로도 일정한 적법절차에 따라 행사되어야 한다는 제한이 있다.

FCC의 일반적 규칙제정권은 통신법 제4조 (i)항에 근거하고 있다. "FCC 는 이 법에 저촉되지 않으면서 그 기능수행에 필수적인 모든 조치를 취하고, 규칙과 규정(rules and regulations)을 제정하거나 명령을 발할 수 있다."

2) FCC의 규칙제정과정

CFR의 Subpart C[Rulemaking Proceeding]는 이러한 규칙·규정의 대상과 절차에 관하여 정하고 있는데, 이하에서는 이러한 규칙제정과정을 6단계로 나누어 살펴보도록 하겠다.

(1) 제1단계 : 규칙·규정의 제정·변경 발의

FCC의 규칙제정안은 일부는 외부에서 발의되고, 일부는 FCC 내부에서 발의되는 전형적인 혼합형의 모습을 취하고 있다. 통신사업자 등 이해관계인의 청원 또는 비공식적 제안에 따른 발의가 가장 빈번한 형태이며, 예컨대 농촌지역의 셀룰러 면허 부여의 경우와 같이 FCC 자체의 검토에 의해 발의되는 경우도 있다. 구조조정판결에 따라 새로운 규칙을 제정하는 등 법원의 판결에 부합하기 위한 규칙안의 발의도 있다.

일부 규칙안은 내부적으로 발의되고 다른 일부는 외부의 청원 등에 따라 발의되는 이러한 혼합형은 이해관계인의 관심을 반영하고, 직권발의의 경우보다 많은 자료 및 분석결과를 공개하는 장점이 있는 반면, 직권발의의 경우보다 정책수립기간 및 비용이 과다하다는 단점이 있다.

이해관계가 있는 자는 누구나 규정·규칙의 제정·수정 혹은 폐지를 청원할 수 있으며, 위원회는 이러한 청원이 가상적이거나 중복적, 시기상조, 불성실하다고 판단할 경우 이를 거부 또는 기각할 수 있다(CFR 1.401).

(2) 제2단계 : 규칙안의 심사 및 번호부여

발의된 규칙·규정 제정·변경안은 FCC의 6국 10실 중 적합한 실국에 송부하여 심사된다. 각 실국은 앞의 CFR 1.401에 제시된 기준에 따라 적합성을 심사한 후, 이에 부합되는 모든 청원에 대해 FCC Reference Center 로 하여금 규칙제정번호를 부여하도록 하고, 이를 週間公告(weekly public notice)로 공표한다. 모든 이해관계인은 청원의 접수가 공고된 후 30일 이내에 찬성 혹은 반대의 의견서를 제출할 수 있다. 또 의견서가 제출된 날로부터 15일 이내에 이해관계인은 재차 의견서에 대한 답변(reply)을 제출할 수 있다(CFR 1.405).

(3) 제3단계 : 규칙안의 고시

청원이 공고되고 이에 대한 의견서 및 답변을 받아본 후 청원이 충분히 근거를 지니고 있다고 판단될 경우 규칙제정을 위한 본격적인 심리에 들어간다. 문서번호(docket number)를 부여한 후 調査告示(notice of inquiry: NOI) 또는 提案告示(notice of proposed rulemaking: NPRM)를 한다(CFR 1.407).

조사고시는 일반적으로 광범한 주제에 대해 단순히 정보를 구하거나 주어진 주제에 대해 아이디어를 생성하려는 경우에 사용된다. 조사고시에 대하여는 일반적으로 의견진술(comments)과 이에 대한 응답(reply comments)이 허용된다.

제안고시는 제안된 규칙안에 특정한 변화가 있는 경우 또는 좀 더 집중된 제안에 대하여 보다 구체적인 의견을 구할 때 사용된다. 규칙제정의 제안고시는 그 요약문이 연방관보(Federal Register)에 사전 공고된다.

(4) 제4단계 : 고시에 대한 의견 및 답변

고시가 이루어진 후 이해관계인에게는 서면으로 규칙제정절차에 참여할 수 있는 기회가 제공된다(CFR 1.415). 먼저 이해관계인은 제안된 규칙안에 대한 찬반의견을 의견서(comments)를 통해 제출할 수 있으며, 다시 이러한 의견서에 대해 답변서(comments in reply)를 제출할 수 있다. 경우에 따라서는 추가제안고시(FNPRM: Futher NPRM)를 공고하게 되는데, 이는 제안고시에 대한 의견진술에서 제기된 의제에 대하여 또는 관련된 대안에 대한 추가의견의 진술기회를 부여하기 위하여 사용된다. 추가제안고시에 대해서도 의견서 제출 및 답변서 제출의 기회가 주어진다.

(5) 제5단계 : 위원회의 결정(decision)

위원회의 결정은 모든 이해관계인의 의견과 관련기록물 등을 충분히 검토한 다음 내려지며, 결정의 근거사유를 간단히 서술하여 함께 밝힌다(CFR 1.425).

심의과정에서는 다양한 수단들이 사용된다. 통상적으로는 이해관계인의 공식의견서 접수가 사용되며(CFR 1.415), FCC 내외의 전문가에 의한 분석결과의 이용도 많이 이용되는 편이다. 이해관계인의 분석결과는 주요 참고자료로 이용되며, 정책초안에 대한 조사고시(NOI)로 예상효과를 조사하기도 한다. 공청회의 개최(CFR 1.423)는 가끔 이용되며, 그 밖에 자문위원회의 의견을 반영하기도 한다.

FCC의 규칙제정절차에서는 관계 전문가의 의견을 가장 중시하며, 이해당사자의 의견 기타 자문위원회의 의견도 많이 반영하여 결정한다. 최종결정은 5인 위원의 투표로 이루어지며, 정책안의 결정과정 및 그 사유를 매우 상세하게 밝히고 있다. 규칙제정절차가 공적 절차임을 강조하여 결정에 대한 소수의견도 함께 발표한다.

위원회에 의해 결정된 규칙안은 연방관보에 게시된 날로부터 30일 이후에 그 효력을 발생한다(CFR 1.427).

(6) 제6단계 : 재심의 청구(petition for reconsideration)

이해관계인은 위원회의 최종결정에 대하여 재심을 청구할 수 있다 (CFR 1.429). 재심의 청구와 이에 대한 보충자료는 규칙안이 연방관보에 게시되는 30일 이내의 기간에 제출되어야 하며, 재심청구의 사실은 연방 관보에 게시되어야 한다. 재심청구에 대한 반대의견은 재심청구의 사실 이 연방관보에 게시된 날로부터 15일 이내의 기간에 이루어져야 하며, 이에 대한 응답은 그로부터 10일 이내의 기간에 이루어져야 한다. 위원 회는 재심청구의 일부 혹은 전부에 대하여 허가하거나 거부할 수 있으 며, 원래의 명령을 수정한 부분이 있을 경우에는 이러한 부분에 대해서 만 재심을 청구할 수 있다.

3. FCC의 준사법적 권한

FCC는 통신사업자들이 명령·법규·정책결정사항을 올바로 이행하는 지를 판단한다. 이를 위해 수사·조사 및 청문회 개최 등의 권한을 가지 며, 위반사항에 대해서는 제재를 가할 수 있다. FCC의 준사법적 권한은 특히 엄격한 적법절차에 의하도록 규정되어 있는데, 크게 통지·청문·결 정의 3단계를 통하여 이루어진다.

1) 행정제소 및 조사

준사법권의 발동은 통신사업자에 대한 행정제소에 의한 경우와 위원회 의 자체 조사에 의한 경우가 있다.

(1) 통신사업자에 대한 행정제소에 의한 절차의 개시

통신법의 적용을 받는 통신사업자가 통신법을 위반하여 어떠한 행위를 하였거나 하지 않은 것에 대하여 위원회에 제소(complaints to the Commission)할 수 있다(통신법 제208조). 통신사업자가 명시된 기간 내에 발생한 손해에 대해 배상할 경우에는 제소된 특정 위반사항에 대해 제소자에 대한 책임이 면제된다. 반면 통신사업자가 행정제소장 소정의 요구를 들어주지 못하고 행정제소장을 검토할 합리적 이유가 발견되었을 경우에는 위원회는 적당한 방법과 형식에 의하여 제소된 문제를 조사할 수 있다.

CFR은 통신사업자에 대한 행정제소를 공식제소와 비공식제소로 나누고 있다.

非公式提訴(informal complaints)에 대해서는 FCC규칙에 의한 일반적 절차규정은 없다. FCC는 위반사업자와 위반행위를 적시한 비공식제소가 FCC의 관할권 내에 있다고 판단할 경우에는 위반사업자에게 위반내용에 대한 조사를 한 후 그 보고서를 FCC에 제출하라는 명령을 발할 수 있다(CFR 1.716-1.718). 제소자가 해당 사업자의 대응조치나 FCC의 처분에 만족하지 않을 경우에는 정식소추가 가능하다.

公式提訴(formal complaints)는 일반적으로 행정제소장, 피소자의 답변서 및 제소자의 항변으로 구성된 서면기록에 근거하여 처리되며, 공식제소장에는 제소자와 피소자에 관한 사항, 위반한 것으로 주장된 통신법 및 명령·규정에 대한 명기, 입증될 위법행위에 대한 설명, 보상요구내용 및 금액 등의 사항이 기재되어야 한다(CFR 1.721-1.735). 위반행위로 제소된 사업자는 FCC의 특별한 지시가 없는 한 30일 이내에 답변서(answers)를 제출하여야 하며, 제소자는 피소자의 답변서에 대하여 10일 이내에 답변서(reply)를 제출하도록 규정하고 있다. 제소시점으로부터 답변서가 접수된 30일 이내의 기간 내에 일방당사자는 상대방에게 질문서를 송달하여 그의 서면답변을 받아낼 수 있다. 조사가 개시된 30일 이내의 기간에 조사를 받는 당사자는 이에 대한 답변서 또는 이의서를 제출해야 한다. 답변서나 이의서의 송달없이 15일이 경과한 경우에는 답변의 강제신청이 가능하다.

(2) 위원회의 직권에 의한 조사

FCC는 직권으로 통신법에 따라 문제가 되는 사실과 사물에 대하여 또는 통신법규정의 시행에 관하여 조사(inquiry)할 수 있는 권한을 가진다(통신법 제403조).

2) 위원회의 청문

FCC의 중요한 결정이나 법이 정한 규칙제정절차에 있어서는 청문(hearing)을 개최해야 한다. 사업의 허가 및 그 갱신에 대해 이의가 제기될 경우 그리고 공중통신사업자가 제안한 새로운 요금에 대해 이의가 있거나 FCC가 자체적으로 문제가 있다고 판단할 경우 청문이 개최된다. 청문은 위원회, 한 명 이상의 위원 혹은 행정심판관에 의해 주재된다.

청문에 대해서는 CFR Subpart B[Hearing Proceedings]에 규정되어 있는데, 구체적인 사항은 다음과 같다.

(1) 청문의 대상

청문은 ① 사법적 판단(judicial review)을 요하는 사건, ② 법에 따라 청문을 거쳐야 하는 규칙제정에 대해 행해진다.

(2) 청문의 통지 및 참석대상

FCC는 위원회의 결정에 대한 이유, 청문의 일정, 법적 근거 등을 명시하여 명령을 발한다. 청문의 신청에 대한 명령은 신청인에게 우송함과 동시에 연방관보에 전문 또는 요약문을 게재한다. 신청인은 우송된 날로부터 20일 이내에 문서에 의하여 지정된 일시에 청문에 참석하여 증거를 제시하겠다는 것을 명시한 출석예정서를 FCC에 제출하여야 하며, 이해관계가 있다고 위원회에 의해 지정된 사람도 동일한 절차를 거친다. 또한 중도에 청문에 참가하기를 원하는 자는 연방관보에 게재된 날로부터 30일 이내에 중도개입의 이유, 쟁점에 대한 증거 등을 명시한 중도개입의 청구(petition to intervene)를 하여야 한다.

(3) 청문주재관의 지정

위원회, 한 명 이상의 위원 또는 행정절차법에 따른 행정심판관을 청문주재관(presiding officer)으로 지명하고, 이를 청문 개시 10일 이전에 공고한다. 주재관은 사건의 주재를 지명 받은 때로부터 재결을 선고하거나 사건을 위원회나 다른 주재관에게 이송할 때까지 선서 및 증언의 집행, 소환장의 발부, 증거의 조사, 법적용에 대한 의견서의 제출 등에 대한 권한을 지닌다.

(4) 청문의 사전절차

출석예정서가 제출된 날로부터 20일 이내에 일방당사자는 타방에 대하여 관련 문서 및 사실의 진위 여부에 대하여 문서로 확인을 요구할 수 있다. 요구한 날로부터 10일 이내에 ① 확인을 거부하거나 판단을 내릴 수 없다는 뜻의 진술서, ② 확인을 요구하는 사항이 특권과 관련된 사항임을 나타낸 이의서가 제출되지 않는 경우에는 요구된 문서가 인정된 것으로 판단하게 된다.

FCC는 직권으로 또는 어느 일방당사자의 요청에 의하여 청문진행절차, 참가자, 쟁점의 명료·간소화, 사실과 문서의 인정 등에 관한 사항을 검토할 목적으로 청문전회의(prehearing conference)를 개최할 수 있다.

(5) 청문의 개최와 가결정

당사자는 청문주재관의 허가를 얻어 또는 청문주재관의 요청에 의하여 약식재결을 요구할 수 있으며, 이에 대하여는 이후의 청문을 실시하지 않게 되며 당해 사건의 청문주재관은 약식재결을 선고하게 된다. 약식재결도 가결정과 동일하게 항소(appeal) 또는 재심(review)의 대상이 된다.

청문주재관은 각 당사자가 제출한 사실인정문건, 사실적 변론, 변론요지, 선고문안, 결론안(proposed conclusions)을 기초로 가결정(initial decision)을 내리며 이를 FCC에 송부한다. 가결정에서는 중요한 사실적·법적 쟁점사항에 대한 결론과 그에 대한 이유 또는 근거 등이 포함되어야 하며, FCC가 이러한 사건을 어떻게 처리할 것인지에 대해서도 제시되어야 한다.

청문주재관의 권한은 가결정안의 제출로 종결된다.

(6) 재심절차

가결정의 전문이 공고된 때부터 30일 이내의 기간 또는 FCC가 따로 정한 기간안에 당사자는 누구든지 가결정에 대한 이의서를 제출할 수 있으며, 이에 의해 당해 재결은 효력을 발생하지 못한다. FCC는 이의서에 대한 구두변론의 녹취, 변론요지서의 제출, 추가적인 증언 및 증거의 채택, 청문주재관에의 환송, 가결정의 보충적 재결을 하게 된다.

FCC의 별도의 조치가 없는 한 가결정은 전문이 공고된 때부터 50일 이전에는 효력을 발생하지 못한다.

(7) FCC의 최종결정

FCC는 가결정이 최종결정이 되지 않는 모든 사건에 대하여 최종결정을 선고한다. 최종결정에는 심리기록에 기재된 사실, 법규, 중요쟁점사항에 대한 인정사실, 사실적 결론 및 이에 대한 이유, 해당되는 판결·명령 및 금지에 대한 내용이 포함된다.

3) FCC의 조사 및 수사

FCC는 일반시민으로부터 행정제소나 청원이 제기된 경우 그리고 통신법상 이의제기가 가능한 상황, 통신법규정의 집행과 관련되는 사항에 대하여 직권으로 조사를 개시할 수 있는 권한을 지닌다.

(1) 제재 및 수사

통신법 제501조는 다른 규정이 없는 경우에는 통신법이 금지하는 행위를 하는 경우 $10,000 이하의 벌금 혹은 1년 이하의 징역 또는 양자를 병과할 수 있다고 규정하고 있다. 또 제502조에서는 FCC가 제정한 규칙, 전기통신에 대한 조약과 부속규정을 어긴 자에 대하여는 매일 $500 이하의 추가적인 벌금이 가능하도록 규정하고 있다. 통신법 제503조에서는 이러한 벌금형은 행정심판관 또는 FCC의 사전통지와 청문을 거쳐 FCC의 재량으로 가능하도록 하고 있다. 다만, 이러한 통고처분에 대하여 재심위원회 또는 FCC에 재심청구가 가능하며, FCC의 최종적인 제재결정에 대하여는 법원에의 제소가 가능하도록 하고 있다.

(2) 사업자의 제재

FCC는 사업자가 연방법 및 규칙·규정을 위반한 경우 문책서신(letter of reprimand), 중지명령(cease-and-desist order), 몰수(forfeiture), 조건부 허가갱신(short-term licence renewal), 허가취소 내지 허가갱신거부(licence revocation/denial of renewal) 등의 방법으로 제재를 가할 수 있다.

IV. 연방통신위원회에 의한 규제집행사례

1. 통신사업자 인수합병심사

1) 통신사업 인수합병에 대한 FCC의 심사권

(1) 통신사업의 인수합병에 대한 심사권의 배분

미국의 경우 특정산업에서의 인수합병에 대한 심사권이 어느 기관에 귀속될 것인지는 개별산업의 역사 및 전문규제기관의 역할 등에 따라 상이하게 나타나고 있다. 미국의 통신사업자 인수합병심사는 하나의 인수합병사안에 대해 복수의 규제기관에 의한 승인을 요구하는 이중심사(dual review)제도를 특징으로 한다. 일반경쟁규제기관으로서의 DOJ(법무부)는 특정시장에서 경쟁을 제한할 수 있는 인수합병에 대해 경쟁법(독점규제법)에 따른 심사를 하며, 통신전문규제기관으로서의 FCC는 통신법에 의해 부여된 '사업권 양도'에 대한 허가의 과정에서 인수합병에 대한 실질적인 심사권을 행사한다.

DOJ는 경쟁법 집행기관으로서 소비자들에게 보다 저렴하고 양질의 통신서비스를 제공하기 위하여는 통신시장에서의 경쟁활성화가 가장 효과적인 수단이라는 생각에서 당해 인수합병의 '경쟁제한성'을 심사의 기준으로 하는 반면, FCC는 보편적 서비스의 제공, 신규서비스의 개발과 보급, 국가의 안전, 새로운 경쟁의 창출 등 통신법으로부터 부여받은 목적을 달성하기 위해 인수합병심사에서도 경쟁제한성을 포함하는, 보다 포괄적인 '공익심사'를 행한다는 데 특징이 있다.

(2) FCC에 의한 인수합병심사권의 근거

FCC의 인수합병심사권은 1934년 통신법에 의한 통신사업자의 '사업권 양도(transfer of license)'에 대한 허가권을 바탕으로 하고 있다. 통신법 214조 (a)에 따르면 한 통신사업자가 다른 사업자의 회선을 인수함에 있어서 FCC로부터 그 행위가 현재 및 미래의 공공의 편의 및 필요를 증진하기 위하여 필요하다는 것을 인정받아야 한다. 또 통신법 제310조 (d)는 통신사업자의 관로매설권, 주파수사용권의 이전에 관한 규정을 두고 있다.

또한, 이와는 별도로 클레이튼법 제11조는 동법 제7장에 규정된 '경쟁제한적인 인수합병 금지'의 통신분야에의 집행권이 FCC에 있다고 규정하고 있다.

통신법에 의한 FCC의 인수합병심사는 상대적으로 법적인 제약을 적게 받는 등 통신사업자의 인수합병과 관련해 FCC는 보다 강력한 영향력을 갖고 있다고 평가받고 있다.[24]

2) FCC의 공익심사절차와 기준

FCC의 통신사업 인수합병심사권은 통신법과 클레이튼법에 의해 규정되고 있다. 그러나 통신법에 의한 법적 권한이 보다 강력하기 때문에 실제로 FCC가 클레이튼법에 의거하여 심사를 하는 경우는 거의 없다고 한다.

(1) 공익심사절차

FCC의 인수합병심사에서는 해당 기업은 합병이 공익에 부합함을 증명하는 서류를 FCC에 제출하여야 하며, 그 입증책임은 합병회사가 진다. 이에 대해 FCC는 여러 이해당사자들의 의견청취 등의 과정을 거쳐 당해 인

---

24) 나성현, 『미국의 통신사업자 인수합병심사제도』, 정보통신정책연구원, 2006. 3, 8면.

수합병이 공익에 부합한다고 판단될 경우 합병을 승인하게 된다.

합병이 공익을 현저히 감소시킬 수 있다고 판단할 경우 FCC는 이를 보완할 수 있는 조건을 부과할 수 있으며, 효과적인 보완조치가 불가능하다고 판단할 경우에는 최종적으로 인수합병에 대한 승인을 거부할 수도 있다. FCC의 합병 승인 거부에 대해서 기업은 소송을 제기할 수 있다.

FCC의 인수합병심사의 특징의 하나는 FCC가 '180-day-clock'이라고 불리는 비공식적인 심사스케줄을 가지고 있다는 점이다. 이것은 인수합병심사절차의 진행을 일정한 기간 단위별로 지정해 놓은 것으로, 심사과정의 투명성과 예측가능성을 높이고자 하는 FCC의 노력의 일환으로 평가되고 있다.[25]

① Day 0 : Public Notice(PN)

FCC의 인수합병심사는 해당 기업들이 사업권 목록 등 심사에 필요한 최소한의 서류를 제출하고 FCC가 이를 공고하는 것으로 시작한다. 하나 이상의 공고가 서로 다른 부서에서 행해질 경우 Day 0는 마지막에 행해진 공고를 기준으로 한다.

② Day 1~30 : Public Comment Period

이 기간은 경우에 따라 45일까지 연장될 수 있는데, 이 기간 동안 경쟁기업을 포함한 이해관계인들은 인수합병에 대한 논평(Comment) 또는 FCC가 합병을 거부할 것을 청원(Petition to Deny)할 수 있다. 합병의 거부를 청원하는 자는 향후 FCC의 심사과정에 지속적으로 참여할 수 있다.

---

25) FCC의 180-day-clock의 구체적인 내용에 관해서는 나성현, 『미국의 통신사업자 인수합병심사제도』, 정보통신정책연구원, 2006. 3, 24~25면 참조.

③ Day 45 : Oppositions to Petitions to Deny and
Comments

위의 Public Comment Period가 종료된 후 15일 내에 합병회사를 포함한 이해관계인들은 위의 기간 동안 행해진 합병거부청원이나 논평에 대해 반론을 제기해야 한다.

④ Day 52 : Replies to Oppositions

합병회사를 포함한 이해관계인의 반론이 종료된 후 1주일 내에 다시 그에 대한 재반론이 이루어진다.

⑤ Day 90 : Initial Information Request

합병에 대한 추가적인 정보가 필요한 경우 FCC는 90일 내에 그 정보의 제공을 요구할 수 있다. 물론 FCC가 이 기간에 반드시 구속되는 것은 아니어서, 이후에라도 추가적인 정보를 요구할 수는 있다.

⑥ Day 52~180 : Analysis of Record

합병에 대한 심사가 이루어지는 기간이며, 이 기간 동안 FCC는 여러 이해당사자의 의견을 들을 수 있다.

⑦ Day 180 : FCC issues Order

FCC는 합병의 승인, 조건부 승인 또는 합병에 대한 우려가 큰 경우 추가적인 공청회를 개최할 것을 결정하게 된다. 공청회의 개최 없이 이루어지는 합병의 거부는 매우 제한적으로만 가능하다.

⑧ Stopping the Clock

위의 180-day-clock에 따른 스케줄이 반드시 준수되어야 하는 것은 아니다. 사안에 따라서는 단계별 기간이 변경되거나, 외부적 요인에 의해 최종적인 기간이 연장될 수도 있다. 경우에 따라 스케줄의 진행을 중단 (stopping the clock)할 수도 있으며, 그 원인이 해소되었을 경우 FCC는 즉시 원래의 스케줄로 복귀해야 한다.

(2) 공익심사기준

FCC는 공익기준(public interest standards)에 의거하여, 인수합병의 경쟁제한성 여부뿐만 아니라 당해 인수합병이 공공의 이익에 미치는 영향까지도 광범하게 분석한다. FCC는 공익심사에서, 당해 인수합병이 경쟁적인 시장환경을 조성할 수 있는지, 셔먼법 및 클레이튼법의 경쟁정책을 촉진하는데 도움이 되는지, 미국 전역에 보편적인 통신서비스를 제공하는데 도움이 되는지, 소비자에게 양질의 서비스를 제공하는데 도움이 되는지 그리고 새로운 서비스를 개발하는데 도움이 되는지 등 매우 포괄적 기준을 참조하고 있다.

3) FCC에 의한 인수합병심사의 의의

현재 미국의 통신시장은 '통제된 독점'으로부터 새롭게 경쟁체제를 확립해가는 이행기에 있다. 미국 연방의회는 통신법을 통해 FCC에게 통신시장의 경쟁 환경을 조성할 임부를 부여하였다.

통신서비스시장의 경우 필수설비, 망외부성, 규모의 경제, 한정된 주파수자원 등에 따른 구조적 진입장벽과 장기간 독점체제 등으로 인한 선발사업자의 우월적 지위 그리고 이러한 시장지배력의 다른 시장에로의 높은 전이가능성 등 다른 시장과는 구조적인 차이점이 존재한다. 이에 따라 통신사업자의 인수합병은 합병이 경쟁에 미치는 영향 이외에도 보편적 서비스의 제공, 주파수자원의 효율적 관리, 이용자보호, 신규서비스의 개발과 보급 등 포괄적 의미의 '공익'에 미치는 영향을 다양한 차원에서 종합적으로 검토할 필요가 많다. 이런 점에서 인수합병심사에 대한 FCC의 관여는 필연적이라고 할 수 있다.

DOJ의 경우 합병이 현재의 경쟁을 저해하지 않는다면 특별한 사유가 없을 경우 이를 승인하는 경향을 보이는 반면, FCC의 심사에서는 합병이 경쟁에 미치는 영향에 대한 고려 이외에도 보편적 서비스 제공 등 '공익'에 미치는 영향을 광범하게 검토하게 된다. 특히 FCC의 경우 DOJ와는 달리 합병이 새로운 경쟁의 창출에 도움을 줄 것인지라는 문제를 중요한 심사기준으로 삼는다는 사실을 주목할 필요가 있는데, 이는 통신법의 중요한 목적인 '모든 통신서비스시장에 대한 경쟁체제의 도입'의 달성을 위한 것이다.

2. 요금규제

1) 일반적 사항

FCC의 요금규제에서 가장 기본이 되는 법규정은 통신법 제201조 내지 제203조로, 통신사업자의 요금 및 의무에 관해 규정하고 있다. 이 규정들은 요금과 관련한 다양한 다툼에서 가장 기본적인 기준으로 작용하고 있다. 통신법 제201조는 통신사업자가 유선·무선으로 각 주간 및 국제통신 혹은 이에 대한 접속에 대한 모든 요금, 실행, 등급, 규정(charges, practices, classifications, regulations)에 있어 공정하고 합리적일 것을 요구하고 있다. 또 제202조는 통신사업자가 통신사업에 관련한 요금, 실행, 등급, 규정 또는 서비스에 있어 불공정하거나 차별하는 것을 금지하고 있다.

2) 통신사업자의 요금명세표 제출의무

통신법 제203조는 통신사업자의 요금명세표(schedules of charges) 제출의무와 방법을 규정하고 있으며, CFR 1.771-1.773에서는 통신사업자의 제출방법과 FCC의 답변방식에 대해 규정하고 있다. 공중통신사업자는 FCC가 정한 시간 안에 각 주간 및 국제 유무선요금을 정하고, 이에 영향을 미치는 등급, 실행, 규정을 표시한 명세표를 FCC에 제출하며, 이를 다시 출판하여 공개열람을 위해 비치하고 90일 이상 공고할 것을 요구하고 있다. 공중통신사업자는 명세표에 명시된 요금보다 많게 하거나 적게 할 수 없으며, 명세표에 명시되지 않은 어떠한 혜택도 베풀지 못한다.

제출된 명세표에 대해 FCC는 기소(complaint)하거나 직권(own initiative)으로 명세표의 합법성에 대한 청문심리(hearing)를 개최할 수 있다. 이러한 청문심리와 FCC의 결정을 통해 관련 통신사업자에게 진술서(statement)를 전달함으로써, 5개월의 범위 안에서 요금, 등급, 규정, 실행의 전부 또는 일부의 이행을 보류할 수 있다. 새로운 사업이나 인상된 요금에 대해서 FCC는 발생한 모든 회계사항을 작성할 것을 요구할 수 있으며, 제안되거나 인상된 요금이 합리적이라는 데 대한 입증책임은 통신사업자에게 있다.

3) 통신사업자의 적용요금책정에 대한 FCC의 권한

통신법 제205조에서는 제소, 자체조사, 청문심리에 의해 제기된 사안에 대한 FCC의 조치권한을 규정하고 있다. 충분한 청문심리를 거친 후 통신사업자의 요금, 등급, 규정, 실행 등이 통신법규정을 위반하였다고 판단하는 경우, FCC는 공정하고 합리적인(just and reasonable) 요금<최고, 최저 또는 최고 및 최저>, 등급, 규정, 실행을 정하여 조치할 권한을 가진다.

4) FCC의 그 밖의 요금관련권한

통신법 제213조는 통신사업자에 대한 FCC의 재산평가 및 비용계산자료에 대한 권한을 규정하고 있다. FCC는 통신법의 적절한 집행을 위해 통신법의 적용을 받는 통신사업자가 소유하거나 행사하는 재산의 전부 또는 일부에 대한 평가를 할 수 있으며, FCC가 정하는 방법과 세목으로 정리되어 추정된 재생산가격과 감가상각비를 나타내는 재산의 전부 또는 일부에 대한 재산목록의 제출을 요구할 수 있다. 또한 FCC는 공중통신사업자가 소유하거나 행사하는 재산의 전부 또는 일부에 대한 원가(original cost)를 FCC가 규정하는 방식에 따라 보여주는 보고서를 요구할 수 있으며, 이러한 보고서는 비용이 산출된 근거와 보고서가 작성된 방법에 관한 정보를 포함하고 있어야 한다. FCC가 통신사업자의 재산을 평가하고 비용을 산정하기 위하여 필요한 경우, 공중통신사업자로 하여금 적절한 시간 안에 지도, 계약서, 기술보고서 기타 자료, 기록물, 서류 등의 사본을 포함하는 모든 관계정보를 FCC에 제출하도록 명할 수 있다.

통신법 제211조와 제215조는 통신사업자 간의 계약에 대하여 규정하고 있다. 먼저 제211조는 모든 공중통신사업자에게 통신법의 적용을 받는 모든 거래와 관련한 통신사업자 간의 계약서, 동의서, 협정서의 사본을 제출할 의무를 부과하고 있다. 또 제215조는 FCC의 계약서 검토에 대해 규정하고 있는데, 계약서가 공중에게 적절한 서비스를 제공할 통신사업자의 능력에 불리하게 영향을 미치거나 불공정하고 비합리적인 요금을 지속을 야기하는 경우에는 계약서를 검토하기 위해 모든 대차대조표, 기록물 기타 서류, 문서, 편지를 포함한 비망록, 설비제공자, 공급, 연구, 서비스, 재정, 신용, 직원 등에 대해 직접 조사할 권한을 지닌다.

그 밖에도 통신법은 요금과 관련하여, 여러 항목에 걸쳐 통신사업자의 사업경영에 대한 FCC의 권한을 규정하고 있다. 제218조는 법의 적용을 받는 통신사업자들의 기업경영을 조사할 권한을 규정하고 있다. 제219조에서는 통신사업자로 하여금 요금에 관한 정보, 요금에 관련한 규정 혹은 이에 영향을 미치는 협정, 협약, 계약 등(그 밖에도 주식, 자산, 설비, 부채, 인원, 급여, 비용, 이익, 손익계산서, 대차대조표 등도 포함)을 나타내는 12개월에 대한 연차보고서를 FCC가 요구할 수 있다고 규정하고 있으며, 그 밖에도 일반명령 혹은 특별명령에 의하여 통신사업자로 하여금 월별로 수익 및 비용에 관한 보고서를 제출하도록 요구할 수 있다고 규정하고 있다. 제210조에 따라 FCC는 자유로운 재량에 기해 금전의 출납 뿐만 아니라 회계, 기록, 거래동향에 대한 적요를 포함하여 법의 적용을 받는 통신사업자가 기입할 회계, 기록 그리고 통화량에 대한 자료 등에 대한 형식을 규정할 수 있다. 동시에 FCC가 감가상각비의 대상 및 계산방법을 규정할 수 있으며, 통신사업자가 보관하거나 보관해야 하는 모든 문서나 서류 그리고 통신문 등을 포함한 회계, 기록 그리고 적요를 위원회가 열람하고 조사할 권한을 규정하고 있다.

5) 통신사업자간의 비차별적인 요금규제

통신법 제220조 (h)는 통신사업자 간의 등급을 차별적으로 설정하고, 이에 준하여 통신사업자들에 대한 요구조건을 다르게 설정할 수 있다고 규정하고 있다. 이에 따라 현재 미국의 통신사업자에 대한 요금규제는 다음과 같은 세 가지 범주로 나뉘어 차별적으로 이루어지고 있다.[26]

① 완전규제(Full Regulation)

AT&T와 시내교환사업자 등 시장지배적 사업자에 적용된다. 서비스의 제공/중단, 시설의 구축/확장 등의 경우 FCC의 승인을 필요로 한다. 약관

---

26) 이명호, 『정보통신 규제기관의 조직과 기능 - 공정경쟁확립을 위한 제도개선 방안』, 통신개발연구원, 1995. 6, 98면.

의 승인을 요구하며, 원가자료 및 영업실적 등의 제출이 의무지워져 있다.

② 약식규제(Streamlined Regulation)

MCI, Sprint 등 국제통신부문의 비지배적 공중교환서비스사업자가 대상이었으나, 1992년 7월의 판결에 의해 국내교환서비스부문에도 적용되게 되었다. 특정국가에 대해 새로 서비스를 시작할 경우에만 FCC의 승인을 요하며, 시설의 설치에 대해서는 사전승인이 요구되지 않는다. 다만, 신규시설 및 회선추가 등에 대해서는 정기적으로 FCC에 보고해야 하며, 서비스의 중단의 경우에도 30일 동안의 공지의무가 있다.

③ 일반유보규제(Forborne Regulation)

서비스의 제공이나 시설의 구축/확장에 대한 승인을 요구하지 않는다. FCC가 약관의 제출을 요구하나 제출하지 않아도 된다.

V. 연방통신위원회의 규제권한 및 집행절차의 특징

미국의 연방통신위원회는 연방통신법상 전기통신과 방송을 포괄하는 유·무선통신 전반에 관하여 국가의 규제감독권을 행사하는 기관이다. 연방통신위원회는 원래 의회가 위임한 권한, 즉 공익을 위한 통신과 방송산업의 규제를 위해 방대한 조직을 보유하고 있다. 의회가 이러한 독립규제위원회를 설치한 것은, 이들이 당파의 이익에 얽매이지 않고, 법률과 전문지식에 따라 위임받은 권한을 효율적으로 행사할 것으로 믿었기 때문이다. 그러나 관료제적인 조직특성, 이익집단과의 정치적 상호작용 등의 이유로 이상과는 다른 현실적인 행동을 취하는 것도 사실이다.[27]

---

27) 조신 · 김홍도, 『전기통신 규제기관의 역할과 운용』, 122면 참조.

1. 광범한 재량과 司法化

미래에 발생할 수 있는 불확실성은 의회로 하여금 많은 권한을 FCC에 위임하도록 만들었다. 연방통신법은 FCC가 '공공의 이익과 편의 그리고 필요성'에 입각하여 통신을 규제하도록 규정하고 있다. 이는 FCC가 많은 재량권을 가지고 있음을 의미한다. 그리고 통신산업에서의 기업의 권리를 제한하고 그 권리행사방식을 규제함에 있어 광범한 재량권을 가지고 있다는 것은 곧 FCC가 사법적 기능을 하고 있음을 의미한다. 실제로 FCC는 행정적인 관료조직이라기 보다는 법원처럼 보이는 측면이 있다. 많은 결정과정이 청문회 등 의견청취절차를 거쳐 행정심판관에 의해 결정되고, 그 결정에 대한 불복은 재심위원회를 통해 항소법원, 대법원을 거치게 되어 있는 것이 그러하다.

FCC가 이처럼 사법화됨에 따라 법원의 의사결정과정에서 중요시되는 것들, 즉 정당한 절차, 전통과 선례 그리고 재판관의 재량 등이 결정적인 요인으로 작용하게 된다. 어떤 조직의 의사결정이 전체적으로 관례나 정당한 절차에 초점을 맞추게 되면, 전문성과 그에 입각한 효율성이 중시되어야 하는 상황에서도 그를 간과하고, 정당한 절차나 관례·전통에 따르는지라는 형식적 고려에 의해 의사결정이 이루어질 위험이 있다.[28)]

2. 독립성과 외부적 영향

FCC가 독립규제위원회라는 것은 역설적으로 FCC의 의사결정에 많은 집단이 영향력을 행사하고 있음을 의미한다. FCC가 다른 정부기관으로부터 독립된 조직이라는 점이 얼핏 중립성을 보장하는 것으로 보이나, 실제로는 모든 기관이 FCC의 행동에 관여할 수 있는 가능성을 열어 놓았다.

---

28) 조신·김흥도, 『전기통신 규제기관의 역할과 운용』, 123면.

또한 FCC가 규제를 위한 기관이라는 점에서, 규제가 집단간의 이익의 재분배를 수반한다는 점을 감안하면 이해관계 집단은 FCC의 의사결정에 모든 방법을 동원하여 참여하려고 노력하게 된다. 또한 조직이 위원회 구조를 취함에 따라 내부적으로도 다른 정부기관에 비해 의사결정과정이 복잡해질 수밖에 없다. 이러한 특징으로 말미암아 FCC의 조직과 권한 그리고 정책결정과정은 외부의 영향하에 놓여 있다.

1) 위원회 구조

FCC에는 5명의 위원이 있는데, 이들 간에 통일된 의사를 수렴하는 과정에서 정치적 요소가 개입하게 된다. 통일된 의사수렴의 정치적 과정에서는 위원들 사이에 타협과 제휴가 이루어지는 것을 볼 수 있다. 집단적 구조는 대표성과 신중함을 보여주는 장점이 있는 반면, 정책결정의 정확성과 일관성의 부족이라는 단점이 있을 수 있다.

2) 의회의 영향력

의회는 독립규제위원회에 대해 법률적 권한의 변경, 예산안의 승인, 위원의 임명동의 등을 통해 그 영향력을 행사한다. 독립규제위원회의 설립 자체가 행정부를 통하지 않고 의회의 대리인을 통한 규제의 필요성에 의한 것이다.

의회가 독립규제위원회를 충분히 통제하고 있는지에 관해서는 평가가 나뉘고 있는데, 전통적 인식은 ① 감사를 통한 청문회의 결여, ② 빈번하지 못한 의회의 조사와 정책의결, ③ 형식적인 위원임명동의 청문회절차, ④ 규제기관의 지속적 업무에 대한 주의와 지식의 부족, ⑤ 형식적인 예산승인과정 등을 들어 의회의 규제기관 통제가 성공적이지 못하다는 것인 반면, 일련의 실증적 연구는 의회가 규제기관을 효율적으로 통제하고 있음을 사실로 확인하고 있다.

의회가 FCC에 영향력을 행사하는 방법은 매우 다양하다. 첫째는 FCC의 의사결정에 대한 반대입법이다. 1983년 FCC의 接續料裁定(access charge plan)을 뒤집기 위해 의회는 반대입법을 하려 했다. 결국 FCC가 의회의 반대를 받아들이고 원래의 제안을 후퇴시킴으로써 법안은 성안되지 않았다. 둘째로 종래 FCC는 그 권한을 항구적으로 위임받았으나 1981년 이후에는 2년마다 그 권한위임을 갱신해야 하게 되었다. 그러한 권한위임의 갱신과정에서 의회의 감시기능이 강화되었을 뿐 아니라, 2년마다 통신법을 자연스레 개정하면서 FCC의 법률적 권한을 조정할 수 있게 되었다. 마지막으로 예산안의 확립과정에서 부속서를 통해 의회는 자신의 의견을 표시하는데, 미래의 예산확보를 위해 FCC는 이 같은 의회의 의견을 적극적으로 수용할 수밖에 없다.29)

3) 행정부와의 관계

대통령에 의한 위원의 임명은 FCC에 영향을 주게 된다. FCC는 대통령이 임명하는 5명의 위원으로 구성되며, 대통령은 그 중 한 명을 위원장으로 지명한다. 임명권을 통해 FCC를 통제하는 것은 연속적이기 보다는 산발적이다. 대통령이 위원을 임기 종료 전에 교체하는 것은 불가능하므로 대통령의 의도대로 통신규제정책을 추진하는 것은 어렵다. 또한 행정관리예산청(OMB)을 통한 예산편성과정에서의 영향도 FCC의 규모에 영향을 끼칠 뿐 본질적으로 통신규제정책의 방향에는 큰 영향을 미치지 못한다.

행정부는 1960년대 이후 통신정책에 영향력을 행사하기 위한 지속적

---

29) 조신, 「미국 연방통신위원회의 조직과 의사결정방식에 관한 소고」 『통신정책연구』, 1991년 봄, 47면.

인 노력을 기울이고 있는데, 이는 무엇보다도 통신분야가 FCC 혼자 책임 지기에는 너무 복잡하게 되었다는 점 때문이다. 통신분야에의 주된 관심 사항은 종래 FCC의 핵심적 업무였던 주파수관리, 방송국 허가, 전기통신 규제를 넘어서고 있으며, 새로운 기술혁신은 수많은 기관들로 하여금 통 신분야에 관심을 가지게 하는 법적, 경제적 문제를 제기하고 있다.

4) 법원의 적극적 심사

FCC의 결정과 조치에 대해서는 연방법원에 제소할 수 있다. 연방법원 은 규제가 임의적인지 아니면 일관적인지 판단한다. 연방법원의 판단에서 중요한 것은 합리성(reasonableness)이다. 즉, 규제결정이 통신법 규정에 위 배되지 않는지 심사할 뿐 아니라, 절차에 있어서의 적절성과 일관성도 중 요한 심사기준이 된다. 절차의 적절성과 일관성을 중심으로 심사하는 것 은 법관이 통신산업규제에 대해 전문가가 아니기 때문이기도 하다.

FCC가 자신의 결정과 조치가 법원의 심사대상이 된다는 것을 인지함 으로써 FCC에 대한 통신법규정과 선례(선판례)의 영향력은 강화된다. 법 원에서 취소되지 않을 결정과 조치를 내리기 위해 노력함으로써 FCC의 규제결정은 보수적이 될 가능성이 커진다.

종래 법원의 심사는 FCC의 결정이 통신법에 상술되어 있거나 헌법에 함축되어 있는 권한을 남용한 것인지 여부에 한정되거나 FCC의 결정과 조치가 절차의 적절성과 일관성을 충족하는지에 국한됨으로써 FCC의 자 주성이 보장되고 있었던 반면, 1970년대 이후에는 FCC의 관할권이나 구 체적 결정의 타당성에 대하여도 심사를 확대하고 있다.[30]

---

30) 조신 · 김흥도, 『전기통신 규제기관의 역할과 운용』, 131~132면.

5) 피규제기업과 소비자단체의 영향

FCC의 의사결정에 가장 큰 영향을 미치는 것은 방송 및 통신사업자들이다. 의회나 국민의 관심은 다양하게 분산되어 있는 반면, 이들 사업자의 이해관계는 FCC의 의사결정에 집중되어 있다. 경우에 따라 사업자들은 불균형적으로 많은 영향력을 행사하게 되는데, 70%에 달하는 FCC 퇴직위원들이 피규제기업과 관계된 직업을 찾는다는 사실은 이러한 지속적이며 비공식적인 영향을 잘 보여주고 있다. 따라서 FCC의 규제결과의 상당수가 기존사업자의 이익을 보호하기 위한 것이었다는 것은 놀라운 일도 아니다.

소비자단체도 여러 경로를 통해 FCC의 결정에 영향을 주려 한다. 이들은 FCC 내부에 직접 영향력을 행사하기 보다는 주로 공개적으로 국민에게 초점을 맞추고 있다. 소비자단체는 분산된 일반대중의 이익을 옹호하는 것을 목적으로 하며, 그러한 목적을 달성하기 위해 기업의 영향력이라는 닫힌 장막을 열어젖히고 규제기관으로 하여금 대중에게 관심을 갖도록 유도한다. 그들은 이를 위해 언론과 정치인을 활용하는데, 이러한 노력은 피규제기업의 영향력을 감소시키고 보다 일반적인 이익을 위해 FCC가 결정을 내리도록 유도한다는 점에 긍정적이다.[31]

---

31) 조신, 「미국 연방통신위원회의 조직과 의사결정방식에 관한 소고」, 48~49면.

VI. 우리나라 통신위원회 운영의 개선방안

1. 통신위원회 개관

1) 통신위원회의 역할

통신위원회는 통신사업의 공정한 경쟁환경조성과 이용자의 권익보호에 관한 사항을 심의하고 통신사업자간 및 통신사업자와 이용자간의 분쟁을 裁定하기 위하여 전기통신기본법 제37조의 규정에 의거 정보통신부에 설치된 기관이다.

통신위원회는 1992년 3월 위원장을 포함한 임기 3년의 민간위원 5명과 3명의 공무원을 비상임위원으로 위촉·임명함으로써 발족되었다. 초기에는 전기통신사업자간의 적정한 경쟁의 확보 및 이용자의 권익보호 강화와 중요 통신정책 수립 시 전문가의 객관적인 의견수렴을 목적으로 하였으며, 1996년까지는 경쟁도입을 위한 사업자 허가관련 안건을 주로 심의하였다. 1996년 12월 전기통신기본법 및 전기통신사업법 개정으로 통신위원회사무국의 설치근거가 마련되었으며, 불공정행위에 대한 사실조사권한이 부여되고 재정기능 등 준사법적인 권한이 강화되는 한편, 통신사업자 신규허가관련 심의사항을 정보통신정책심의위원회로 이관함으로써 공정경쟁을 위한 사후규제기관으로서 자리매김하게 되었다.

2) 통신위원회의 기능과 조직

통신위원회의 주된 기능은 다음과 같은 4가지이다. 첫째, 통신사업자의 불공정행위 등을 조사하고 시정조치를 의결한다. 둘째, 통신사업자간 협정의 체결/이행, 통신사업자/이용자간의 손해배상 등과 관련된 분쟁의 알선 또는 재정을 의결한다. 셋째, 전기통신 관련 고시 및 기준 등을 심의한다. 넷째, 기간통신사업자의 영업보고서를 검증하고 전기통신번호를 부여/관리한다.

통신위원회는 본위원회, 3개의 전문위원회, 6개과로 이루어진 사무국 조직을 가지고 있다. 본위원회는 위원장 1명, 상임위원 1명과 비상임위원 5명으로 구성되어 있다. 통신위원회에는 약관·법령심의위원회, 회계전문위원회, 통신요금심의위원회의 3개 전문위원회가 있다. 사무국은 총괄과, 심의과, 재정과와 3개의 조사과로 구성되어 있다.

2. 통신위원회 조직 및 운영의 개선방안

1) 규제기능의 전문성 제고

요금규제, 사업자간 분쟁 조정, 불공정경쟁행위에 대한 감독·규제 등은 고도의 전문지식을 요구하는 분야로서 통신정책 및 기술 전문가는 물론이고 규제 및 반독점문제, 경제·회계 및 법률전문가들이 다수 필요하며, 또한 장기적인 규제정책방향을 검토하기 위한 전문연구인력의 지원도 필요하다.

필요에 따라 외부의 연구기관, 회계법인 또는 법률회사의 자문을 받는 것으로는, 그 관계가 지속적이지 않아 일상적인 지원을 받는 데 어려움이 많고, 여러 외부기관이 관련되는 경우 유기적 협조체제를 구축하는 데에도 한계가 있다.

따라서 고도의 전문적 판단을 필요로 하는 문제에서 전문성의 부족으로 말미암아 합리적인 정책결정을 하지 못하는 경우가 있으며, 많은 경우 전문 인력의 부족 자체가 정부결정의 신뢰성에 의문을 제기하게 하는 이유를 제공하고 있다.

통신위원회가 전문규제기관으로서의 역할을 제대로 수행하기 위해서는 통신위원회의 위상·조직·인력·기능 등을 재구성함으로써, 통신위원회의 역할에 대한 기대와 실질적인 수단(조직·인력·기능)이 괴리되지 않도록 제도적으로 뒷받침할 필요가 있다.

우리나라의 경우 다른 기관(예컨대, 공정거래위원회)의 사례나 현실적인 한계에 비추어 볼 때, 통신위원회의 기능을 강화하되 준독립적 규제기관과 행정부처형의 중간형태가 바람직하다는 입장이 있다. 즉, 통신위원회를 정보통신부로부터 독립시키기 보다는 통신위원회를 정보통신부 장관의 감독하에 두되, 전문규제기관으로서의 역할 정립에 따라, 정보통신부가 갖고 있는 규제기능을 재조정하여 통신위원회의 규제기능을 대폭 강화하고, 정보통신부의 다른 부서는 정책기능 위주로 개편하는 것이 바람직하다는 것이다.

전문적 규제기관으로서의 통신위원회의 기능 재정립과 함께 실질적인 기능이 가능하도록 이에 상응하는 조직과 인력이 정비되어야 한다. 위원회를 보좌하는 조직의 경우 전문인력이 부족한 현재의 상황에 비추어, 초기에는 외부의 전문 연구기관 등의 지원을 받되, 점진적으로 자체인력으로 충당해 가야 할 것이다. 또한 실무 및 행정을 담당하기 위하여는 사무국을 상당한 규모로 확대하고, 이를 위해 정보통신부 내에서 규제기능을 담당하던 인력과 조직을 재조정하는 것이 바람직하다.

2) 규제절차의 투명성 제고

우리나라의 현행 규제절차는 명문화된 규제절차의 결여, 비공식적인 규제절차, 불충분한 의견수렴과정을 특징으로 한다.

첫째, 지금까지의 규제는 명문화된 규정에 근거하지 못하였다. 규정은 포괄적으로 만들어 놓고 실질적인 결정은 정책담당자의 행정적 판단에 의존하여 왔다고 할 수 있다. 점점 많은 사업자가 등장하고 그에 따라 더 많은 쟁점이 제기될 것으로 예상되는데, 이를 그때 그때의 행정적 판단에 의존하여 해결하는 것은 비효율적일 뿐 아니라, 공정성·객관성에서도 문제가 많다.

둘째, 지금까지의 의사결정은 비공식적인 과정을 통해 그리고 재량권 행사의 방식으로 이루어져 왔다. 점차 사업자간의 분쟁이 증대하는 등 예민한 상황이 대두되고 있는 데도 여전히 이를 비공식적인 과정을 통해 해결하다 보면 투명성·공정성 등에 의문이 제기될 것이다.

셋째, 사안이 복잡해질수록 이해당사자와 전문가집단의 의견수렴이 중요한 역할을 하게 된다. 자문결과의 공표, 의견접수, 자문위원회의 개최, 공청회 등을 적극적으로 활용하는 외국에 비해 우리나라의 의견수렴은 요식절차에 그치는 경우가 많다. 이에 따라 의사결정과정의 투명성과 절차적 정당성 확보에 어려움이 있다.

3) 준사법적 기능의 강화

경쟁도입에 따른 시장기능의 활성화, 기존 서비스분야에 대한 신규사업자의 진입 및 새로운 서비스의 추가적 제공에 따라 사업자간의 분쟁 조정기능이 점차 강조되고 있다. 또한, 공정경쟁의 보장을 위한 규정을 통신사업자가 위반하거나 이를 무시할 경우 통신사업자에게 이의 시정을 요구하거나 강제할 수 있는 권한이 필요하다.

사업자간의 분쟁 조정이나 시정조치의 강제는 엄밀하게는 사법적 권한에 속하는 것으로, 행정기관이 이러한 기능을 담당하는 것은 문제의 소지가 있을 수 있다. 분쟁의 조정기능 및 법규정의 불이행에 따른 제재와 같은 준사법적 권한은 행정·입법·사법의 분리라는 권력분립의 원칙에 비추어 볼 때 행정기관이 행사하기 어렵다.

4) 준입법적 기능의 강화

통신위원회의 규제기능과 밀접한 관련이 있는 사항에 대해서는 일정한 범위 내에서 제한적인 준입법권을 부여하는 것이 바람직하다.

통신위원회의 관할사항에 대한 시행규칙 등의 제정에 있어서는 통신위원회가 일정한 영향력을 행사할 수 있게 해야 한다.

제2절 독립규제기관의 사건처리절차의 개선방안**
―미국 FTC의 사건처리절차를 중심으로―

Ⅰ. 서 론

서구에서 자본주의 사회의 발전은 과거 정태적인 사회에서 경험하지 못했던 새로운 경제문제들을 야기하기 시작하였다. 반면 시민사회에서 형성된 근대법과 제도들은 이러한 경제문제에 탄력성 있게 대처하기에는 역부족이었다. 당시 새롭게 대두되기 시작한 사회현상은 기존의 것과는 달리 복잡다기할 뿐만 아니라 시시각각 변모하는 것이었고 따라서 과거와 같은 입법, 사법, 행정의 고전적인 삼권분립의 정태적인 틀로는 해결하기 어려운 것들 이었다. 이러한 새로운 사회현상에 직면하여 행정의 效率性과 사법의 公正性이라는 두 가지 장점을 조화시켜 문제해결을 하고자한 것이 독립규제위원회(independent regulatory commission)라는 모습으로 나타났고 기대이상의 성과를 보이면서 무역, 독점규제, 통신 등 여러 분야에 성공적으로 뿌리내리게 되었다.[1] 이들 기관은 기본적으로 네 가지

---

 * 조성국(중앙대 교수).
** 「행정법연구」(제60호, 행정법이론 실무학회)에 게재된 것을 일부 수정한 것임.
 1) 미국에서는 종래의 입법, 사법, 행정의 어느 영역에도 속하지 않는 무책임한 제4부라는 비판과 함께 한때 위헌이라는 비판까지 제기되었다. 그러나 의회의 통제를 받고 적법절차에 따라 업무를 처리하기 때문에 지금은 위헌주장을

기본적 활동 즉 조사, 규칙제정, 비공식 조치, 심판(adjudication)을 수행한다.[2] 미국에서의 성공이후 세계 각국에 전파되기 시작하였고 우리나라도 1960년 대 산업화 이후 경제개발 과정에서 서구와 유사한 경험을 겪으면서 다소 변형된 형태로 흔히 위원회라는 명칭을 지닌 한국식 독립규제기관들이 신설되어 왔다.

그러나 이러한 기관들은 서구의 독립규제기관을 모델로 하여 도입되었지만 우리나라의 행정문화 풍토에서 도입취지로부터 이탈해 절차의 공정성확보가 미비하거나 기존의 독임제 행정관청처럼 운영되고 독립성이 상실되는 등 아직까지도 많은 혼란을 겪고 있는 것이 사실이다. 특히 이들 기관은 단순한 諮問委員會가 아니라 일반 행정부처 못지않은 권한과 책임을 갖고 있기 때문에 이들 기관의 공정하고 효율적인 사건처리절차는 규제받는 기업의 입장에서는 더더욱 중요하다 할 수 있다. 복잡다양한 경제문제 규율을 사전에 구체적이고 명확한 입법으로 하는 것이 쉽지 않으므로 독립규제기관에 권한을 대폭 위임할 수밖에 없다면 절차적인 측면에서의 정비는 더더욱 중요하다 할 수 있다.

본고에서는 이들 기관의 憲法的 혹은 行政法的 次元에서의 자리매김보다는 기존 우리나라의 독립규제기관의 문제점을 100년 가까운 긴 시간 동안 발전되어온 대표적 독립규제기관인 미국의 연방거래위원회(Federal Trade Commission, FTC)을 모델로 하여 분석해 보고 이를 토대로 우리나라 실정에 부합하는 개선방안을 마련해 보고자 한다. 단, 본고에서는 문화적 혹은 행태적(behavioral) 측면보다는 법과 제도적인 측면에 초점을 맞추고자 한다.

찾아보기 어렵다.

2) Paul E. Johnson외 4인공저, 「American Government」 『Houghton Mifflin Company』, 1990, 624~626면.

II. 독립규제기관의 특성

독립규제기관의 특성은 여러 가지 측면에서 살펴볼 수 있지만 여기에서는 본고의 논의와 관련이 있는 범위에서 크게 3가지로 나누어 살펴보고자 한다.

1. 준사법적 사건처리

독립규제기관은 법위반기업에 대해 적절히 제재를 할 수 있어야 한다. 그런데 본래 심판 또는 제재의 권한은 사법부인 법원이 행사하는 것이므로 일반행정절차에 따라 행사하기보다는 미국에서는 법원의 판결절차와 유사한 절차 즉, 준사법3)적 절차에 따라 하는 것으로 설계가 되었고 우리나라의 공정거래위원회와 같은 독립규제기관들도 미국의 예를 따르고 있다. 기본철학은 사법절차보다 덜 엄격하지만 기본적으로 사법절차에 준하여 업무처리를 함으로써 사법절차의 장점인 공정성과 행정절차의 장점인 효율성을 도모하고자 하는 것이다.

독립규제기관들은 통상의 행정절차와는 달리 사법기관과 유사하게 과거 또는 현재의 행위나 상태를 놓고 상대방에 대한 고지(notice) 및 각종 증거자료 등을 통해 대심구조하의 심리(hearing)를 거친 후 법위반여부를 판정하여 최종적으로 제재조치를 취한다. 이러한 특수성으로 인해 공정거래위원회는 행정절차법의 적용을 받지 않는다.4) 공정거래 사건의 경우 실체법규라 할 수 있는 공정거래법 외에 별도로 절차법을 두지 않고 「공정

---

3) '준사법'(quasi-judicial)이라는 말의 의미에 대하여도 다양한 해석이 가능하지만 여기서는 일단 '사법절차보다는 덜 엄격하지만 그와 유사한 절차' 정도로 이해를 하고 논의를 전개하고자 한다.

4) 행정절차법 시행령 제2조제6호.

거래위원회 회의운영 및 사건절차등에 관한 규칙」을 제정해 이에 따라 사건을 처리하고 있다.[5]

그런데, 공정거래위원회가 준사법기관이라는 특색은 사건처리절차에서 나타나는 것이지 모든 업무를 준사법적으로 한다는 의미는 아니다. 일반적인 행정업무는 독임제 행정기관과 별다른 차이가 없다. 위원들 간의 관계도 일반적인 행정업무에 있어서는 위원장과 부위원장이 다른 위원들에 비해 서열상 우위에 있다고 할 수 있으나, 준사법적인 사건처리절차를 통한 의사결정에 있어서는 다른 위원들과 마찬가지로 한 표밖에 행사할 수 없게 되므로 서열은 의미가 없고 위원중의 한명에 불과하다.[6]

2. 직무의 독립성

미국에서 독립규제기관을 창설할 당시 새로운 상황에 대한 규율을 대통령제 하에서는 원칙적으로 의회가 입법으로 규정하여야 하는 반면 의회는 전문성이 부족하고 신속히 입법화하는 데는 한계가 있다는 문제가 대두되었다. 결국 그러한 권한을 법집행당국에게 포괄적으로 위임할 수밖에 없는데 대통령의 지휘를 받는 법무부에 위임하는 것은 삼권분립의 본질에 맞지 않으므로 대통령으로부터 독립된 제3의 기관을 만들자는 논의에 이르게 되었다. 그래서 독립규제기관은 말 그대로 독립성이 본질이고 특히 대통령으로부터의 독립성이 중요하게 인식되었다. 미국 연방거래위원회(Federal Trade Commission, FTC)는 대통령이 위원장을 임명할 수 있는 것 이외에는 대통령으로부터 철저히 업무상 독립되어 있다. 위원의 임기를 4년 임기의 대통령보다 장기인 7년으로 하는 것도 독립성의 보장을

---

5) 독점규제 및 공정거래에 관한 법률 제55조의2.
6) 물론 실제로는 사건의 합의에 있어서 위원장이 다른 위원들보다 우위에 있는 것이 현실이다. 중요한 이유 중의 하나는 위원장은 위원들에 대한 임명제청권자라는 사실이다.

위한 것이다.

우리나라의 독립규제기관들은 엄격한 의미에서 대통령으로부터 독립되어 있다고 보기는 어렵다. 공정거래위원회를 예를 든다면 국무총리소속이고 공정거래위원장은 국무회의에 출석하며 경제장관회의 멤버이기도 하다. 따라서 우리나라에서는 기타 정부기관들에 비해 위원의 임기가 정해져 있고 직무의 독립성의 보장정도가 상대적으로 높다는 의미로 이해하는 것이 바람직하다.

3. 합의제조직

가치관이 개입될 수밖에 없는 복잡한 사회·경제사안에 대한 판단을 기존의 독임제 기관장이 판단하기 보다는 경험과 전문성이 풍부한 전문가들로 구성된 합의제에서 판단하는 것이 바람직하다. 또한 합의제는 업무처리의 정치적 중립성을 확보한다는 측면에서 장점이 있는 것으로 알려져 있다. 그 외에도 독임제는 기관장의 교체에 따라 업무처리의 일관성이 결여될 우려가 있는데 반해 합의제는 위원이 순차적으로 교체되도록 함으로써 업무의 안정성, 지속성을 제고할 수 있다. 물론 합의제는 책임의 소재가 불분명하고 무임승차자(free rider)가 있을 수 있으며 신속하고 효율적인 업무처리에서 단점이 있다고 볼 수 있지만 독립규제기관을 합의제로 하는 이유는 그러한 단점보다는 장점이 훨씬 크다는 인식에 따른 것이다.

Ⅲ. 미국 연방거래위원회(FTC)의 조직

1. 위원의 구성7)

미국 연방거래위원회는 5명의 위원(commissioner)으로 구성되어 있다. 위원의 임기는 7년이다. 대통령으로부터 독립성보장을 위해 대통령의 임기인 4년보다 더 길게 한 것이다. 최초의 위원은 임기가 3년, 4년, 5년, 6년, 7년으로 하여 1년씩 차이가 나게 하였는데 그것은 위원의 임기가 동시에 종료되는 것을 막아 업무의 안정성과 일관성을 확보하기 위해서이다. 그리고 위원의 임기는 개인의 임기라기보다는 위원이라는 자리에 부여된 임기이다. 예컨대, 한 위원이 5년 근무 후 사임하게 되면 후임자는 2년만 근무하게 된다.

위원의 임명절차에 대하여 살펴보면 상원의 인준을 받아 대통령이 임명하도록 되어 있다. 정치적인 중립성 확보를 위하여 위원 3명까지만(not more than three) 동일정당 소속이 가능하다. 위원장(chairman)은 대통령이 임명한다. 원래는 호선제였으나 1950년에 바뀌었다. 위원의 자격은 법에 특별한 규정이 없다. 법률가가 대부분이나 경제학자, 기업인이 임명되기도 하고 심지어는 순수히 정치적인 동기로 임명되기도 한다.8)

2. 연방거래위원회 직원의 구성

연방거래위원회 직원은 변호사 자격증 소지자가 가장 많다. 경쟁국

---

7) Federal Trade Act Sec. 1(15 U.S.C 41).
8) Janet Steiger 전 위원장은 부시 대통령이 순수히 정치적인 동기로 임명한 것으로 알려져 있다.

(competition bureau)이나 소비자보호국(consumer protection bureau) 등 사건처리 담당부서는 대부분 변호사 자격증 소지자로 충원이 된다. 그리고 이들을 보조하기 위한 법률보조인(paralegal)이 있다. 다만, 미국에서는 법과대학 졸업 후 대부분이 변호사시험에 합격하기 때문에 미국의 변호사 자격증 소지자를 우리나라의 변호사 자격증 소지자로 그대로 이해하기는 곤란한 점이 있다. 오히려 법학전공자로 이해하는 것이 더 적합할 수도 있지 않을까 생각한다.

연방거래위원회는 경제적인 사건을 담당하기 때문에 경제학 박사 등 경제분석전문가들이 상당수 있다. 경제국(economic bureau)에서 경제분석을 담당하는 직원은 대부분 경제학박사 학위소지자들이다. 기업결합(M&A) 사건에서 이들의 역할이 특히 중요하다.

이 외에도 일반 행정직원들이 다수 있지만 역시 중요한 역할을 하는 직원들은 법률전문가와 경제전문가라고 할 수 있고, 이들은 학문배경이나 철학이 상당히 다르기 때문에 의견충돌이 잦고 갈등도 적지 않게 있는 것으로 알려져 있다.

3. 조직의 특수성
: 소추기능과 심판기능의 융합[9]

연방거래위원회의 조직의 특수성 중 가장 두드러진 것은 조사하고 소추하는 기능과 심판하는 기능이 미분화되어 있다는 점이다. 한편으로는 독립규제기관의 본질로서 인식되기도 하고 다른 한편에서는 공정성의 견지에서 많은 비판이 가해지고 있는 부분이기도 하다. 이러한 문제인식은

---

9) American Bar Association Section of Antitrust Law, The FTC as an Antitrust Enforcement Agency : Its Structure, Powers and Procedures Volume Ⅱ, 46면 이하 참조.

우리나라의 공정거래위원회를 바라보는 시각과 많은 부분에서 일치한다.

1) 위원의 권한

위원들의 권한이 다양하지만 특히 위원들은 강제조사시 허가를 하고, 행정소장(administrative complaint)[10]을 발부하며, 심판도 수행하는 등 막강한 권한을 행사한다. 즉, 조사, 소추, 심판 모두에 관여한다. 사법절차의 가장 핵심적인 요소라고 한다면 소추기능과 심판기능이 분리되어 있다는 점이다. 그런데 연방거래위원회의 위원은 조사부터 심판까지 관여하게 되어 있어 준사법기관이라는 조직의 정체성에 심각한 의문을 야기해 왔다.

2) 소추기능과 심판기능의 융합에 대한 비판론

이처럼 소추기능과 심판기능이 미분화 즉 융합되어 있는 것에 대해 그동안 많은 비판이 제기되어 왔다. 가장 근본적인 비판은 공정성의 문제였다. 즉 조사 및 소장발부에 관여한 위원이 심판까지 하게 되면 예단(prejudgment) 및 선입견(predisposition)이 생기게 되어 공정한 심판을 하기 어렵다는 것이다. 그리고 만약 위원들이 조사 및 소장발부를 허가한 후 실제 심판을 거치는 과정에서 생각이 바뀌어 무혐의 결정을 하게 되면 처음부터 조사하지 말았어야 했다는 측면에서 국가예산낭비라는 비판이 있을 수 있으므로 가능하면 시정조치를 하게 될 유인이 생긴다는 것이다. 그렇게 되면 법이 과집행 될 위험이 있다.

---

10) 행정소장은 연방거래위원회의 심판개시를 위한 소장(訴狀)으로서 우리나라 공정거래위원회의 심사보고서에 해당한다. 연방거래위원회는 용어들조차도 상당수가 법원에서 사용하는 것과 동일하게 사용한다.

3) 소추기능과 심판기능의 분리에 대한 대안론

이러한 비판이 제기되면서 이에 대한 대안들이 논의되기도 하였다. 우선 법집행권한을 법무부(DOJ)로 일원화하자는 논의가 있었다.[11] 즉 연방거래위원회를 폐지하고 법무부로 법집행을 일원화하자는 주장이다. 그렇게 되면 법무부는 소추기능을 담당하고 법원이 심판기능을 담당하게 되므로 자연스럽게 공정성의 시비가 사라진다는 것이다.

둘째는 연방거래위원회의 권한은 조사 및 소추로 제한하고 심판은 연방지방법원으로 이관하자는 논의이다. 그렇게 되면 전통적인 형법을 집행하는 법무부와 함께 경제사건을 담당하는 연방거래위원회가 또 하나의 법무부 혹은 검찰의 역할을 맡게 된다. 그러나 그렇게 되면 사건처리가 지연이 되고 행정의 효율성과 사법의 공정성을 살린다는 당초의 취지는 퇴색되게 된다.

셋째는 연방거래위원회 조직 내부에서 소추기능과 심판기능을 분리하자는 주장이다.[12] 즉 조사와 소추의 과정에 위원의 개입을 막고 심판단계에서도 철저하게 위원과 직원을 분리하자는 의견이다. 그러나 위원회의 본질은 전문성과 경험이 풍부한 위원들이 조직의 본질이고 조사 및 소추기능은 조직기능의 핵심인데 위원들이 단지 심판만 하게 된다면 위원회의 본질에 어긋난다는 문제가 생기게 된다.

---

11) 미국에서는 당초 법무부가 최초의 독점규제법인 Sherman법을 집행하도록 되어 있었으나 의회의 기대만큼 활발하게 법집행이 되지 않았고, 1911년 Standard Oil사건의 대법원판결에서 소위 합리의 원칙(rule of reason)이 선언됨으로써 법적용이 크게 제약될지 모른다는 우려들이 제기되었다. 이에 의회는 1914년 독립규제위원회 조직형태로 연방거래위원회를 설치하도록 한 연방거래위원회법(Federal Trade Commission Act)을 제정한 것이다. 그래서 지금도 두 기관은 상호경쟁 혹은 상호협력하면서 독점규제법을 집행해 오고 있다.

12) 이러한 주장은 우리나라에서도 수차례 제기된 바 있다. 즉 조사직원들로 구성된 사무처와 심판기능을 하는 위원 및 보좌진들로 구성된 위원회 조직을 이원화하여 운영하자는 제안이다.

4) 소추기능과 심판기능의 융합에 대한 옹호론

상기와 같은 비판론에 대응한 옹호론들로는 다음과 같은 것들이 있다. 가장 중요한 두 가지는 절차적으로 심판과정에서 ex parte communication (일방적 의사소통) 금지13)와 행정법판사(Administrative Law Judge, ALJ) 에 의한 심리이다.

연방거래위원회에서는 일단 사건이 심판단계로 넘어가게 되면 위원과 직원은 기능이 완전히 분리된다. 그래서 직원이 위원과 단독으로 면담하거나 보고하는 것이 금지된다. 상대방이 배석하지 않는 자리에서 단독으로 접촉하는 것은 엄격히 금지가 된다. 심지어는 공정한 심판을 위해 심판기간 중에는 위원들 간에 식사도 꺼린다고 한다. 이러한 원칙은 사건처리의 공정성을 위해 평소에는 보고하고 설명하기 위해 수시로 위원과 접촉을 하면서도 일단 심판이 개시되면 사실상 사법적인 절차로 전환되어 심판을 주재하는 위원들과 일체의 접촉을 제한하는 것이다. 이러한 의미에서 심판단계에서 위원과 직원은 기능적으로 철저히 분리되어 있다고 말할 수 있다.

행정법판사(ALJ)에 의한 심판은 사건처리의 공정성을 담보하기 위한 또 하나의 중요한 장치이다. 위원회의 처분과정을 살펴보면 최초의 결정(initial decision)은 업무가 독립된 행정법판사가 담당하는데 행정법판사에 의해 사실인정 및 법률판단이 이루어지므로 공정성의 문제가 최소화 될 수 있다는 것이다. 원래 위원회는 직접 사건을 심판할 수 있지만 대부분의 사건은 관례적으로 행정법판사에게 위임하여 심리를 진행하고 최초의 결정을 내리도록 하고 있다. 이것은 위원회가 행정법판사에게 권한을 위임한 것으로 보고 있다.

일방적인 의사소통의 금지와 행정법판사에 의한 심판이외에도 위원회의 최종결정에 대하여는 사법적 재심의 기회가 부여되어 있다는 것도 공

---

13) 우리나라 법원에서 소정외 변론을 금지하는 것과 같은 취지이다.

정성 확보의 또 하나의 근거이다. 연방위원회의 결정에 불만이 있으면 연
방항소법원에 소송을 제기할 수 있기 때문에 삼권분립의 원칙에 어긋나
지도 않고 불공정한 것도 아니라는 것이다.

5) 연방대법원의 입장

연방대법원은 비판론과 옹호론 중 옹호론의 입장을 취하고 있다. 연방
거래위원회 설립의 목적이 산업계의 조사를 통한 전문성의 축적하고자
한 것이기 때문에 소추와 심판기능의 융합이 적법절차(due process)를 규
정한 헌법의 위반은 아니라는 것이다.[14] 물론 이것은 헌법위반이 아니라
는 의미이지 최선의 방식이라는 의미는 아니기 때문에 좀 더 바람직한 제
도를 만들기 위한 논란은 미국에서 지금도 계속되고 있다. 하지만 아직까
지는 현재의 소추와 심판기능 융합에 대한 유력한 대안은 제시되지 못하
고 있다. 예컨대 행정소장발부를 위원들이 직접 하지 말고 직원 중 고위
직(senior staff)에게 위임하자는 제안이 있긴 하지만[15] 심판개시결정을 직
원에게 위임하는데 대해서는 쉽사리 동의하지 못하는 의견들이 많은 실
정이다. 미국에서의 이러한 논란은 우리나라의 준사법기관들의 사건처리
절차를 설계하고 개정하는데 많은 시사점을 줄 수 있을 것이다.

4. 위원상호간의 관계 : 위원간 동등성

미국 연방거래위원회의 위원들은 대등한 관계를 유지하고 있다. 일례
로 마이크로 소프트사 조사 당시 심판개시를 위한 표결 시 당시 위원장
이 소장발부를 강력하게 주장하였으나 호응한 위원은 한 명 밖에 없어

---

14) FTC v. Cement Institute, 333 U.S. 683.

15) American Bar Association Section of Antitrust Law, 전게서, 71면.

두 차례의 투표가 모두 부결된 사건이다. 한 명의 위원은 당해 사건과 이해관계가 있어 기피하고 나머지 두 명은 반대한 것으로 알려져 있다.16) 이처럼 위원들은 이론적으로만 아니라 실제적으로도 각자 독립하여 대등하게 의사결정에 참여하고 있어 만장일치뿐만 아니라 3 : 2 결정도 심심찮게 나오고 소수의견도 의결서에 부기되고 있어 위원들의 철학과 성향을 분명히 알 수 있다.

그리고 미국 연방거래위원회에는 부위원장 제도가 없다. 만약 위원회에서 위원장−부위원장−평위원으로 서열이 매겨진다면 독립해서 의사결정을 하는데 큰 장애가 될 수 있다. 심지어는 대통령이 바뀌어 위원장 자리에서 물러난 후 후 평위원으로 재임한 사례도 다수 있다. 이처럼 미국 연방거래위원회는 위원들 간의 대등성이 잘 보장되어 각자의 소신에 따른 의사결정이 가능하다.

Ⅳ. 미국 연방거래위원회의 사건처리절차

1. 사건의 착수

연방거래위원회가 사건에 착수하기 위한 단서는 여러 가지가 있을 수 있다. 대통령, 국회, 정부기관 등의 조사요청, 일반인이나 이해관계인으로부터의 신고, 직권인지 등이 있을 수 있다. 마이크로소프트사에 대한 조사는 경쟁국(Competition Bureau) 직원이 직권인지 한 것으로 알려져 있다.

여기서 주목할 것은 사건착수가 우리와는 달리 選別的이라는 사실이다. 선별적 사건착수란 의미는 공익(public goods)을 위해서 인적 · 물적

---

16) 당시 위원장이던 Janet Steiger와 Dennis Yao위원은 찬성, Mary Azcuenaga와 Debora Owen은 반대, Roscoe Starek Ⅲ는 기피한 것으로 알려져 있다.

자원의 범위 내에서만 사건에 착수한다는 의미이다.17) 왜냐하면 연방거래위원회의 존재의의가 개인들의 권익구제나 분쟁해결이 아니라 훼손된 시장경제질서를 복원하는데 있다고 보기 때문이다. 물론 연방거래위원회에 의한 사건처리의 결과 개인들의 권익이 구제되고 분쟁해결이 되는 수가 적지 않으나 그것은 본래 의도한 것이 아니라 부수적인 것에 불과하다. 만약 의회가 당해 연도 예산을 삭감하면 사건착수 건수가 줄어들고 심지어는 직원들의 숫자마저도 줄어들게 된다.

2. 사건의 조사

사건의 조사는 예비조사(Initial Phase Investigation)와 본조사(Full Phase Investigation)로 나누어지고 본조사는 다시 강제절차(compulsory process)가 동원된 본조사와 그렇지 않은 본조사로 나누어진다. 그리고 조사를 무한정 오랫동안 할 수 있는 것이 아니고 조사의 기간이 정해져 있다.

예비조사는 위원회 자체가 조사를 개시한 경우 예컨대, 대규모 조사나 신문 · 잡지 · 방송 등 조사가 아니면 조사의 시작이든 종결이든 국장의 승인없이 Matter Update Notice라는 양식을 완성하여 과장급(Assistant Director/Regional Director)의 승인을 받고 종결된다.

강제절차가 승인나지 않은 본조사는 Matter Update Notice라는 양식을 작성하여 부국장의 승인을 받고 종결된다. 이에 반해 강제절차가 승인된 본 조사는 위원회의 검토 · 승인을 받아 종결된다. 위원회가 강제절차를 승인해 주었기 때문에 종결 시에도 위원회가 관여한다. 여기서 강제절차란 자료열람 명령(access order), 영장(subpoena), 민사조사요구권(CID) 등이 허용된 절차를 의미한다. 또한 연방거래위원회에서 영장은 위원회가

---

17) 그래서 유능한 변호사는 의뢰인의 요구를 공익으로 포장하여 사건화를 잘 하는 변호사라는 말도 있다.

발부하는 것으로18) 형사절차상의 영장을 의미하는 것은 아니다. 하지만 이에 불응할시 금전적인 제재가 따를 수 있다는 의미에서 강제절차라고 부른다. 엄밀히 말하면 간접강제수단이다.

3. 假결정(Initial Decision)
: Administrative Law Judge(ALJ)

연방거래위원회에서 사건의 심리 및 최초의 결정은 통상 행정법판사 (ALJ)가 담당한다. 행정법판사는 심판시의 심리(adjudicational hearings)19) 와 규칙제정(rulemaking) 시의 청문회를 맡고 있다. 연방절차법에 근거를 두고 있는데 인사관리처(Office of Personnel Management)가 행정법판사제 도를 관장하고 있다. 형식적으로는 연방거래위원회에 근무하지만 보수, 징계 등 대부분의 인사사항은 인사관리처의 관장사항이어서 업무적으로 독립성을 보장해 주고 있다. 물론 미국 사회에서 일반적으로 말하는 종신 제로 근무하는 정식의 연방판사는 아니다.

행정법판사에 의한 심리는 연방지방법원의 민사사건 심리와 거의 동일 하다. 그래서 연방거래위원회의 심리절차를 제대로 파악하기 위해서는 연 방지방법원의 심리절차를 제대로 알아야 한다. 단 중요한 차이점이라고 한다면 연방지방법원은 배심원에 의한 재판을 하는데 반해서 연방거래위 원회는 배심원에 의한 재판을 하지 않고 사실판단 및 법률판단 모두를 행 정법판사가 담당한다는 점이다.20) 심리가 마치면 행정법판사는 최초의

---

18) 사전에 영장발부 전담 위원이 정해져 있다. 연방법원에서는 District Judge의 업무를 보조해 주는 Magistrate Judge가 주로 영장을 발부하는 데 이 영장은 연방거래위원회의 영장과 달리 우리가 흔히 말하는 형사절차 상의 영장이다.
19) 반면 조사과정에서 조사관에 의한 의견청취는 investigational hearings라고 한다.
20) 독점규제법 사건은 상당한 전문성이 요구되는 경우가 많아 전문지식이 부족한 배심원에게 사실판단을 맡겼을 때 오류의 가능성이 많고 따라서 법원에서조차

결정(initial decision)을 내리고 여기에 불복이 없고 위원회도 재심을 원하지 않으면 그대로 확정이 되게 된다.

4. 최종결정(Final Decision) : 위원회

행정법판사에 의한 가결정에 불만이 있으면 피심인뿐만 아니라 심사관측에서도 이의신청을 할 수 있고 위원회가 직권으로 재검토를 할 수도 있다. 위원회는 사실인정, 법률적용, 가결정 내용 모두에 대하여 재심사를 할 수 있고 구두변론을 허용할 수도 있고 서면으로만 심사를 할 수도 있다. 최종결정에 불만이 있으면 연방항소법원에 30일 이내에 소송을 제기할 수 있다.

최종결정의 내용 즉 다수의견서(majority opinion)의 작성은 통상 찬성에 참여한 최고참위원이 작성을 하고 다른 위원이 내용을 수정하거나 보완한다. 결론에는 동의하지만 다른 의견이 있으면 부수의견(concurring opinion)을 작성하고, 반대의견을 개진한 의견은 반대의견(dissenting opinion)을 작성한다. 이러한 의견서는 최종명령(decision and order)과 함께 발표되고 내용이 모두 공개되기 때문에 이해관계자뿐만 아니라 일반인들도 그 내용을 알 수 있다.

5. 동의명령(Consent Order)[21]

동의명령 제도는 피심인과 위원회 조사관이 사건의 처리에 대해 합의하면 위원회가 승인한 후 명령(order)의 형식으로 종결하는 제도이다. 연

도 형사사건에서 헌법상 요구되는 경우를 제외하고는 원고나 피고 모두 배심원에 의한 재판을 꺼리는 경향이 있다.
21) 동의명령의 세부내용에 대하여, 조성국, 「독점규제 사건의 합의해결에 대한 국제동향과 시사점」, 『중앙법학』 제8집 제2호(2006) 참조.

방거래위원회 사건의 90% 이상이 동의명령에 의해 종결된다고 한다. 동의명령은 심판절차를 거친 명령(order)과 동일한 구속력을 지니게 되어 만약 사업자가 동의명령을 불이행하게 되면 통상의 시정명령 불이행과 동일한 절차에 따라 처벌받게 된다.22)

연방거래위원회 직원들과 피조사인인 사업자간에 합의한 동의명령 합의안(consent agreement)이 위원회에 제출되면 위원회는 사업자가 명령을 이행할 방법을 자세히 기술하고 서명한 준비보고서(initial report)를 동시에 제출하게 할 수 있다.23) 위원회는 제출된 동의명령안에 대하여 적절하다고 판단되면 수락할 수도 있고 부적절하다고 판단되면 거절할 수도 있으며, 심판개시결정서를 발부하여 정식 심판절차를 시작하거나 동의명령 합의안의 수정요구를 하는 등 광범위한 재량을 가진다.24) 위원회가 제출된 동의명령안에 대해 거절하는 경우는 법위반혐의가 충분하지 않거나 법위반혐의는 인정된다 하더라도 시정명령안이 미흡하다고 인정할 때이다.

동의명령제도는 다분히 실용주의(pragmatism)적 철학을 반영한 미국식의 제도이다. 법률적 논란을 피하기 위해 동의명령 합의안(consent agreement)에 피조사인은 사법적 재심(judicial review)이나 이의신청(appeal)을 포기한다는 내용과 함께 당해 합의는 단지 당해 사건을 해결하기 위한 것이고 법위반혐의를 인정하는 것이 아니라는 내용을 삽입한다.

동의명령 절차에서 중요한 것은 동의명령이 연방거래위원회의 독단이 아니라 일반인과 전문가들의 의견(public comments)을 수렴하여 절차적으로나 실체적으로 공정하고 투명하게 사건을 처리하기 위해 동의명령안과 관련 서류 등을 관보(Federal Register)에 게재하여 60일간 의견을 접수 및 검토한 후 동의명령안의 수락여부를 최종 결정한다는 점이다. 일반인들의 이해를 돕기 위해 분석서(analysis)를 작성하여 게재하는데 여기에는 합의

---

22) 즉, 민사벌칙(civil penalty) 소송의 대상이다.

23) 16 CFR §2.33.

24) 16 CFR §2.34.

해결안의 바탕이 된 정황과 사유, 반경쟁적인 영향, 수집된 증거의 성격과 범위, 시정조치의 성격, 소비자에게 미치는 영향에 대한 설명 등을 포함해야 한다.[25] 만약 위원회가 그대로 수락하기로 결정하면 동의명령을 작성하여 송달함으로써 확정이 된다.[26]

V. 우리나라 독립규제기관의 사건처리절차의 문제점과 개선방안 : 공정거래위원회를 중심으로

이상에서 미국 독립규제기관의 사건처리절차를 가장 대표적인 독립규제기관이라 할 수 있는 연방거래위원회(FTC)를 중심으로 살펴보았다. 100년에 가까운 기간 동안 연방거래위원회는 절차적으로 많은 부분이 보완되었고 지금은 선진 각국에 그 모델이 수입되어 활용이 되고 있다. 연방거래위원회에 해당하는 우리나라의 기관은 공정거래위원회이다. 여기서는 우리나라 독립규제기관의 사건처리절차의 문제점과 개선방안을 공정거래위원회를 중심으로 살펴본다.

1. 準司法性의 强化

준사법성의 의미는 경우에 따라 그리고 말하는 이에 따라 동일하지 아니하다. 헌법재판소는 공정거래법 제24조의2 과징금위헌제청건의 소수의견에서 준사법절차의 의미를 밝히고 있는데, "사법절차를 가장 엄격한 적법절차의 하나라고 볼 때 그에 유사한 정도로 엄격하게 적법절차의 준수가 요구되는 절차를 '준사법절차', 그러한 절차를 주재하는 기관을 '준사

---

25) FTC Bureau of Competition Handbook, Ⅲ.D.2(1999).
26) 16 CFR §2.34.

법기관'이라고 표현할 수 있을 것이다."라고 하고 있다.27) 통상은 사법절차(judicial procedure)에 미치지는 못하지만 그에 준하는(quasi) 절차 정도로 이해하고 있는 것 같다.

우리나라의 공정거래위원회나 통신위원회 등 독립규제기관들은 상대적으로 효율성이 중시되고 적법절차보장이 부족하다고 생각 된다. 아래에서는 이러한 견지에서 어떻게 준사법성을 강화할 것인지 살펴본다.

1) 피심인의 방어권보장을 위한 절차의 보완 및 적정 운영

상기 헌법재판소 결정은 5대 4의 합헌결정이다. 부당지원행위의 과징금부과가 적법한 절차에 따라 이루어지고 있는지에 대하여 다수의견은 다음과 같다.

"과징금의 부과 여부 및 그 액수의 결정권자인 위원회는 합의제 행정기관으로서 그 구성에 있어 일정한 정도의 독립성이 보장되어 있고, 과징금 부과절차에서는 통지, 의견진술의 기회 부여 등을 통하여 당사자의 절차적 참여권을 인정하고 있으며, 행정소송을 통한 사법적 사후심사가 보장되어 있으므로, 이러한 점들을 종합적으로 고려할 때 과징금 부과 절차에 있어 적법절차원칙에 위반되었다거나 사법권을 법원에 둔 권력분립의 원칙에 위반된다고 볼 수 없다."

필자도 기본적으로는 다수의견과 견해를 같이 한다. 분명히 다른 국가기관들 즉 독립규제기관이 아닌 국가기관뿐만 아니라 독립규제기관으로 분류되는 국가기관들과 비교한다 하더라도 공정거래위원회 사건처리절차는 절차적으로 상당히 정비가 되어있다고 생각한다. 그렇게 된 가장 큰 원인은 공정거래위원회의 결정에 대하여 소송이 많이 제기되었기 때문이

---

27) 헌재 2003.7.27결정, 2001헌가25.

라고 생각한다. 특히 패소판결이 나올 때마다 공정거래위원회는 더욱 정비가 되었고 발전을 이루었다고 생각한다. 반면에 인·허가권이나 다른 정책결정권으로 인해 사업자에게 달리 영향력을 행사할 수 있는 독립규제기관들에 대하여는 소송의 제기가 상대적으로 어렵기 때문에 절차의 정비를 포함하여 기관자체의 발전이 더딘 것이 아닌가 한다.

그럼에도 불구하고 공정거래위원회를 비롯한 우리나라의 독립규제기관들은 절차적으로 보완해야 할 점이 아직도 많다고 생각한다. 특히 상기 결정의 소수의견을 유념할 필요가 있다. 위원회의 독립성 제고, 증거조사 및 변론절차의 문제점 개선, 동일주체에 의한 이의신청처리 방식에 대한 제고 등 소수의견이 지적한 문제점들은 향후 사건처리절차를 재설계함에 있어서 유익한 충고를 줄 수 있을 것이다.

한편 절차의 정비와 더불어 있는 절차를 적절하게 운영할 수 있도록 노력하여야 한다. (주)포스틸 등의 부당한 공동행위건28)에서 대법원은 공정거래위원회가 법과 규칙에서 정한 절차를 무시하고 법 위반사실에 대한 조사결과를 서면으로 당해 사건의 당사자에게 통지하지 아니하고 법 위반사항에 대하여 시정조치 또는 과징금납부명령을 하기 전에 당사자에게 의견을 진술할 기회를 주지 않은 것은 위법하다고 판결하였다. 이 판결은 이미 있는 절차적 보장을 제대로 준수하지 않은 행태에 대해서 경종을 울려주는 사례라 할 수 있다.

2) 행정심판관29) 제도 도입검토

준사법성 강화를 위한 또 하나의 쟁점은 미국식의 행정법판사제도 혹은 일본식의 행정심판관제도와 유사한 제도의 도입이다. 왜냐하면 위원은

---

28) 대법 2001.5.8선고, 2000두10212.
29) 미국에서는 행정법판사(ALJ)라고 불리고 있으나 기존에 우리나라에 소개될 때 행정심판관으로 번역된 경우가 많아 여기서는 행정심판관이라고 목차를 달았다.

조사에 관여하였기 때문에 공정한 심판에 문제가 있을 수 있기 때문이다. 그래서 심리를 전문적으로 담당하는 미국식의 행정법판사(ALJ) 혹은 일본식의 행정심판관 제도 도입을 검토해볼 필요가 있다. 일본에서는 행정심판관이 5명으로 구성되어 있고 사건당 3명씩 배치되어 심리 및 가결정을 담당한다. 미국에서 소추와 심판기능의 융합이라는 비판에 대한 가장 강력한 방어수단이 바로 행정법판사제도이다. 상기 헌법재판소 결정의 소수의견에서도 행정법판사제도에 대한 언급이 있다.

행정심판관은 사건처리의 공정성 확보를 위해 필요할 뿐만 아니라 심리의 전문가로서 기능적인 측면에서도 장점이 있다. 기존의 준사법기관의 위원들의 경력을 보면 대부분 당해 분야의 실체법적 전문가이기는 하지만 준사법적 절차의 전문가로 보기는 어렵다. 다만 미국에서도 행정법판사에 대한 유력한 비판 중 하나는 준사법기관의 공정성이 지나치게 강조된 나머지 사건처리에 소요되는 시간이 너무 길어 효율성이 저하된다는 점이다.30) 이러한 문제의식은 독립규제기관의 영원한 숙제이다. 우리나라에서 행정심판관 제도를 도입한다 하더라도 미국식의 엄격한 모델을 그대로 도입할 필요는 없을 것이다. 우리나라의 실정에 맞게 공정성을 제고하면서도 효율성을 크게 저해하지 않도록 적절한 제도설계가 필요할 것이다.

2. 사건처리의 효율성 제고

"惡貨가 良貨를 구축한다"는 Gresham's Law처럼 현재 공정거래위원회는 개별 민원성의 경미한 사건에 치여 정작 중요한 사건은 제대로 처리하지 못하는 현상이 지속되고 있다. 그래서 행정기관의 장점인 효율성을 살릴 수 있는 방안을 적극 강구할 필요성이 있다.

신고의 법적 성질에 대하여 대법원은 법에 위반되는 사실에 관한 직권

---

30) American Bar Association Section of Antitrust Law, 전게서 14면.

발동을 촉구하는 단서를 제공하는 것에 불과하고 적당한 조치를 요구할 수 있는 구체적인 청구권을 부여한 것은 아니라고 판시한 바 있다.31) 하지만 헌법재판소에 따르면, 공정거래위원회의 자의적인 조사 또는 판단에 의하여 결과된 무혐의조치는 헌법 제111조의 법 앞에서의 평등권을 침해하게 되므로 헌법소원의 대상이 된다고 한다.32) 따라서 담당공무원의 입장에서는 아무리 사소하고 순순히 당사자 간 분쟁에 불과한 사건이라 할지라도 다른 사건과 달리 처리하는데 상당한 부담을 느끼지 않을 수 없다.

그 외에도 신고사건에 대해 경미하다는 이유로 처리하지 않아도 되는지에 대하여는 각종 민원관련법이나 감사관련법 등과 관련하여 법적인 논란이 있을 수 있으므로 입법으로 해결하는 것이 바람직하다고 보여 지며, 단순 민원성 사건을 털어버리기 위한 근거 및 세부기준을 설정하여 법으로 규정하는 것이 필수적이라 판단된다.

단, 행정기구가 해결하지 않는 사건에 대한 대안으로서 사소제도(private action)를 대폭 확충할 필요가 있다. 행정기관이외에 출구를 마련해 줌으로써 권리구제를 받을 수 있고 또한 법집행에 사인과 법원의 참여폭을 넓힘으로써 규제기관에 의한 독점적 법집행에 따른 폐해를 예방할 수도 있다.

또한, 합의해결 제도를 도입하여 당사자와 합의가 되면 신속히 사건 종결함으로써 복잡한 준사법절차 준수에 대한 부담을 규제기관과 사업자 모두 덜어줄 필요성도 있다. 조직내부에서도 적극적인 권한이임을 통해 보고 및 결재에 이르는 시간을 단축하여야 한다. 특히 각종 비리사건 때마다 권한이 상향으로 이동됨으로써 미국에 비해 실무담당자들의 결정권이 부족한 게 사실이다. 앞에서 살펴본 것처럼 미국 연방거래위원회는 대부분의 업무가 과장급 내지 국장급에서 종료가 된다. 그 외에도 당사자 간 분쟁의 성격이 강한 사건에 대하여는 소비자보호원과 같은 분쟁조정기구를 적극 활용하고 이에 대해 인센티브를 주는 방안을 고려해 볼 수 있을

---

31) 대법 1989.5.9.선고, 88누4515.
32) 헌재 2002.6.27.결정 2001헌마381.

것이다.

3. 합의해결 도입검토

1) 필요성

미국식의 동의명령(consent order)과 유사한 방식의 합의해결제도는 심판에 소요되는 지루한 절차를 생략함으로써 신속한 사건종결로 중요 사건에 역량을 결집할 수 있게 해준다. 기업결합(M&A) 사건이나 하이테크 사건(예컨대, 마이크로 소프트사의 끼워팔기 사건)에서 사업자의 동의를 얻어 가장 적절한 시정조치를 강구할 수 있다는 장점이 있다. 정부는 기업내부의 사정을 다 알기 어렵고 첨단산업의 기술적 내용을 잘 알기 어렵다. 그런데 적절한 시정조치를 위해서는 그러한 지식이 필수적이기 때문에 결국 사업자에게 의존하지 않을 수 없다. 물론 기존에도 비공식적으로 사업자의 협력을 얻고 사실상 합의를 하여 왔으나 이러한 절차를 공식화함으로써 합의의 법적 효과를 분명히 하고 투명한 사건처리[33]를 가능하게 할 수 있을 것이다.

2) 외국의 사례

합의해결제도가 가장 잘 발달해 있고 활성화된 나라는 미국이다. 미국의 동의명령(consent order)은 계량적으로 본다면 사건처리의 원칙이라 할 수 있을 정도이다. 대부분의 사건이 합의에 의해 처리된다. 물론 이러한 것은 연방거래위원회의 사건처리에만 국한된 현상은 아니다. 미국 사법제

---

[33] 기존의 합의는 비공개리에 이루어지고 그 과정에서 이해관계인이나 전문가의 참여가 보장되지 않았기 때문에 자칫 밀실에서의 부적절한 흥정이 되어 버릴 우려가 있었다는 견지에서 투명하지 못하다는 비판이 가능하다.

도 전반에 걸친 현상으로 법원에서의 사건처리도 대부분이 동의판결
(consent decree)로 종료가 된다. 여기에는 실용주의적인 미국인의 성향이
반영되어 당사자가 서로 한 발짝씩 양보하여 극단적인 결과를 회피하고
자 하는 풍토가 바탕이 되어 있다. 하지만 이러한 방식의 사건처리가 불
문법국가인 미국에서만 가능한 것은 아니다. 우리나라와 법체계가 상이한
독일이나 일본에서도 합의해결 제도를 갖고 있다는 것은 이 제도 도입에
대한 좋은 선례가 될 수 있을 것이다.

　최근에는 EU와 독일에서도 도입이 되었다. EU의 서약(commitment)제
도와 독일의 의무부담부 서약(Verpflichtungszusagen)제도가 그것이다. EU
의 합의해결에 대한 규정은 개정된 이사회규칙 제9조에 규정되어 있다.
EU도 미국식의 동의명령이 경쟁법 위반사건에서 효용성이 있다고 인정
하여 받아들인 것으로 볼 수 있다. EU 이사회규칙 동조 제1항에 따르면
관련 사업자가 법위반혐의를 받고 있는 행위에 대해 시정을 위해 필요한
조치를 취하겠다고 서약(commitments)하는 경우 집행위원회(EU Com-
mission)는 그 내용의 타당성 여부를 검토하게 된다. 만약 EU 집행위원회
가 당해 약속 즉 시정조치안이 적절하여 더 이상의 조치가 필요하지 않다
고 판단하면 절차가 종료되고 그 결정은 사업자에 대해 구속력을 가지게
된다.34) 만약 미흡하다고 판단되면 신청을 거절하고 심판절차를 진행할
수도 있는 등 광범위한 재량을 갖고 있다. 그리고 합의해결안을 받아들여
사건을 종료한 이후에도 일정한 경우, 즉 (a)결정의 기초가 되는 사실에

---

34) Council Regularion(EC) No. 1/2003, Article 9.
　1. Where the Commission intends to adopt a decision requiring that an in-
　fringement be brought to an end and the undertakings concerned offer com-
　mitments to meet the concerns expressed to them by the Commission in its
　preliminary assessment, the Commission may by decision make those commitments
　binding on the undertakings. Such a decision may be adopted for a specified
　period and shall conclude that there are no longer grounds for action by the
　Commission.

실질적인 변화가 있는 경우, (b)관련 사업자가 자신의 이행약속에 반하는 행동을 하는 경우, (c)결정이 당사자에 의해 제공된 불완전하고 부정확한 정보에 기초하는 경우 등에는 신고에 의해 혹은 직권으로 조사를 다시 시작할 수 있다.[35) 합의해결을 위하여서는 미국과 유사하게 사건처리의 실체적·절차적 공정성의 확보를 위해 일정 기간 이해관계인등 민간으로부터 의견수렴을 하도록 하고 있다.

독일의 절차도 기본적으로 EU와 대동소이하다. 독일은 2005년 제7차 법 개정 때 합의해결에 관한 제도를 도입하였다. 근거규정은 경쟁제한방지법(Gesetz gegen Wettbewerbsbechschränkungen, GWB) 제32조 b이다.[36) 연방카르텔청은 잠정적인 판단에 따라 사업자의 특정 행위가 법위반의 우려가 있다고 통지를 하면 사업자는 이를 제거하는데 적합한 의무부담부 행위를 신청할 수 있다. 이 경우 연방카르텔청은 사업자가 신청한 행위의 내용 즉 시정조치안을 검토한 후 타당하다고 판단하면 사업자에게 당해 의무부담부 서약(Verpflichtungszusagen)이 구속력이 있다고 결정하고 이를 선언할 수 있다.

---

35) Council Regularion(EC) No. 1/2003, Article 9.

2. The Commission may, upon request or on its own initiative, reopen the proceedings:

(a) where there has been a material change in any of the facts on which the decision was based;

(b) where the undertakings concerned act contrary to their commitments; or

(c) where the decision was based on incomplete, incorrect or misleading information provided by the parties.

36) §32b GWB.

(1) Bieten Unternehmen im Rahmen eines Verfahrens nach § 32 an, Verpflichtungen einzugehen, die geeignet sind, die ihnen von der Kartellbehörde nach vorläufiger Beurteilung mitgeteilten Bedenken auszuräumen, so kann die Kartellbehörde für diese Unternehmen die Verpflichtungszusagen durch Verfügung für bindend erklären. Die Verfügung hat zum Inhalt, dass die Kartellbehörde vorbehaltlich des Absatzes 2 von ihren Befugnissen nach den §§ 32 und 32a keinen Gebrauch machen wird. Sie kann befristet werden.

일본은 미국의 동의명령과 유사한 同意審決 制度를 가지고 있다. 그런데 최근 법 개정에서 오히려 활용범위가 축소되었다. 同意審決 制度는 심판절차가 개시된 이후 미국의 동의명령과 유사하게 조사 상대방이 시정명령안을 만들어 우리나라의 공정거래위원회에 해당하는 公正取引委員會에 제출하면 公正取引委員會는 그 내용을 검토한 후 타당하다고 인정되면 승낙하여 그대로 처분을 하는 제도이다.[37] 의심결은 개정된 「私的獨占禁止 및 公正去來의 確保에 관한 法律」 제65조에서 규정하고 있는데 동 법 제8조의4(독점적 상태) 제1항의 경우에만 활용이 가능하도록 하고 있다. 즉, 공정취인위원회는 제8조의4 제1항에 관한 사건에 있어서 제53조 제1항의 규정에 따라 심판개시결정을 한 후 피심인이 심판개시결정서에 기재된 사실 및 법률의 적용을 인정하고 공정취인위원회에 대하여 그 후의 심판절차를 경유하지 않고 심결을 수용하겠다는 취지를 문서로써 신청하고 독점적 상태에 관한 상품 또는 역무에 있어서 경쟁을 회복시키기 위하여 자발적으로 구체적 조치에 관한 계획서를 제출한 경우에 적절하다고 인정되면 후속 심판절차를 경유하지 않고 당해 계획서에 기재된 구체적 조치와 동일한 취지의 심결을 할 수 있다.[38]

---

37) 舊 私的獨占の禁止及び公正取引の確保に關する法律 第五十三의三.

38) 私的獨占の禁止及び公正取引の確保に關する法律.
　　第六十五條.
　　公正取引委員會は、第八條の四第一項に係る事件について第五十三條第一項の規定により審判開始決定をした後、被審人が、審判開始決定書記載の事實及び法律の適用を認めて、公正取引委員會に對し、その後の審判手續を經ないで審決を受ける旨を文書をもって申し出て、かつ、獨占的狀態に係る商品又は役務について競爭を回復させるために自らとるべき具體的措置に關する計畵書を提出した場合において、適當と認めたときは、その後の審判手續を經ないで当該計畵書記載の具體的措置と同趣旨の審決をすることができる。

3) 추가 검토사항

합의해결 제도를 도입하는 경우 외국과 풍토가 다른 우리나라에서는 여러 가지 사항을 추가로 고려할 필요가 있다. 가장 중요한 것으로서는 우리나라와 같이 행정에 대한 불신의 정도가 높은 나라에서 이해관계인에게 의견진술기회를 부여하는 등 공정성의 확보방법이다. 만약 이것이 제대로 확보되지 않는다면 국민들은 정부와 업계의 유착이라는 의혹어린 시선으로 바라보게 될 것이다. 그리고 과징금을 합의해결에 포함할 것인지 등 합의해결의 범위와 합의해결의 세부 절차 등 우리나라 현실에 맞게 제도를 설계하여야 할 것이다.

4. 위원의 독립성 보장강화

독립규제기관에서 위원의 독립성을 보장하는 것은 제도성공의 가장 기본적인 요소라 할 수 있다. 업무처리에서 정치권이나 이해관계자로부터 독립성(외부로부터의 독립성)이 확보되어야 하고 長幼有序의 유교적 사회 풍토에서 위원 상호간의 독립성(내부로부터의 독립성)이 확보되어야 한다. 아마 後者가 前者보다 더 어려운 과제일 수도 있다.

1) 외부로부터의 독립성

위원의 임명방식 및 임기가 적절한지 재검토해 볼 필요가 있다. 현행처럼 대통령이 임명하는 방식을 고수할 것인지 미국이나 일본처럼 임명과정에서 국회의 의견을 반영하는 방식이 나은지 고민해 보아야 한다. 대통령이 국회동의 없이 임명하는 방식은 아무래도 위원이 대통령으로부터 독립성을 확보하는데 애로가 있을 것이다. 위원의 임기가 적당한지도 재검토해 보아야 한다. 공정거래를 담당하는 조직의 경우 미국이 7년으로 위원임기가 가장 길고, 일본은 5년, 한국 3년으로 삼국 중 가장 짧다. 물론 우리나라의 경우 행정계층제에서 대부분 승진형식으로 임용되고 있기 때문에 다음 승진자의 입장에서는 3년이란 기간도 길게 보일 수 있다. 통상 정부부처의 1급 공무원이 1년 이상 근무하기 쉽지 않다는 점만 고려하면 공정거래위원회 상임위원의 임기는 짧지 않다고 볼 수 있다. 하지만 업무의 중립성과 독립성의 견지에서 3년이란 기간은 충분하다고 보기 어려울 수도 있다.

2) 내부로부터의 독립성

위원간의 대등한 관계가 없이는 위원 각자가 소신에 따른 의사결정을 하기가 어렵게 되고 그렇게 된다면 합의제 기관이 사실상 독임제 기관화되어버릴 수 있다. 부위원장 제도의 존치여부를 재검토할 필요가 여기서 대두된다. 위원 간 직급을 통일하는 방안도 마찬가지의 문제의식에서 출발한다. 위원장과 위원의 직급차가 있고 위원장이 위원의 제청권을 갖고 있는 경우 독립적인 표결권 행사가 쉽지 않으리라는 것은 자명하다. 하지만 이 문제가 그렇게 간단하지 않은 것은 우리나라 독립규제위원회의 위원장, 부위원장은 대외적으로는 장, 차관으로서 회의에 참석하여 국가의 사결정에 관여하기 때문이다. 한편으로는 독립규제기관이면서 다른 한편으로는 행정부내의 한 부서로서의 성격을 동시에 지니고 있는 우리나라 독립규제기관의 현실을 감안한다면 위원직급 통일문제는 쉽사리 판단할 것이 아닌 것은 사실이다. 그래서 미국식의 독립규제기관에 대한 논리를 우리나라에 그대로 대입하는 것은 바람직하지 않다는 반론도 있다.

3) 의결방식의 개선

위원들의 의결방식을 보면 외부적으로는 만장일치제로 보여지고 있다. 그래서 독립규제기관의 본질을 살리기 위해서는 실질적 다수결제로 변하여야 하고 소수의견이 부기되어어야 한다. 특정 사안에 대하여 찬성한 위원과 반대한 위원이 외부적으로 공개되어야 하고 다수의견과 함께 소수의견을 부기함으로써 위원들 간의 철학 및 의결내용을 분명히 알 수 있게 하여야 한다. 미국 연방거래위원회는 소수의견을 부기하고 있으며, 우리나라의 대법원과 헌법재판소도 소수의견을 부기하고 있다. 일각에서는 소수의견을 밝히게 되면 오히려 위원들의 소신있는 의사표시를 저해한다고 우려하지만 위원들은 권한과 함께 자신의 소신을 분명히 밝혀야 할 책무가 있다. 위원회의 문제점으로 종종 지적되는 일부 위원들의 무임승차(free ride) 및 무소신을 방지하기 위해서라도 표결결과의 철저한 공개 및 소수의견 부기가 표청된다고 할 수 있다.

5. 사소제도(private action) 활성화

私訴制度는 법 집행과정에 私人을 참여시키기 위한 제도로서 개인들도 법원에 법 위반을 이유로 소송제기를 허용하는 제도이다. 미국에서 가장 활발하게 이루어지고 있고 일본에서는 손해배상청구 제도와 금지명령 청구제도가 도입되어 있지만 그 범위가 제한적이며 우리나라에서는 현재 손해배상청구제도만 도입이 되어 있는 상태이다.

1) 필요성

우리나라에서는 공정거래법을 사실상 공적으로 대부분 집행한다. 즉 신고나 직권인지에 의해 공정거래위원회가 처분을 하는 방식으로 집행을 하고 개인이 법원에 소송을 제기하여 집행하는 것은 극히 예외적이라 할 수 있다. 그런데 이처럼 공적으로만 집행하기보다는 사적인 집행을 활성화함으로써 공정거래위원회로서는 사건부담이 줄어들어 중요사건에 역량을 결집함으로써 사건처리의 효율성이 제고되고 개인은 사건의 사실관계를 자신이 가장 잘 알기 때문에 효율적으로 권리구제를 받을 수 있는 장점이 있다. 또한 공정거래위원회와 법원이라는 국가기관 간에 상호 경쟁 및 협조를 통해 견제와 균형이 가능하게 된다.

미국은 90% 이상에 이르는 대부분의 사건이 사적으로 집행되고 연방거래위원회나 법무부(Department of Justice)에 의해 공적으로 집행되는 사건은 그다지 많지 않다. 특히 손해액의 3배까지 배상받을 수 있게 해주는 클레이튼법(Clayton Act) 제4조에 규정되어 있는 3배 손해배상제도(treble damage)[39]가 사소를 촉진시키는 주요한 원인이다.

2) 손해배상제도 활성화방안

과거에 손해배상제도가 활성화되지 못하였던 이유 중 하나는 공정거래법 위반으로 인한 손해배상액을 구체적으로 산정하기 어렵다는 이유에서였다. 그런데 2004년 공정거래법 개정에서 법원이 손해배상액을 추정할 수 있도록 한 것은 피해를 입은 자의 입장에서는 상당히 유리한 방향으로 개정된 것으로 볼 수 있다.[40] 이러한 손해배상액의 추정제도는 다른 독립

---

39) Clayton Act Sec. 4(15 U.S.C 15).

That any person who shall be injured in his business or property by reason of anything forbidden in the antitrust laws may sue therefore in any district court of the United States in the district in which the defendant resides or is found or has an agent, without respect to the amount in controversy, and shall <u>recover threefold the damages</u> by him sustained, and the cost of suit, including a reasonable attorney's fee(밑줄부분 필자 추가).

규제기관도 도입하는 것을 고려해 볼 필요가 있다. 동시에 공정거래위원회가 집행하는 타법률, 예컨대 표시·광고의 공정화에 관한 법률에도 도입을 검토해 볼 필요가 있다.

2004년 법개정에서 시정조치 先確定主義 및 무과실책임주의 원칙을 개선한 것도 주목할 필요가 있다.41) 과거에는 공정거래위원회로부터 시정조치를 받고서 손해배상청구소송을 제기하면 무과실책임주의에 의해 입증책임이 크게 완화되었다. 그러나 일단 공정거래위원회의 시정조치를 기다려야 하고 다시 손해배상청구소송을 제기하여야 하는 절차가 부담스럽게 느껴진 것이 사실이다. 이제는 시정조치 선확정주의가 폐지되고 그 대신 무과실책임주의는 사라진 반면 사업자들이 고의 또는 과실이 없음을 입증하도록 입증책임을 전가하는 방식으로 바뀌었다.42) 그 동안 시정조치 선확정주의에 대한 오해 내지 논란을 없앤 것으로 평가받고 있으며 합리적인 개정으로 평가받고 있다. 공정거래법의 이러한 개정은 다른 규제기관도 참고할 필요성이 있다고 보여진다.

다만, 미국식의 3배 손해배상제도(treble damage)는 우리 법제와 충돌할 가능성이 높아 보인다. 실손해배상이 우리 법제의 원칙이고 굳이 공정거래법 사건에서의 손해만 3배로 하여야 할 필연성이 논리적으로 설명되

---

40) 독점규제 및 공정거래에 관한 법률 제57조(손해액의 인정).
   이 법의 규정을 위반한 행위로 인하여 손해가 발생된 것은 인정되나, 그 손해액을 입증하기 위하여 필요한 사실을 입증하는 것이 해당 사실의 성질상 극히 곤란한 경우에는, 법원은 변론 전체의 취지와 증거조사의 결과에 기초하여 상당한 손해액을 인정할 수 있다.
41) 본 개정은 다음의 연구용역보고서에 힘입은 바 크다. 장승화, 『公正去來法上 私訴制度의 擴充方案에 관한 研究』, 공정거래위원회, 2000.
42) 독점규제 및 공정거래에 관한 법률 제56조(손해배상책임).
   ① 사업자 또는 사업자단체는 이 법의 규정을 위반함으로써 피해를 입은 자가 있는 경우에는 당해 피해자에 대하여 손해배상의 책임을 진다. 다만, 사업자 또는 사업자단체가 고의 또는 과실이 없음을 입증한 경우에는 그러하지 아니하다.

기 쉽지가 않다.

3) 금지명령제도 도입검토

금지명령제도(injunction)는 私人이 법원에 공정거래법 위반행위에 대한 금지명령을 청구하는 제도이다. 이 제도의 원형은 미국의 클레이튼 법(Clayton Act) 제16조에서 찾아볼 수 있다. 동 조에서는 어떠한 개인, 회사, 법인 또는 단체든 독점규제법의 위반에 의한 손실 혹은 손해를 초래할 우려가 있는 행위에 대하여 형평법상의 동일한 조건 및 원칙에 따라 금지명령이 허용될 수 있는 경우 방법원에 소를 제기하고 금지명령을 요구할 수 있다고 규정하고 있다.[43] 일본은 '현저한 손해' 요건과 함께 불공정거래행위에 대하여만 금지명령청구가 허용된다.

그러나 기왕 금지명령 청구제도를 도입하려고 한다면 일본처럼 범위를 좁혀 도입하기보다는 범위를 폭 넓게 인정하는 것이 바람직할 것이다. 다만 법원과 공정거래위원회와의 절차상 중복문제나 업무협조 관계 등에 대한 규정을 분명히 함으로써 제도의 원활한 운용을 도모할 수 있어야 할 것이다.

---

43) Clayton Act Sec. 16(15 U.S.C 26).

That any person, firm, corporation, or association shall be entitled to sue for and have injunctive relief...against loss and damage by a violation of the antitrust laws...(이하 생략)

제3절 통신규제법 집행과정의 비교연구**
―통신위원회와 영국의 Ofcom―

I. 서 설

통신사업의 민영화와 자유화 이후 이용자 보호와 전기통신산업의 건전한 발전이라는 공익실현을 위한 규제수단의 하나로 효과적인 시장경쟁을 정착시키기 위한 다양한 차원의 경쟁규제가 도입되게 되었다. 실정법상 이는 전기통신사업법 '제3장 전기통신업무'상의 이용약관규제와[1] '제4장 전기통신사업의 경쟁촉진 등'상의 공성경쟁보호규제로 나타난다. 공정경쟁보호규제는 전기통신사업법 상 전기통신설비의 제공(제33조의5), 가입자선로의 공동활용(제33조의6), 무선통신시설의 공동이용(제33조의7), 상호접속(제34조), 전기통신설비의 공동사용(제34조의3), 정보의 제공(제34조의4) 등에 관해 특별한 요건에 해당하는 통신사업자(이하 '사업자'라 한다)에게 비대칭적으로 의무를 부과하는 사전규제체계와 이러한 사전규제의무의 준수를 확보하고 나아가 사전규제 하에 있지 않은 영역에서 발생

---

* 이희정(한양대 교수).

** 이 글은 한양대 법학논총(2007.8)에 게재하였던 글입니다.

1) 전기통신사업법 제29조제3항 제1호는 이용약관의 인가기준의 하나로 "전기통신역무의 요금이 … 공정한 경쟁환경에 미치는 영향 등을 합리적으로 고려하여 산정되었을 것"을 요구하고 있다. 이는 요금인가제가 사전경쟁규제의 일종으로서 기능하는 경우이다.

하는 경쟁저해행위를 규제하기 위한 사후규제체계로 나뉠 수 있다.

현행 전기통신기본법과 전기통신사업법 상 공정경쟁을 위한 사후규제의 구체적 형태로는 통신위원회의 재정제도와 통신위원회의 금지행위의 규제가 있다.2) 전기통신기본법에 근거한 통신위원회의 재정절차는 설비제공·상호접속 등에 관한 협정의 체결 및 그 이행과 관련한 사업자간 분쟁이나 전기통신역무 제공과 관련된 손해배상 등 이용자와 사업자간 분쟁 등을 해결하는 과정에서 규제의 목적을 달성하는 절차이다.3) 한편 전기통신사업법 제36조의3 제1항에서 규정하는 금지행위는 주로 통신산업 분야에서 특수하게 나타날 수 있는 독점규제 및 공정거래에 관한 법률(이하 '독점규제법'이라 한다)상의 불공정거래행위에 해당한다고 볼 수 있다. 통신위원회는 금지행위를 한 것으로 인정되는 전기통신사업자에 대해 적절한 시정조치를 명하거나 과징금을 부과할 수 있다.

통신산업에 시장경쟁이 도입되는 초기에는 독점시장에서 경쟁시장으로의 구조전환이라는 연혁적 특수성이나 망(network) 산업으로서의 특수성 등으로 인해 통신영역에 독특한 사전규제의 필요성이 강조되지만, 점차 시장 경쟁이 활성화되고 안정될수록 일반 산업에 적용되는 것과 같은 사후적 경쟁규제의 필요성이 높아질 것이다. 따라서 통신시장의 구조변화의 단계에 따라 사전규제와 사후규제의 역할분담이나 비중 또는 조합을 어떤 식으로 할 것인가 하는 점이 중요한 문제로 제기된다. 이 문제를 직접 연구하는 것은 이 글의 범위에 속하지 않는다. 다만 이 글이 전제하고 있는 필자의 현재 관점을 밝혀보면 다음과 같다. 첫째, 사전규제와 사후규제의 관계에 대해서, 지금까지는 양자의 질적 차이 ― 망산업의

---

2) 이원우, 「통신시장에 대한 공법적 규제의 구조와 문제점」『행정법연구』, 2004. 5, 81면.

3) 이러한 대상분쟁은 '규제(관련)분쟁(regulatory dispute)' 이라고 표현되기도 한다. Paul Brisby, 「Dispute Resolution in Telecoms ― The Regulatory Perspective―」 (Computer and Telecommunications Law Review, 11(1), 2005) 4면.

특성으로 인해 사전규제없이는 경쟁시장의 형성이 어렵다고 하는 점 등
-가 많이 강조되어 왔다. 이에 따르면 시장의 상황 또는 구조에 따라
양자 중 어느 한쪽이 더 적합한 규제방식이라고 선택해야 할 것이다. 그
러나 사실상 특정 시점의 시장구조도 복합적으로 평가될 수 있다는 점을
고려하면, 이러한 질적 차이는 일도양단적인 것은 될 수 없다. 둘째, 사
전규제는 가상의 유효경쟁상황을 전제하고 어떤 인위적 조건이 시장상
태에 미칠 영향에 대한 예측에 기초하여 설계된다는 점에서 일종의 위험
규제(risk regulation)의 구조를 가지며, 사후규제의 경우보다 그 불확실
성이 큼으로 인해 규제실패의 위험이 커질 수 있다. 이를 보면, 양자는
병행가능한 규제수단으로 상호 경쟁관계에 있어서 (시장상황 또는 구조
에 따라 필연적인 선택이 이루어지는 것이 아니라) 양쪽이 특정 시점에
각각 얼마나 체계적인 법규정을 두고 있으며, 효과적인 집행절차를 두고
있느냐에 따라 어느 쪽에 더 비중을 둘 것인가가 유동적으로 결정될 문
제일 수도 있다.4) 셋째, 규제기관간의 권한분배에 관해서는, 통신전문규
제기관은 향후 경쟁규제가 통신규제의 주된 수단이 될 시기를 대비하여
사후규제 영역에 대해서도 권한을 행사하면서 경험을 축적해 가야하고,
일반경쟁규제기관인 공정거래위원회는 이러한 사후규제의 통일성이 확
보되도록 통신규제기관이 준수할 상세한 지침 등을 마련하여 주고, 통신
전문규제기관(정보통신부나 통신위원회)이 그 권한을 충분히 행사하지
않을 때 보충적으로 권한을 행사하는 식의 역할분담이 바람직하다고 생
각한다.5)

　위와 같은 생각을 전제로 하면, 통신산업에 대한 사후규제로서 특별한
규정을 두고 있는 '금지행위'규제의 집행이 얼마나 합리적이고 실효적으

---

4) 이상과 같은 견해의 논거에 대해서는 이희정,「경쟁상황평가에 기초한 통신규
　제모델」,『행정법연구』, 제18호(2007. 8) 참조.

5) 이상과 같은 견해의 논거에 대해서는 이희정,「通信市場에 대한 競爭規制權限의
　配分과 調和 - 英國 모델의 示唆點 -」『토지공법연구』, 제37집(2007. 8) 참조.

로 집행될 수 있는가의 문제는 사전규제와 사후규제의 비중을 어떻게 설정할 것인가라는 문제를 해결하기 위한 관건이 될 것이다. 또한 사전규제에 있어서도 사전에 부여할 조건의 설계에 못지않게 중요한 것은 규제자가 그 의무를 준수하도록 실효성을 확보하는 것이다. 이로부터 비대칭규제에 의한 의무의 준수 또는 일반적으로 경쟁을 저해하는 불공정행위 등에 대한 사후적 규제집행절차의 중요성과 그 개선을 위한 연구의 필요성이 도출된다.

이 글은 이를 위한 기초적인 작업으로서 통신의 민영화에 앞장선 만큼 통신규제체계에 있어서도 앞장서고 있는 영국의 경우를 살펴보고, 여기에서 얻은 시사점을 적용하여 우리 현행 규제집행절차를 비교분석・평가해 보고자 한다. 영국에서는 최근 통신법과 경쟁법 분야에서 유럽공동체법의 영향, 그리고 OECD의 규제개혁프로그램과 같은 외부적 동인과 더불어 시장경쟁의 강화를 통한 산업효율성 향상 등을 국내정책목표로 하면서 경쟁법과 통신규제법제가 전면 개정되었다(1998년 경쟁법(Competition Act), 2002년 기업법(Enterprise Act), 2003년 통신법(Communications Act)). 그리고 이러한 법제 개편의 주된 초점 중 하나는 규제집행과정의 개선이었다. 그 주요 방향은 규제집행의 객관성과 전문성을 확보하기 위하여 규제기관의 독립성과 전문성을 강화하고, 규제기관들 상호간에 일종의 견제와 균형이 이루어지도록 권한배분체계를 설계한 것으로 보이며, 이에 맞추어 규제를 위해 부과할 의무의 설계 및 집행과정도 객관화하고 있다. 따라서 우리 통신시장에 경쟁도입이 심화되면서 지향해야 할 규제체계의 방향에 관해 유용한 시사점을 얻을 수 있을 것으로 생각한다.

이 글에서는 영국의 통신규제집행절차 중에서도 그 통신전문규제기관인 Ofcom이 담당하고 있는 사업자간 또는 사업자와 이용자간 분쟁해결절차6)와 Ofcom이 (특정 또는 일반적인) 통신사업자에게 사전규제조건

---

6) 관련규정은 2003년 통신법(Communications Act), Chapter 3 Disputes and Appeals, sec.185~191이다.

으로 부과한 의무의 이행을 확보하기 위한 강제절차에 대해서 보기로 한다. 이 제도가 위에서 언급한 우리 통신규제법상의 사후경쟁규제수단으로서 재정제도 및 금지행위에 대한 규제제도와 대응된다고 보이기 때문이다. Ofcom의 절차에 대해서는 주로 2003년 통신법(2003 Communications Act) 상 관련규정 및 그 집행을 위해 Ofcom이 2004년 발한 '경쟁법위반신고사건 및 분쟁해결에 관한 지침(Guidelines for the handling of competition complaints and disputes, 이하 2004년 지침이라 한다)을[7] 중심으로 보고, 우리 통신위원회의 절차에 관해서 전기통신기본법과 전기통신사업법 및 동 시행령, 시행규칙 등에 산재해 있는 규정과, 관련절차규정이라고 할 통신위원회 내부규정을 중심으로 살펴본다. 2007. 2. 28 통신위원회는 1997. 10. 6 정보통신부훈령으로 제정되었던 「전기통신사업불공정행위에 대한 업무처리규정」과 2001. 3. 12 「통신위원회재정규정」 등을 상당 부분 개정하였다. (개정 후 위 「불공정행위에 대한 업무처리규정」은 「전기통신사업 금지행위등에 대한 업무처리규정」으로 변경되었다.) 이러한 규정의 개정은 곧 통신위원회 등 통신규제기관의 사후규제체계의 정비에 대한 관심이 높아져 가고 있다는 증거일 것이다.

이 글의 Ⅱ장에서는 영국의 통신법집행절차를 개관하면서 우리의 경우에 대해 적용할 수 있는 시사점을 얻고, Ⅲ장에서는 관련 법령 및 통신위원회 내부규정들을 기초로 우리 통신규제법의 집행과정을 일별해 보면서, 영국법과 비교·검토해 보아야 할 쟁점들을 찾아내고, 제Ⅳ장에서 양자를 비교하면서 우리 절차에 있어서 반영하여야 할 점에 대해 정리한다.

---

7) www.ofcom.org.uk/bulletins/eu_directives/guidelines.pdf

II. 영국의 통신규제법 집행절차

1. 통신법상 사전규제조건의 강제집행절차

2002년 EU는 통신시장의 자유화를 진전시키기 위해 회원국들이 국내 통신규제에 적용할 일련의 지침을 발하였다. 2003년 통신법은 이를 영국 국내법으로 수용하기 위해 제정된 것으로 EU의 전기통신사업허가지침[8]에 따라 진입규제를 더욱 완화하여 특허제(Licensing regime)를 폐지하고 일반수권제도(General Authorization regime)를 채택하였다. 이로써 누구나 전기통신망과 전기통신서비스 및 관련설비(이하에서는 이를 합하여 '통신 망/서비스/설비'라 칭한다)를 제공할 수 있게 되었다. 이렇게 진입을 자유 화한 대신 필요한 규제를 위해 이전에는 특허 시에 특허조건으로 일정한 의무를 부과했던 방식을 대신하여 통신전문규제기관인 Ofcom이 통신법 이 정하는 사항과 유형에 의거하여 통신망·서비스·설비를 제공하는 자 가 준수하여야 할 조건을 구체적으로 정하여 공표하도록 하고, 사업자에 게 이를 준수해야 할 의무를 부과하고 있다. 그러한 조건은 크게 일반수 권조건(general authorisation conditions)과 특별조건(specific conditions)의 2 가지 유형으로 나뉘는데, 전자는 전기통신망 또는 서비스를 제공하는 모 든 자에게 적용되는 것이며, 후자는 특정한 요건에 해당되는 개별 사업자 에게 부과되는 것이다. 통신법은 그 조건의 내용에 대해서는 대강만을 정 하고 있을 뿐이며, 그 조건들을 구체적으로 정립하여 부과하고 그 이행을 강제할 권한은 Ofcom에게 부여되어 있다(제45조).[9] 개별조건은 다시 보

---

8) Directive 2002/20/EC of the EC of the European Parliament and of the Council of 7 March 2002 on the authorisation of electronic communications networks and services (Authorisation Directive).

9) 위와 같은 Ofcom의 조건부과권한에는 Ofcom 또는 당해 조건에 특정된 다른

편적역무조건(universal service conditions, 제65-72조), 접속관련조건(Access - related conditions, 제73-76조), 특별공급자조건(Privileged supplier conditions, 제77조) 및 상당시장력(Significant Market Power, 이하 SMP라 칭함)을 가진 사업자에 대한 조건(SMP conditions, 제78-93조)의 4가지 유형으로 나뉜다. Ofcom은 2003년 통신법상 통신사업자의 조건준수를 강제할 수 있는 다양한 권한을 부여받고 있다. 이하에서는 2003년 통신법 제94-104조에서 규정하는 통신법상 사전규제의무의 이행을 확보하는 절차를 개관한다. 이러한 절차는 Ofcom이 인지에 의해 직권으로 또는 제3자의 신고에 의해 개시된다.

1) 신고(Complaint)

특정 통신사업자가 1998년 경쟁법을 위반하거나 2003년 통신법에 근거한 사전규제의무를 위반하였다고 주장하는 신고(complaint)가 있는 경우 Ofcom은 정식조사권을 발동하여 이를 조사할 수 있다. 그러나 Ofcom은 2004년 지침에서 이러한 경쟁저해행위 여부를 조사하는 경우 Ofcom과 조사대상 사업자 및 기타 흔히 Ofcom이 증거 및 정보제공을 요구하게 되는 동 산업계의 다른 사업자들까지 상당한 비용을 부담해야 함을 근거로 신고된 사건 중에서 특히 심각한 문제를 초래하는 사건을 선별하여 그에 규제자원을 집중하겠다는 방침을 밝히고, 이를 위해 신고에 대한 특별한 요건을 부과하고 있다. 그리고 이러한 요건을 갖추지 않은 신고에 기해서는 정식조사권한을 발동하지 않을 것이라고 밝히고 있다. 동 지침에

자(이하 'Ofcom등' 이라 한다)가 수시로 조건과 관련된 사항에 대한 구속력 있는 지시(direction)를 할 권한, Ofcom 등의 동의, 승인, 추천을 요건으로 하는 사안에 관련된 의무를 부과할 권한, 위와 관련된 사항을 정하는 조건규정에서 Ofcom등에게 재량권을 부여할 권한, 사안의 차이에 따라 다른 조건을 설정할 권한, 그리고 기존의 조건을 철회 또는 변경할 수 있는 권한이 포함된다(§45(10)).

따라 신고서에 포함되어야 할 중요한 사항을 보면 다음과 같다.[10]

첫째, 신고자는 위반행위가 있었다고 주장하는 사전규제의무 또는 경쟁법상의 의무를 명확히 특정하여야 한다. 단지 '경쟁법(혹은 EU조약 제 81,82조)'을 위반하였다는 일반적인 주장이나 넓은 범주의 사전조건을 위반하였다는 주장으로는 위반대상을 명확하게 특정하였다고 할 수 없다. 둘째, 경쟁법 등을 위반하였다는 주장을 뒷받침할 수 있는 구체적이고 관련 있는 증거가 제출되어야 한다. 예컨대, 당해 사업자의 행위가 약탈가격이나 이윤박탈(margin squeeze)에 해당된다고 주장하는 경우에는 당해 사업자의 비용·수익구조와 시장가격의 분석 등에 의해 이를 뒷받침할 수 있어야 한다. 물론 상대방 사업자의 비용 정보 등에 접근하기는 어려움이 많으므로, 그러한 정보를 획득하기 어려운 경우 신고자는 어떤 모델에 입각한 비용이나 신고자 자신의 비용정보 등에 기초하여 이를 제공할 수 있다. Ofcom은 신고된 사건의 1차 조사 시에 이렇게 제출된 사실증거가 부정확하거나 오해에 기초한 것이라고 판단하면 사건조사를 종료한다. 셋째, Ofcom에 제출한 정보가 정확하고 완전한 것이라는 신고회사의 임원(되도록이면 CEO)의 진술서를 첨부하여야 한다.

Ofcom의 이러한 방침에 대해서 비판적인 견해에서는, 이러한 Ofcom의 지침은 OFT의 심사청구지침에 비해 입증요건이 더 강화된 것으로서, 2003년 통신법상 그러한 요건강화의 근거가 없는데다, 증거조사를 위해 외부의 경제학자들과 법률전문가들에게 지불하는 규제비용의 부담이 신고자에게 이전됨으로써 신고를 억제하는 결과를 낳을 수 있고, 그렇게 되면 심각하고 중요한 경쟁문제에 대해 행정적·재정적 이유로 증명요건을 충족하지 못해 Ofcom의 규제자원이 충분히 할애되지 못할 가능성이 있다고 지적한다. 그리고 통신시장에 대해 경쟁법 위반행위의 조사를 요구하

---

10) 신고서에 포함되어야 할 상세한 사항에 대해서는, 「Annex 1. Format for submitting a complaint to Ofcom」 Ofcom, Guidelines for the handling of competition complaints and disputes, 2004.7 참조.

기가 더 어렵게 되었다는 신호가 될 수 있다고도 한다.[11]

Ofcom은 이러한 문제점에 대해, 동 지침에서 자원이 풍부한 대기업에 대해서는 이러한 신고요건의 완비를 요구하지만, 그 밖에 소기업이나 신규진입자, 과거에 경쟁규제기관이나 통신규제기관에 신고를 해 본 경험이 없는 기업 등에 대해서는 신고를 돕기 위해 지원을 해 주고, 특별한 경우, 예컨대 개인소비자가 신고를 하는 경우 등에는 그러한 신고요건을 개별적으로 면제해 줄 수도 있다고 밝히고 있다.

2) 조사절차

신고의 경우, 조사범위는 통상 신고된 사항으로 제한할 것이지만, 분쟁해결절차와는 달리 Ofcom이 경쟁저해적 행위의 징표를 발견하는 경우에는 더 이상 신고의 범위에 구속되지 않는다. Ofcom이 일단 신고를 접수하면, 가능한 한 신속하게 이를 조사할 것인데, 이를 위해 Ofcom 스스로 사건처리기한을 두고 있고, 그 기한을 넘길 경우 Ofcom은 그러한 지연의 이유를 밝혀야 한다. 경쟁법 위반에 대한 조사의 경우 '아무런 조치를 취할 필요없음(no grounds for action)' 결정의 경우는 6개월, '법위반 결정(infringement decision)'을 하기 위해서는 12개월을 기한으로 한다. 통신법상 사전규제의무 위반의 경우는 4개월 내에 위반혐의가 없어 '조사종료(closure)' 결정을 하거나 아래에서 볼 '조건위반의 고지'를 하여야 한다.

신고사건처리를 위해 Ofcom은 2003년 통신법 또는 1998년 경쟁법상 부여되어 있는 정식정보조사권한을 이용할 수 있다.[12] 정보제공의 지연

---

11) 이러한 우려는 Ofcom이 2005 1~6월까지 접수한 129개의 신고사건 중 32건이 사전조사의 대상이 되었고, 10건만이 정식조사의 대상이 되었다는 점에 의해 어느 정도 뒷받침된다고 할 수 있다. Ofcom이 BT사의 가격공시의무를 면제시키는 조치 등이 자료조사를 더 어렵게 만들 수 있다. Katrina Dick, 「Ofcom stands firm on Anti - Competition Complaint and Dispute Guidelines」 『Computer and Telecommunications Law Review』, (11(3), 2005) 78~79면.

은 전체적인 처리일정에 중대한 영향을 미칠 수 있고, 경쟁저해적 행위에 대한 조사에 있어서는 일방 또는 기타 관련 당사자들에게 중대한 불이익을 줄 수도 있으므로, 정식정보요구에 대해 응하지 않는 사업자에 대해서는 강제권한을 행사할 수 있다. Ofcom의 조사는 개방적이고 투명한 진행을 원칙으로 한다. 만약 조사대상사업자에게 비밀로 하여야 할 별도의 필요가 있지 않은 한, Ofcom은 조사진행상황을 게시판에 공표한다.[13] 공표사항에는 결정초안이나 사건조사진행일정의 변동사항, 절차적 쟁점 등이 포함된다.

3) 조건위반의 고지
(Notification of contravention of conditions)

Ofcom이 사업자가 사전규제조건을 위반하고 있거나 그렇게 볼 합리적 근거가 있다고 결정하면, ①위반여부에 대한 Ofcom의 판단(결정) 내용, ②위반한 조건 및 위반내용, ③이에 관한 의견 제출의 기회가 있다는 사실 및 ④일정한 기한 내에 위반상태에 있는 조건을 준수하거나 위반으로 초래된 결과를 제거할 기회가 있다는 내용을 고지하여야 한다.(제94조) 그 기한은 고지를 받은 날로부터 1월이지만, 필요한 경우 더 장기의 기간을 정하거나 사후에 연장할 수 있다. 또한 고지받은 자와 Ofcom이 합의한 경우, Ofcom이 그 위반행위가 반복되고 있다고 믿을 합리적인 근거를 가지고 있고 그러한 상황에서는 더 단기의 기간이 적절하다고 판단할 경우 더 단기의 기간으로 정하는 것도 가능하다. Ofcom은 문제된 위반행위에 대해 1998년 경쟁법(제41조)에 근거한 더 적절한 절차가 있다고 결정하고, 그러한 결정을 공표하는 경우에는 2003년 통신법상의

---

12) 2003 Communications Act sec. 135~146; 1998 Competition Act sec. 25~31에서 각각 정식조사권한의 상세한 내용을 정하고 있다.

13) www.ofcom.or.uk/bulletins

고지절차를 이용하여서는 안 된다.

4) 조건위반에 대한 강제집행의 고지
(Enforcement notification for contravention of conditions)

위 제94조에 의한 조건위반고지를 받은 자에게 의견제출기회를 주고 그 기간이 만료한 경우, Ofcom이 당해 사업자가 조건 위반이 인정되고, 주어진 기간 중에 위 조건의 준수 및 조건위반 결과의 제거를 위해 적절한 모든 조치를 취하지 않았다고 판단되는 경우에는 Ofcom은 사업자에게 비로소 조건준수를 위한 조치와 조건위반의 결과 제거를 위한 조치를 취할 의무를 부과하는 고지를 할 수 있다(제95조). 당해 고지에서 그 조치를 특정할 수 있다. 강제집행고지를 받은 자는 (비로소) 이를 준수할 법적 의무가 발생하며, 이는 Ofcom에 의해 민사소송절차를 통한 금지명령(injunction), 기타 적절한 구제수단으로 강제집행될 수 있다. 위 제94조의 조건위반고지는 법적 의무로서의 효력을 발생시키지 않고, 조치의 내용도 특정할 수 있다는 언급이 없다는 점에서 이와는 차이가 있다.

5) 조건위반에 대한 행정제재금
(Penalties for contravention of conditions)

제94조의 위반고지를 받은 자가 의견제출기회를 부여받고 그 기간이 만료된 후, Ofcom은 그 조건위반이 인정되고, 주어진 기간 내에 조건의 준수 및 조건위반의 결과제거를 위해 Ofcom이 적절하다고 판단하는 조치들을 취하지 않은 경우에는 위 법집행의 고지와 함께 행정제재금(penalty)을 부과할 수 있다(제96조).

행정제재금은 각 위반행위별로 부과될 수 있으나, 계속적 위반인 경우

에는 고지된 위반기간에 대해 1회의 부과만 가능하다. 또한 Ofcom은 제
95조에 기한 강제집행의 고지로 부과된 의무의 위반에 대해서도 행정제
재금을 부과할 수 있다. 행정제재금은 Ofcom에 납부되어야 하고, 정해진
기한 내에 납부되지 않으면 Ofcom에 의해 강제집행될(recoverable) 수 있
다. 제재금의 금액은 당해 사업자의 관련기간동안 관련사업의 총매출액의
10%를 넘지 않는 범위에서 Ofcom이 적절하고 위반행위에 비례하는 금액
으로 정한다. 제재금의 금액결정시 Ofcom은 당사자가 제출한 의견, 당사
자가 위반의 고지를 받은 조건을 준수하기 위해 취한 조치들 및 그 위반
의 결과를 제거하기 위해 취한 조치들을 모두 고려하여야 한다. 매출액의
산정기준 및 매출액 산정 시 포함될 망, 서비스, 설비 또는 사업의 범위는
통상산업부 장관의 명령으로 정한다. 이러한 내용을 포함한 장관의 명령은
의회에 제출되어 상·하원 각각의 의결로 승인을 받아야 발령할 수 있다.

6) 조건위반을 이유로 한 서비스공급정지
(Suspending service provision)

Ofcom은 사전규제조건을 심각하고 반복적으로 위반하고 있는 자로서
행정제재금의 부과나 강제집행의 고지에 의해서 그 조건의 준수를 확보
하는 데 실패한 경우 그 위반의 심각성에 비례하여 적절한 범위에서 통신
망 또는 서비스의 공급을 할 권리를 (전부 또는 부분적으로) 정지시키거나
특정한 방식으로 제한하는 명령(direction)을 발할 수 있다. 이러한 서비스
공급정지명령은 달리 기한을 정하는 경우를 제외하고는 당해 사업자에게
고지된 시점으로부터 무기한으로 효력을 발생한다(제100조). 여기에서
'반복적 위반이 인정되는 경우'라 함은 Ofcom이 행정제재금의 부과 또는
강제집행고지의 요건이 되는 위반행위가 있다는 결정을 하고, 그 결정 후
12월 이내에 동일 조건에 대한 위반고지가 1회 이상 이루어진 경우를 의
미한다. 서비스공급정지명령을 하기 위한 절차로서, Ofcom은 당해 사업

자에게 그 명령안의 내용을 고지하고 상황의 개선을 위한 조치를 제안하는 등 의견제출기회를 부여하고, 의견제출기간 중에 제출된 모든 의견에 대해 고려하고 난 후에 정지명령을 할 수 있다(제102조). 위 영업정지명령을 위반하여 통신망 또는 서비스를 공급하거나 관련시설을 이용에 제공하는 경우 이는 위법행위로서(guilty of offence), 약식판결(summary conviction)에 의해 벌금에 처하거나 기소하여 판결로 벌금에 처한다(제103조).

7) 사전규제조건 또는 법집행고지의 위반시 민사책임 (Civil Liability for breach of conditions or enforcement notification)

통신법 제45조에 의한 사전규제조건, 제95조에 의한 강제집행고지에 의해 부과된 의무, 제100조에 의한 명령에 의해 부과된 조건을 준수할 의무는 그 위반에 의해 영향 받을 수 있는 모든 자들에 대해 부담하는 의무이다. 이러한 의무를 인정할 수 있고, 그 의무의 위반으로 인하여 손해를 입은 자는 그 의무의 위반을 초래하거나 또는 그 이행에 방해를 한 행위가 전적으로 또는 부분적으로 그 결과를 발생시키기 위한 것일 경우에 의무를 위반한 사업자에 대해 소송을 제기할 수 있다. 이러한 소송의 피고가 된 사업자는 그가 조건 또는 의무의 위반을 피하기 위해 모든 합리적인 조치와 정당한 주의(due diligence)를 다하였음을 입증함으로써 항변할 수 있다. 위 의무위반에 의해 영향 받을 수 있는 자가 소송을 제기할 경우에는 Ofcom의 동의가 있어야 한다.

8) 긴급사건의 처리권한

통신법 제98조는 긴급한 사건을 처리하는 권한에 관해 정하고 있다. Ofcom은 조건위반의 고지를 할 대상으로서 당해 사안이 긴급한 사건이라고 의심할 만한 합리적 근거가 있고, 그러한 긴급성에 비추어 적절하다고 판단되는 경우 제98조에 의한 긴급사건처리절차를 이용할 수 있다. 여기에서 '긴급한 사건'이라 함은 그 조건위반행위가 "공공의 안전 및 건강, 또는 국가안보에 심각한 위협이 되는 경우, 통신사업자 또는 관련설비의 이용을 제공하는 자들에게 심각한 경제적 또는 운영상의 문제를 초래하거나, 전기통신망·서비스·관련 설비를 이용하는 자들에 대한 경제적, 운영상의 문제를 초래하거나 그럴 위험이 높은 경우"를 말한다. 긴급절차에서 Ofcom은 제94조에 의한 고지 상 기간을 1월 이하로 단축할 수 있는 권한, 사업자에게 전기통신망, 서비스 또는 시설의 대여 등 사업을 할 권한의 정지를 명할 권한, 그리고 사업권의 제한을 명할 권한을 가진다. Ofcom은 영업정지, 영업제한지시와 함께 고객보호를 위해 적절하다고 판단되는 조건을 부과할 수 있는데, 이에는 위반사업자가 Ofcom의 지시를 따름으로 인해 그 고객들이 입을 손해의 전보 또는 그로 인한 불편과 염려에 대해 금전지급을 할 의무가 포함된다. Ofcom은 이러한 지시를 한 후 현실적으로 가능한 한 빨리 당해 사업자에게 그 지시의 이유 및 효과에 대한 의견제출기회 및 그 상황을 시정하기 위한 조치를 취할 기회를 부여한다. 이러한 의견제출기간이 종료된 후 가능한 한 빨리 Ofcom은 그러한 위반이 실제로 일어났는지, 그 상황이 긴급한 상황인지에 대해 결정하고, 이에 따라 그 지시의 유지를 확인하거나 취소하여야 한다. 위 금전지급명령은 이 지시가 확인된 이후에야 효력을 발생한다.

2. 통신법 · 경쟁법 위반 관련 분쟁해결절차 (Disputes)[14]

1) 분쟁해결절차의 법령상 근거와 의의

2003년 통신법 제185조의 규정에 의해 Ofcom에게 분쟁해결권한이 부여되어 있는 사안에 대해 당사자들 간의 상사협상이 실패한 경우, 당사자들이 이를 Ofcom의 분쟁해결절차에 회부하면 Ofcom은 당사자들의 권리 · 의무 등을 확인하여 주거나 분쟁을 해결할 수 있는 명령(direction)을 발하는 등으로 이를 해결해 주어야 한다. 이 권한은 제한적인 것으로서, Ofcom의 관할권에 속하는 모든 사안을 대상으로 하는 것은 아니고, 망접근의 제공, 서비스, 주파수와 관련하여 기타 Ofcom이 부과한 규제의무에 관한 것들로 제한된다. Ofcom은 분쟁해결절차를 통해 적절히 해결되어야 할 쟁점에 대해서는 위에서 본 법위반신고를 받지 않는 것을 원칙으로 한다.

한편 Ofcom은 EU의 기준에 부합되고 분쟁의 신속하고 만족스러운 해결에 이를 것 같은 대안적 수단이 있는 경우가 아닌 한 분쟁을 해결할 의무를 진다. 그러나 4개월 내에 ADR에 의해 해결되지 않은 분쟁들은 예외적인 경우를 제외하고는 Ofcom에 의해서 그로부터 4개월 안에 해결되어야 한다.[15] 그렇다면 어떠한 경우에 Ofcom은 더 적절한 대안적 분쟁해

---

14) 이하의 내용은 주로 Ofcom, Guidelines for the handling of competition complaints, and complaints and disputes about breaches of conditions imposed under the EU Directives, 2004. 7을 참조한다. 이 지침은 Ofcom이 경쟁저해행위, 사전규제조건의 위반에 관한 고발 및 분쟁처리를 위해 마련한 절차 및 이를 위해 요구하는 서류제출요건에 관해 정하고 있다.

15) 영국 통신법상의 이러한 분쟁해결제도는 EU의 통신법 지침을 모델로 한 것이다. EU의 통신규제체계지침(Framework Directive)에 따르면, 제20조에서는 통신규제기관은 분쟁해결을 위한 다른 장치가 존재하고, 이것이 그 분쟁을 적시에 더 잘 해결할 수 있는 경우에 분쟁해결을 거부할 수 있다고 규정한다. 그러나 그러한 절차에서 분쟁이 4개월 후에도 해결되지 않고 법원에 소송도 제기

결수단이 있음을 이유로 분쟁해결을 거부할 수 있는가? 이에 답하기 위해
서는 "규제관련쟁점이 있는 분쟁에 대해 Ofcom에 의한 분쟁해결절차를
제도화한 취지는 무엇인가?" 라는 질문에서 출발해야 한다. 경쟁시장에서
는 사업자간 늘 분쟁이 발생할 수 있고, 이는 상사협상이나 중재, 또는
개별적인 거래중단 등의 私的 방식으로 해결이 가능하다. 이러한 분쟁으
로 인해 소비자에게 불이익을 주거나 공익상 쟁점이 제기되지 않는 한 규
제기관이 그 해결에 개입할 필요는 없다. 그러나 시장지배력을 가진 사업
자가 존재하고, 모든 통신사업자에게 공익을 위한 일정한 의무를 부과하
는 통신시장에서는 이해관계인들이 합의를 하는 데 실패하면 이는 시장
경쟁을 훼손하고 궁극적으로는 소비자에게 불이익을 준다. 그러한 상황에
서는 규제기관이 분쟁해결에 간섭하는 것이 정당성을 획득한다. 그러므로
예컨대, SMP를 가진 사업자 상호간에 분쟁이 발생하는 경우, 이의 해결에
Ofcom이 개입할 필요성은 줄어드는 반면, 당사자들의 시장에서의 지위가
불평등하여 쌍방이 합의로 문제해결에 이를 가능성이 낮은 경우에는 규
제적 간섭이 적절하다고 판단할 가능성이 높다. 따라서 Ofcom은 일방당
사자가 지배적 사업자이거나 또는 당사자들의 합의의 실패로 경쟁 또는
소비자이익에 해가 될 경우가 아니면 분쟁해결을 거부할 것이라고 한다.
이에 대해서 이러한 정도의 재량은 EU 지침이 허용하는 범위를 넘는 것
이라는 지적도 있다.[16)]

2) 신 청

분쟁해결을 신청하려면 아래와 같은 사항들이 포함된 명확한 정보를
제공하여야 한다. 첫째, 관련되는 사전규제조건이 무엇인지 적시하여야

되지 않은 경우에는 행정청은 그로부터 4월 이내에 그 분쟁을 해결할 의무를
지게 된다.

16) Katrina Dick, 위의 글(주11), 79면.

한다. 예컨대, '망접근에 대한 요청이 있는 경우 이를 수락할 의무를 부과하는 조건'과 같다. 둘째, 분쟁의 범위에 대해 명확히 하여야 하고, 셋째, 원하는 구제수단을 상세히 밝히되, 그 이유도 밝혀야 한다. 넷째, 당해 분쟁의 범위에 속하는 모든 쟁점들에 대해 상사협상을 하였다는 서면 증거가 필요하다. 다섯째, 분쟁해결절차를 신청하는 사업자가 당해 분쟁을 상사협상을 통해 해결하고자 모든 노력을 다했음을 진술하는 사업자 임원(CEO가 바람직함)의 진술서를 첨부해야 한다.17)

통신법 제186조에 의하면, 분쟁해결신청을 받은 Ofcom은 그 분쟁이 스스로 해결하기에 적합한 것인지 여부를 결정하여야 한다. 이 때 고려할 수 있는 요소가 동조에 명시되어 있다. 즉, 당해 분쟁을 해결하기 위해 이용가능한 다른 수단이 있고, 그러한 수단에 의한 해결이 EU 통신법에 부합하고, 그 수단을 이용할 경우 당해 분쟁이 신속하고 만족스럽게 해결될 것이라고 판단되는 경우라면 Ofcom은 이 분쟁이 스스로 해결하기에 적합하지 않다고 판단할 수 있다. 그러나 그 밖의 모든 경우에는 Ofcom이 해결하기에 적합한 분쟁이라고 판단하여야 한다. Ofcom은 통신법상의 이러한 기준을 2004년 지침을 통해 구체화하면서, 상사협상(commercial negotiation)에 실패한 경우에만 Ofcom에 분쟁해결을 신청할 수 있도록 하고 있다. 물론 분쟁의 상대방인 통신사업자가 협상 시작을 거부하거나 협상을 정체시키기 위해 불합리한 지연행위를 할 수도 있으므로, 그러한 경우에는 Ofcom에게 분쟁해결을 신청하는 당사자는 상대방과 상사협상을 하기 위해서 합리적인 조치를 다 취했음을 보이면 된다.

Ofcom은 신청 후 15일 이내에 분쟁해결절차의 개시여부를 결정하여 신청자 및 상대방에게 통보한다. 그리고 분쟁해결절차를 개시하지 않기로 한 경우에는 신청자에게 그 이유와 함께 통지하여야 한다. 분쟁해결신청

---

17) 신청서에 포함되어야 할 상세한 사항에 대해서는, Annex 2. Format for submitting a request to Ofcom to resolve a dispute, Ofcom, Guidelines for the handling of competition complaints and disputes 2004. 7 참조.

서 중 '공개용 신청서(non-confidential submissions)'를 상대방에게 통지하여, 분쟁해결의 적절한 범위에 대해서 입장표명을 요청할 것이다. 원래의 신청서에 '공개신청서'가 포함되어 있지 않으면, 이것이 제출될 때까지 위 15일의 기한은 시작되지 않는다.

3) 분쟁조사절차

분쟁조사절차의 초기에 Ofcom은 당해 분쟁의 범위를 규정하여 공표하고, 5일 동안 이해관계당사자들이 이 분쟁의 범위에 대해 의견을 제출할 수 있도록 한다. 신청서로 접수된 분쟁의 쟁점 중 상사협상의 대상이 되지 못했거나 상사협상을 해보고자 하는 합리적인 노력이 없었던 쟁점들은 그 범위에서 제외된다. 분쟁조사절차에서도 Ofcom은 위 신고의 경우와 마찬가지로 자신의 정식조사권한을 행사할 수 있다.

4) 분쟁해결

Ofcom은 그 쟁점이 다수의 이해관계자들에 관계된 경우에는 그 해결안에 대해 정식으로 (통상 10일간의) 의견수렴절차(consultation)를 거친다. 분쟁해결의 결과에 대해 당사자들만 이해관계를 가질 경우에는 의견수렴절차는 당사자들에게로 제한된다.

분쟁해결절차에서 Ofcom은 최종 결정으로서 당사자들의 권리·의무 등을 확인하여 주거나 분쟁을 해결할 수 있는 명령(direction)을 발하는 등을 할 수 있다. 규제를 위한 분쟁해결제도라는 취지의 연장선상에서 Ofcom은 분쟁을 해결할 때 통신법상 그의 규제의무와 조화되도록 해야 한다. 이는 곧 Ofcom이 사전규제를 위해 부과하였던 사전규제조건과 일치하도록 그 분쟁을 해결하여야 한다는 것을 의미한다. 이것이 바로

Ofcom에 의한 분쟁해결을 규제집행의 일부로 보게 하는 부분이다. 예컨 대 전기통신시장에서 상당시장력(Significant Market Power, 우리의 '시장 지배적 지위'에 유사한 개념이다)을 가진 자에 대해 망접근, 상호접속 등 과 관련하여 특별한 의무가 부과되어 있는 경우, 이를 결정하는 과정은 당해 시장에 대한 경쟁상황평가를 하고 이에 기초하여 SMP 조건을 부과 하거나 철회하는 것이므로, 이는 그러한 조건이 현실에서 어떻게 실현되 어야 하는가에 대한 분쟁을 해결하는 과정과는 구별되는 것이다. 그러므 로 Ofcom은 시장분석을 거쳐 기존의 사전규제조건으로 부과되어 있는 내 용이 아닌 새로운 형태의 망접속을 둘러싸고 분쟁이 발생한 경우, 분쟁해 결절차를 통해 이에 관한 새로운 권리·의무를 부과할 수는 없다. 다만, 드물기는 하지만, Ofcom은 이러한 계기를 통해 Ofcom이 사전규제의무 를 부과하지 않은 영역에서 중대한 규제의 쟁점이 제기된다는 것을 인식 하고, 그 분쟁을 해결하기 전에 시장분석을 실시하여 필요한 망접속의무 를 부과하여야 하는지를 검토할 수는 있겠다.

모든 사건에 대해 최종 결정과 그 결정이유는 공표된다. 그 밖에도 Ofcom은 절차의 모든 단계마다 이유를 제시하기로 하고 있다. 즉, 분쟁 또는 심사청구의 심사 또는 조사의 거부, 결론, 시한의 연장, 연장기한의 도과 및 그 결과가 기존 상태에 변화를 초래하지 않았다 하더라도 분쟁의 범위와 결과에 대한 협의에 대해서도 이유를 제시하기로 하고 있다. 이는 EU규제체계와 통신법이 공통으로 요구하는 것으로서, 이것이 통신사업자 의 권리에 영향을 미치지는 않더라도 개방성과 투명성을 강화시키고, 결 정과정에서 보다 집중된 논의를 유도할 수 있기 때문이라고 한다.[18]

---

18) Katrina Dick, 『OFCOM Stands firm on Anti ─Competition Complaint and Dispute Guidelines』, C.T.L.R. 2005, 11(3), P.78~80.

Ⅲ. 우리 통신규제법의 집행과정

1. 전기통신사업법상 금지행위규제 집행절차

1) 법령상 근거

전기통신사업법은 " …공정한 경쟁 또는 이용자의 이익을 저해할 우려가 있는" 행위로서 법적으로 금지되는 유형을 크게 4가지 범주로 규정하고(제36조의3), 통신위원회는 이를 위반한 행위가 있다고 인정하는 경우에 시정조치를 명하거나 과징금을 부과할 수 있도록 하고, 이를 집행하는 데 필요한 사실조사권한을 부여하고 있다(제36조의5). 동법 시행규칙 제25조는 금지행위의 신고에 대해서 정하고 있다. 다음으로 통신위원회 내부규정인 「전기통신사업 금지행위등에 대한 업무처리규정(이하 '업무처리규정'이라 한다)」이 그 절차를 체계적으로 정하고 있다.[19] 관계인의 입회의무나 금지행위의 신고에 관한 사항 등이 시행령과 시행규칙에 산재해 있었으나, 차츰 법체계의 정비의 필요성이 인식되고 있는 것으로 보인다.

한편, 금지행위에 해당되는 행위유형들을 보면, 사전규제에 의해 부과된 의무를 준수하지 않는 행위와 사전규제와는 아무 관계없이 일반 경쟁법상의 불공정행위에 해당되는 행위가 있다. 전자의 예로는 ① 전기통신설비의 제공이나 상호접속에 관한 의무적인 협정체결을 해태하는 경우(동법 시행령 별표1, Ⅰ, 2호 후단)와 ② 임의적인 협정체결이지만 정보통신부장관이 발한 협정관련기준(고시)을 위반하는 경우(동법 시행령 별표1, Ⅰ, 2호 전단)가 있다.[20] 후자의 예로는 전기통신설비제공 등 사업자를 부

---

19) 구 규정에는 '불공정행위'란 개념을 사용하여 그 적용범위가 모호했으나, 현재의 규정으로는 '금지행위등'을 비교적 명확하게 규정하고 있다.

20) 이는 아래에서 볼 영국 통신법상의 규제조건 중에서 각각 개별조건(①)과 일반

당하게 차별하는 행위(동법 시행령 별표1, Ⅰ, 1호)가 해당된다. 따라서 우리 전기통신사업법 상 금지행위에는 영국의 경우 2003년 통신법 상 사전규제조건의 준수확보절차와 1998년 경쟁법의 집행절차의 대상으로 구분되는 행위유형이 섞여있다고 할 수 있다. 이 경우 만약 사전규제조건 위반에 대한 집행절차와 일반 경쟁법상 불공정행위에 대한 집행절차를 구분하는 것이 합리적일 만큼 양 행위의 성질에 차이가 있다면, 우리 금지행위에 관해서도 유형의 구분체계를 재고해 볼 필요가 있다.

2) 신고

동법 시행규칙 제25조에서 정하고 있는 바를 보면, 금지행위에 대한 신고는 누구든지 할 수 있다. 즉, 누구든지 금지행위가 있다고 인정되는 경우에는 통신위원회에 그 사실을 신고하고 시정조치를 취해줄 것을 요청할 수 있다. 이 경우 당해 신고인은 그 '금지행위의 내용'과 '금지행위의 시정을 취하여 필요한 조치사항'을 기재한 신고서와 '금지행위등을 소명할 만한 자료'를 제출하여야 한다. 소명자료의 제출은 2007년 개정 시 추가된 사항이다. 그 취지는 Ofcom에서 신고 시 증거자료의 제출을 요구하는 것과 같은 맥락으로 볼 수 있을까? 동 규정만으로 보면, Ofcom의 태도처럼 소명자료가 제출되지 않으면 정식조사를 개시하지 않겠다는 정도는 아니라고 보이나, 업무처리규정 제4조 제1항 단서는 "다만, 제3조 제3항의 규정에 의한 보완을 하지 않는 경우에는 조사에 착수하지 아니할 수 있다"고 하여, 만약 소명자료가 충분히 제출되지 않았다고 인정하여 이를 보완하라고 요청했으나 보완하지 않는 경우 통신위원회는 Ofcom과 마찬

조건(②)의 구조와 유사하다. 조건 ①은 설비제공의무는 필수설비를 보유하거나 사업규모 및 시장점유율이 일정 기준에 해당되는 사업자에게만 부여되는 것이나, 조건 ②는 설비제공 등에 관한 협약을 하는 모든 자가 준수해야 할 기준이기 때문이다.

가지로 조사권한을 행사하지 않을 수 있는 재량권이 부여된 것으로 해석 가능하다. 다만, 이는 향후 통신위원회가 이 규정을 얼마나 엄격하게 운영할 것인지에 달려있다. 만약 이러한 신고요건을 엄격히 요구한다면, Ofcom의 태도와 관련하여 지적되었던 바가 여기에서도 마찬가지로 지적될 수 있다. 즉, 신고자에게 부담이 가중된다는 측면에서 신고를 억제할 수 있으며, 특히 신고자의 자력이나 정보에 대한 접근가능성의 차이에 따라 영세사업자나 위 법 시행규칙 제25조 '누구든지'에 포함될 수 있는 최종소비자가 신고를 하고자 하는 경우 더욱 그러하다. 이 문제에 대해서 업무처리규정은 2007년 제3조 제4항을 신설하여 "신고의 경험이 없는 사업자나 중소사업자, 일반이용자가 신고서등을 제출할 때에는 사무국의 도움을 받을 수" 있도록 하고 있다. 이와 관련하여 금지행위를 경쟁관련사건과 통신사업자와 이용자 사이의 사건으로 나누고, 전자의 경우 신고 요건을 강화하고 후자의 경우 이를 완화하여 정하는 것도 해결책의 일부가 될 수 있다.

한편, '금지행위의 내용'이 어느 정도 특정되어야 하는 것인지는 명확하지 않고, 신고에 필요한 요건은 여전히 간단히 적시되고 있을 뿐이다. 동조 제3항에는 통신위원회가 이렇게 제출된 신고서류의 보완이 필요하다고 인정하는 경우 상당한 기간을 정하여 보완을 요구할 수 있다고 하고 있으나, 일단 제출된 서류의 보완절차는 규제기관이나 신고인 모두에게 시간과 비용을 추가적으로 소요되게 한다. 그러므로 이러한 보완절차를 두는 것에 앞서 신고 시 적시할 사항을 좀 더 상세하게 규정하는 것이 신고인의 예측가능성도 높이고 통신위원회의 규제비용도 줄이는 방법일 것이다. 따라서 신고서에는 최소한 위반되었다고 주장되는 금지행위의 근거규정과 유형, 이유를 제시할 것을 명문으로 요구하여야 할 것으로 생각된다.

3) 사실조사

동법 제36조의5 제1항에 의한 통신위원회는 신고 또는 인지에 의하여 금지행위가 있다고 인정하는 경우에는 소속공무원으로 하여금 이의 확인에 필요한 조사를 하게 할 수 있다. 2007. 1. 3 개정 시 신설된 전기통신사업법 제36조의5 제3항에서는 통신위원회가 사실조사를 하고자 할 때 조사 7일전까지 조사기간·이유·내용 등에 대한 조사계획을 해당전기통신사업자에게 통지하도록 하고 있다. 다만, 긴급을 요하거나 사전통지의 경우 증거인멸 등으로 조사목적을 달성할 수 없다고 인정하는 경우에는 예외이다. 이는 통신위원회가 어떤 금지행위 위반을 의심하는지도 명확히 하지 않고 포괄적인 조사를 하다가 이로부터 나오는 자료로 위반행위를 확인하는 방식으로 권력적 행정조사에 대한 피규제자의 예측가능성을 침해하는 등, 적법절차 상 문제가 있다는 그동안의 지적에 대응한 것이라고 보인다. 다만, 이 경우 7일 전에 통지하거나 전혀 통지를 하지 않는 경우 외에 조사현장에서 조사 직전에 바로 조사기간·이유·내용 등에 대해 전달하고 조사를 하는 방법도 선택가능하도록 해야 한다고 생각한다. 왜냐하면, '통지'의 취지가 사전통지를 통해 이에 대해 준비하고 방어하도록 하는 것뿐만 아니라 행정조사의 범위를 목적과의 연계성을 통해 비례원칙에 따라 제한하는 데도 있다고 보이기 때문이다.

조사권한의 구체적 내용으로서, 전기통신사업자의 사무소와 사업장 또는 그 업무를 위탁받아 취급하는 자의 사업장에 출입하여 장부·서류 기타 자료나 물건을 조사할 수 있고, 이 경우 필요한 자료나 물건의 제출을 명하거나 일시 보관할 수 있다(동법 제36조의5 제2,5항). 법률에서는 출석조사에 대해서는 별도의 규정을 두고 있지 않으나, 업무처리규정 제7조에서 출석요구에 관한 규정을 두고 있다. 이는 조사권한에 일반적으로 포함되어 있는 것으로 볼 수도 있으나, 과태료 등 제재의 가능성에 의해 협력이 강제되는 권력적 행정조사로서 법적 근거가 필요하다.[21] 그러한 법적 근거가 어느 정도로 세밀하게 요구되는가 하는 문제는 일률적인 기준이 설정될 수 있는 것은 아니지만, 적어도 출석요구와 같이 개인의 신체의 자유에 영향을 미치는 권한행사방식은 사업장에의 출입과 같은 주거의 자유 이상으로 중요한 사항이므로 이를 훈령에서 최초로 규정하기 보다는 법률에서 그 근거를 마련하여 두는 것이 적절하다고 생각된다. 사실조사와 관련한 절차적 보장으로서, 현장조사와 관련하여 동법 제36조의5 제4항은 사업장에 출입하여 조사하는 자는 그 권한표시증표를 관계인에게 내보여야 하며, 조사 시에 해당 사무소 또는 사업자의 관계인을 참여시키도록 하고 있다.22)

이 조사권한의 실효성은 동법 제78조에 의한 과태료 부과에 의해 확보되고 있다. 그러나 이렇게 조사를 거부한 개인에 대해서만 소정의 과태료가 부과되고 법인인 사업자에게는 부과되지 않는 경우, 그 실효성이 충분히 확보될 수 있을지 의문이다.

사실조사와 관련된 동법 제36조의5의 규정이 2006 - 2007 법 개정 시 빈번히 개정된 사실, 그리고 통신위원회 업무처리규정의 개정 등을 보면, 사실조사에 대한 적법절차의 요청이 현실적인 개정의 압력으로 작용할 만큼 크고 시급했다는 사실과, 동시에 이에 대한 정부나 국회의 인식도 달라지고 있음을 알 수 있다. 그렇다면, 향후 신고와 사실조사 및 그 이후의 조치에 이르는 일련의 행정의사결정과정에 대한 규정을 체계적으로 두되, 그 기본골격은 법률에 근거를 두는 것이 적절하다고 생각한다.

4) 시정조치

통신위원회가 할 수 있는 시정조치의 유형은 동법 제37조에서 정하고

---

21) 김성수, 『일반행정법 -행정법이론의 헌법적 원리-』, 법문사, 2004, 478면.
22) 이 규정 중 관계인의 입회의무는 법 개정 전 시행령 제11조에서 규정하고 있었던 것인데, 2007. 5. 11 개정 시 법률에 편입되었다.

있다. 동법 시행령 제12조에서는 기타 시정조치를 위해 필요한 사항으로 위 시행조치의 이행계획서의 제출과 이행결과의 보고를 정하고 있다. 구체적 사안에서 시정조치를 어떤 기준에 의해 결정할 것인가에 대해 법령에서는 아무런 규정을 두고 있지 않고, 업무처리규정 제11조 제2항에서 시정조치내용은 '불공정행위의 정도와 시정조치에 따른 효과' 등을 감안하여 결정하도록 하고 있다. 이러한 기준은 통신위원회의 내규로 하기보다는 법률에서 시정조치의 결정기준으로 규정되어야 할 '중요한 또는 본질적인' 사항에 해당한다고 생각된다. 시정조치의 내용을 관련 불공정행위의 정도와 시정조치에 따른 효과 등을 감안하여 결정하는 것은 시정조치를 정함에 있어서 비례원칙에 따라야 함을 표현한 것이라고 할 수 있는데, 이는 통신규제법 전체를 지배해야 하는 매우 중요한 행정법의 일반원리로서 물론 굳이 표현하지 않아도 적용되는 것이다. 그러나 시정조치를 裁斷함에 있어서 비례원칙을 적용할 때 구체적으로 고려하여야 할 요소가 '불공정행위의 정도', '시정조치에 따른 효과' 임을 적시하는 것은 행정공무원에게나 사후에 이 시정조치의 적법성을 심사하는 법관에게나 막연한 비례원칙보다는 구체화된 중간단계의 준거를 제공한다는 점에서 별도의 규정으로 명시하여 둘 충분한 의의가 있다. 동법 제37조의2 제2항에서 과징금 부과 시 참작할 사항—위반행위의 내용 및 정도, 위반행위의 기간 및 회수 등—을 규정하고 있는 것과 마찬가지의 이유에서이다.

다음으로, 가능한 시정조치의 내용으로서 동 업무처리규정은 법 제37조의 규정에 의한 조치 외에 '전기통신기본법등 다른 법률의 규정에 의한 조치, 시정권고, 경고, 주의촉구 등'을 그 내용으로 할 수 있다고 하고 있다. 이 중 '시정권고, 경고, 주의촉구'는 직접적인 법적 불이익에 해당되지 않고 행정지도 등 사실행위에 해당된다고 보아 법률의 규정없이도 훈령만을 근거로 하여 발할 수 있다고 본 것인지, 그렇지 않으면 시정조치명령의 권한에는 그보다는 약한 시정권고나 경고, 주의촉구 등의 권한이 포함된다고 본 것인지는 명확하지 않다. 이러한 시정권고는 자발적

이행만을 기대할 수 있을 뿐이며, 경고나 주의촉구 또한 그러할지 모른다. 그러나 통신사업자는 통상 규제행정청으로서의 통신위원회와 계속적 관계를 가지고 있으므로 이러한 시정권고 등은 순수히 자발적 이행에만 맡겨져 있다고 보기는 어려운 측면이 있으며, 이것이 이후 과징금의 산정이나 조치에 영향을 미칠 수도 있다. 따라서 이에 대해서는 법령상 근거를 두는 것이 더 바람직한 측면이 있다.

시정조치안의 형성과정에서 절차적 보장으로서 동법 제37조 제3항은 "조치를 명하기 전에 그 조치의 내용을 당사자에게 통지하고 기간을 정하여 의견을 진술할 기회를 주어야 하며, 필요하다고 인정하는 경우에는 이해관계인의 의견을 들을 수 있다"고 규정한다. 이와 관련하여 개정 업무처리규정은 여러 가지 점에서 그 절차를 개선하였다. 구 규정 하에서는 당사자가 정당한 사유 없이 이에 응하지 아니하는 때에는 의견을 듣지 않아도 되는 것으로 규정하였으나, 현재 규정에서는 반드시 듣도록 하고 있다. 또한 의견진술지정일 10일 전까지 피심인에게 보내는 서류도 시정조치안과 함께 증거자료목록(증거자료 제외)을 송부하도록 하고, 피심인이 그 목록 상의 자료를 특정하여 위원회에 열람·복사를 신청하면 원칙적으로 이를 허가하도록 하고 있다. 또한 피심인은 의견제출 시에 당해 의견을 뒷받침할 수 있는 증거자료를 함께 제출할 수 있다. 또한 구 규정은 통신위원회의 사무국장이 그 당사자의 의견을 듣도록 하고 있었으나, 현재 규정에서는 위원회가 이를 듣도록 하고 있다. 현재의 규정은 구 규정에 비해 전체적으로 司法節次 내지 正式節次로서의 요소가 많이 가미되었다고 할 수 있다. 시정조치안은 당사자의 의견진술내용을 첨부하여 통신위원회의 심의에 회부되고, 통신위원회는 재적과반수의 찬성으로 시정조치안을 심의·의결한다. 위원회는 이러한 과정에서 상임위원회의 검토보고, 이해관계인 등의 의견진술, 관련 전문가의 의견진술 등의 절차를 거칠 수 있다.

한편 신 업무처리규정은 시정조치 외에 경고, 재조사, 심의절차종료,

무혐의, 사건종결처리, 심의중지 등의 다양한 형태의 결정에 대한 근거를 신설하고 있다. 이 중 동 규정 제14조의2에 근거한 '경고'의 경우 위원회는 "법위반의 정도가 경미하거나 피심인이 위반행위를 스스로 시정하는 등 시정조치의 실익이 없는 경우에는 경고를 의결할" 수 있고, "경고를 의결한 후 동일한 위반행위가 반복되는 경우에는 전기통신사업법 제37조의2에 의한 과징금부과시 가중사유로 참작할 수 있다"고 하고 있다. 경고가 현재 피심인의 권리·의무에 직접 영향을 주는 것이 아니더라도, 판례상 내부적 구속력만 있는 규정23)에 의해서라도 장래 피심인의 권리·의무에 영향을 미치게 된다면 이는 항고소송의 대상이 되는 행정처분으로 보고 있다. 업무처리규정 제14조의2는 내부적 효력만이 인정되겠지만, 이를 통해 경고가 과징금의 산정에 영향을 미친다면, 이는 판례에 의하면 행정처분이라고 할 수 있다. 물론 이는 행정소송이 제기된 경우의 문제라고 볼 수도 있겠지만, 이는 '경고'가 그만한 법적 중요성을 가짐을 의미하는 것이고 따라서 입법의 차원에서도 그 중요성에 걸맞은 자리에 규정되어야 함을 의미한다. 따라서 신 업무처리규정 상 경고관련 규정은 법률에 근거를 두는 것이 바람직하다고 생각한다.

---

23) 대판 2002. 7. 26. 2001두3532 (견책처분취소) 어떠한 처분의 근거나 법적인 효과가 행정규칙에 규정되어 있다고 하더라도, 그 처분이 행정규칙의 내부적 구속력에 의하여 상대방에게 권리의 설정 또는 의무의 부담을 명하거나 기타 법적인 효과를 발생하게 하는 등으로 그 상대방의 권리 의무에 직접 영향을 미치는 행위라면, 이 경우에도 항고소송의 대상이 되는 행정처분에 해당한다. … 행정규칙에 의한 '불문경고조치'가 비록 법률상의 징계처분은 아니지만 위 처분을 받지 아니하였다면 차후 다른 징계처분이나 경고를 받게 될 경우 징계 감경사유로 사용될 수 있었던 표창공적의 사용가능성을 소멸시키는 효과와 1년 동안 인사기록카드에 등재됨으로써 그 동안은 장관표창이나 도지사표창 대상자에서 제외시키는 효과 등이 있다는 이유로 항고소송의 대상이 되는 행정처분에 해당한다고 한 사례.

5) 과징금 부과

통신위원회는 금지행위를 한 전기통신사업자에 대해 과징금을 부과할 수 있다. '부과할 수 있다'는 표현을 부과 여부에 대한 재량권을 부여한 것으로 본다면, 행정의 실효성 확보수단으로서 시정조치와 과징금의 관계를 어떻게 설정할 것인지, 즉, 항상 이를 동시에 행해야 하는 것인지, 필요한 대로 택일하여도 되는 것인지, 아니면 보충적이거나 가중적인 것인지에 대한 기준이 법령상으로는 존재하지 않는다. 따라서 이는 과징금의 성질에 관한 일반 이론적 토대 위에24) 전기통신사업법상 과징금 제도의 구체적 요소들, 즉, 과징금 부과 시 참작사유나 과징금 산출기준 등을 통해서 역으로 추측할 수밖에 없다.

2007. 3. 29 개정 시에 신설된 동법 제37조의2 제2항에서는 과징금 부과 시에 위반행위의 내용 및 정도, 위반행위의 기간 및 횟수, 위반행위로 인하여 취득한 이익의 규모, 위반 전기통신사업자의 금지행위와 관련된 매출액을 참작하도록 하고 있다. 후자의 2가지 참작사유로 보면 이는 과징금의 본래적 취지인 법위반행위로 인한 이득의 환수에 해당되고, 이러한 이득환수는 이득이 발생한 경우에는 항상 이루어져야 한다. 전자의 2가지 참작사유를 보면 이는 법위반행위에 대한 제재조치로서의 성격도 갖는다. 시정조치의 경우 그 법위반행위의 중단, 예방을 위한 원인제거, 법위반행위로 인한 결과의 원상회복 등이 포함된다. 양자의 목적을 볼 때, 그 논리적인 순서 내지 조합을 일률적으로 말할 수는 없는 것 같다. 따라서 양자는 금지행위 규정의 목적 실현을 위해 효과적인 방식으로 그러나 과잉하지 않은 방식으로 조합되어야 한다고 말할 수밖에 없다. 그러나 동법 시행령 제13조는 과징금을 부과하는 위반행위의 종별과 그에 대한 과징금 부과상한액 및 부과산정기준을 별표2에서 정하고 있는 바,

---

24) 박정훈, 『행정법의 체계와 방법론』, 박영사, 2005, 371~373면.

이에 따르면 그 유형에 해당하는 위반행위에 대해서는 예외 없이 과징금을 부과해야 하는 것처럼 보인다.

특기할 사항은 시정조치의 경우 이를 결정하기 전에 시정조치안에 대하여 당사자의 의견진술이나 이해관계인의 의견을 들을 수 있는 절차가 있었으나, 과징금 부과 시에는 별도의 의견청취절차가 규정되어 있지 않다. 시정조치에 관련된 절차에서 과징금 부과와 관련된 사항에 대해서도 의견진술이 이루어질 것이라고 간주하는 것이 아니라면, 과징금 부과에 대해서는 행정절차법 상의 의견제출절차 밖에는 적용되지 않는다. 과징금 부과의 경우 참작되는 요소들 및 매출액 등 과징금 산정자료와 관련하여서도 의견제출이 필요하다고 보이므로, 별도의 의견제출절차 규정을 마련하거나, 시정조치와 관련된 의견진술절차에 관한 규정을 보다 포괄적으로 '시정조치나 과징금에 관한 의견진술절차'로 확대하는 방안이 적절하다고 생각한다.

2. 전기통신기본법상 재정절차

1) 법령상 근거

전기통신기본법은 통신위원회의 주요한 기능 중 하나로 재정절차를 두고 있다. 동법 제37조에 의하면, 재정의 대상이 될 수 있는 분쟁은 전기통신사업자간 분쟁과 전기통신사업자와 이용자간 분쟁으로 나뉜다. 사업자간 분쟁은 주로 전기통신설비의 제공·공동이용·상호접속 또는 공동사용 등이나 정보의 제공에 관한 협정의 체결 내지 그 이행과 관련된 분쟁으로서, 협정체결이나 그 이행 또는 손해배상을 구하는 경우이다(전기통신사업법 제35조). 이용자간 분쟁은 전기통신사업자가 전기통신역무를 제공함에 있어 이용자에게 손해를 입힌 경우로서, 사업자가 손해배상을 받을 이용자와 협의가 성립되지 아니하거나 협의를 할 수 없는 경우에 당사자가 재정을 신청할 수 있다(전기통신사업법 제33조의2). 그러나 통신위원회의 재정을 신청할 수 있는 사건은 이에 한하지 않고, 그 밖에 전기통신사업과 관련한 분쟁이나 다른 법률에서 통신위원회의 재정사항으로 규정한 사항도 포함된다.

통신위원회는 재정 외에도 '알선'과 같은 다른 형태의 재판외 분쟁해결 수단을 제공할 수 있다. 즉, 재정신청을 받은 경우 그 분쟁이 재정을 하기에 부적합하거나 기타 필요하다고 인정하는 때에는 분쟁사건별로 분과위원회를 구성하여 이에 관한 알선을 할 수 있도록 하고 있다(전기통신기본법 제40조의3). 한편, 통신위원회 내부규정으로서 「통신위원회재정규정(통신위원회 의결, 2007. 2. 28)(이하 '재정규정'이라 함)」을 마련해 두고 있는 바, 이 역시 최근 개정된 것이다. 동 규정은 제2조에서 재정절차가 공정, 신속하고 경제적으로 진행되도록 노력하여야 하며, 당사자와 관계인은 신의에 좇아 성실하게 이에 협력하여야 한다는 원칙을 천명하고 있다. 통신위원회의 재정의 성격은 Ofcom의 분쟁(Dispute)처리절차와 마찬가지로 규제적 기능을 가진 분쟁해결절차이다.

2) 재정의 신청

재정신청서에는 재정신청의 개요 및 당사자 간 협의 경과에 관한 서류를 첨부하여야 한다. '당사자 간 협의 경과에 관한 서류'란 기본법 제40조의2 제1항이 재정 신청 전에 우선 당사자 간의 협의를 하도록 하고 있으므로, 이에 대한 사실을 소명하도록 하는 것으로 보인다. 이는 Ofcom에 대해 분쟁해결을 신청하기 전에 상사협상 등을 통해 해결하고자 노력하였으나 실패하였음을 입증하게 하는 것과 유사하다. 재정규정에 따라 재정의 각하나 취하도 가능하다.

3) 재정사건의 조사 및 의견청취

통신위원회는 재정신청을 받으면 그 사실을 다른 당사자에게 통지하고 기간을 정하여 의견을 진술할 기회를 주어야 한다(전기통신기본법 제40조의2 제2항). 이 때 통신위원회는 의견진술지정일 10일 전에 당사자 또는 그 대리인에게 서면으로 통지하여야 한다. 당사자 또는 그 대리인은 지정된 날에 출석하여 의견을 진술하거나 서면으로 의견을 제출할 수 있다. 재정규정 제12조에 의하면 이에는 사실의 주장이나 증거제출도 가능하도록 해야 하며, 다른 당사자등이나 위원회가 제시한 의견, 사실 또는 증거에 대하여 반증할 수 있게 하여야 한다.

기본법 제40조의2 제2항 단서는 "다만, 당사자가 정당한 사유 없이 이에 응하지 아니하는 때에는 그러하지 아니하다"고 규정하고, 이어서 동 시행령 제32조 제4항에서 위 의견진술통지에 "정당한 사유없이 이에 응하지 아니하는 때에는 의견진술의 의사가 없는 것으로 본다는 뜻을 명시하여야 한다"고 규정하고 있어서, 이것이 의미하는 바가 당사자가 의견을 진술하지 않아도 당사자가 응한 경우와 마찬가지의 효력을 가진 재정을 할 수 있다는 해석이 가능하다. 종전의 재정규정에서는 이를 받아 의견진술 관련 규정에 마찬가지의 단서를 두었으나, 개정 규정에서는 이 단서를 삭제하였다. 법령의 개정은 남겨진 숙제이지만, 실제 절차를 규율하는 재정규정에서 이 단서를 삭제한 것은 통신위원회가 그러한 문제점을 의식하고 있다는 증거로 보인다. 또한 개정규정에 추가된 것은 재정의 결과가 당사자 외 이해관계인에게 영향을 주는 경우에 위원회가 직권 또는 당사자나 이해관계인의 신청에 의해 의견수렴절차를 거칠 수 있도록 한 것이다. 이는 기존 절차에서 Ofcom의 태도와 중요한 차이에 해당하는 부분이었는데, 통신서비스의 공익적 성격을 생각할 때 매우 적절한 개정이었다고 생각된다.

4) 재정

통신위원회는 재정신청을 접수한 날부터 60일 이내에 재정하여야 하고, 부득이한 사정으로 기간 내에 재정할 수 없는 경우에는 그 재정기간을 1차에 한하여 30일을 넘지 않는 범위 안에서 연장할 수 있다(시행령 제30조). 재정은 문서로 하여야 하고, 주문 및 그 이유와 재정의 일자를 기입하고 위원장 및 회의에 참석한 위원이 이에 서명날인한 후 이를 지체없이 당사자에게 송달하여야 한다(시행령 제31조). 재정규정 제17조에 의하면, 위원회 소속 공무원은 재정안을 작성하여 위원회에 상정하여야 하는데, 거기에는 주문이 정당함을 인정할 수 있는 한도에서 당사자의 주장과 기타 공격 또는 방어방법의 전부에 관하여 판단을 표시한다.

위원회가 할 수 있는 재정결정의 유형으로는, ①재정신청이 부적법한 것인 경우의 재정신청 각하, ②재정신청이 이유없다고 인정하는 경우 신청기각, ③재정신청이 이유있다고 인정하는 경우 전부 또는 일부의 손해배상 및 실비보상 재정결정과 일정한 내용의 협정의 체결 및 협정의 이행을 내용으로 하는 재정결정이 있다(재정규정 제18조).

5) 재정의 효력 및 불복

통신위원회가 재정을 한 경우 당해 재정의 내용에 대하여 재정문서의 정본이 당사자에게 송달된 날부터 60일 이내에 소송이 제기되지 아니하거나 소송이 취하된 때에는 당사자 간에 당해 재정의 내용과 동일한 합의가 성립된 것으로 본다(기본법 제40조의2 제4항).

IV. 비교법적 시사점

1. 규제집행절차의 법령 정비

영국의 2003년 통신법과 1998년 경쟁법, 2002년 기업법의 규정을 살펴보면 매우 상세한 규제집행절차를 '법률'에서 규정하고 있음을 볼 수 있다. 그리고 규제집행의 각 단계별로 규제기관의 구체적인 권한과 임무, 피규제자에게 미치는 법적 효력에 대해서 정하고 원칙과 예외에 해당되는 규정이 있는 경우 예상가능한 구체적인 경우들을 일일이 적시하는 방식으로 규정하고 있다. 이와 비교하면 우리 통신규제법의 경우 권한의 대강만 정하고, 그 절차에 있어서도 기본적인 사항에 대해서만 정하고 있어서, 실제 행정청의 의사결정과정에 대해서는 명확한 기준이 제시되지 않고 있다. 재정규정이나 금지행위 관련 규정 등 당사자들에게 매우 중요한 내부규정이 통신위원회의 웹페이지에서도 공개되지 않고 있는 것은 이러한 문제점을 잘 드러내준다. 법치주의 국가에서 가장 핵심적인 정당성을 부여받고 있는 규범은 의회가 제정하는 '법률'이므로 이 법률에서 가능한 한 상세한 절차를 정하는 것이 규제집행절차와 관련하여 가장 우선적으로 개선되어야 할 점이라 생각된다.

또한 법률에서 정하는 사항을 상세화 해주는 하위법령도 존재하지만, 특기할 사항은 법률에서 실체적으로 불명한 사항들에 대한 지침(guide-line)을 발할 의무를 다수 부여하고 있다는 점이다. 이 지침은 우리 행정법상 법규명령과 행정규칙의 구분을 적용한다면 후자에 가깝지만, 그것은 내부지침으로서의 성격만을 가졌다고 진술하기에는 부적절한 측면이 있다. 왜냐하면 그 지침은 대외적으로 공포되며, 이해관계자들에게 규제에 대한 예측가능성을 높이기 위해 발령된 것으로 이를 벗어날 합리적 사유가 없는 한 행정청은 그 지침에 따른다. 우리의 경우 이에 대한 논의는 '법규'와 '비법규'의 차이로 제시되지만, 향후 다양한 규제기준의 유형을 설명하기 위해서는 기존의 법규와 비법규의 二分法을 넘어서 규범의 효력이 다양한 지점을 가진 일련의 스펙트럼으로 나타날 수 있음을 전제로 해야 할 것이다. 이를 통해 규제절차의 투명성도 제고될 수 있음은 물론이다.

2. 규제의무의 '구체화' 절차와 '이행강제' 절차의 구분

영국의 경쟁법과 통신법의 집행과정을 관찰해 보면, 규제의무의 구체화 절차와 이행강제절차를 구분하고 있는 것으로 보인다. 즉, 법령에 의해 피규제자에게 일정한 의무가 부과되어 있는 경우라 하더라도 의도적으로 불확정 개념이 사용되거나 사후적 판단이 이루어져야 법위반인지 여부가 명확해 지는 경우에는 피규제자의 입장에서 의무의 구체적인 내용이 여전히 불확실하다고 할 수 있다. 또한 EU 법과 마찬가지로 영국의 경쟁법과 통신법에서도 규제에 있어서 '비례원칙(proportionality)'의 준수가 강조되는 바, 비례원칙은 곧 각각의 경우에 부과될 의무 등이 맞춤형으로 개별화될 것을 요구하며, 이러한 개별화는 곧 피규제자로서는 집행과정에서 최종적으로 그 내용이 특정되기 전까지는 구체적인 법적 의무의 내용을 명확히 인식할 수 없도록 한다. 따라서 영국의 규제집행절차의 전반부는, (법령에 의해 이미 의무를 부과한 상태에서는 불필요해 보일 정도로), 특정한 피규제자에게 의무의 내용을 명확히 고지해 주고 이에 대한 자신의 의견을 제출할 기회와 자발적으로 그 의무를 이행할 기회를 주는 상세한 절차로 구성되어 있다. 이 단계의 절차는 비록 당사자에게 '의무를 위반하고 있음'을 고지한다 하더라도 그 의무위반에 대해 바로 이행강제수단

을 사용할 수는 없다는 점에서 그 직접적인 목적은 아직 의무이행의 강제
가 아니라 당사자에게 의무를 명확히 제시하고('의무의 확정'이라고도 할
수 있겠다) 그 준수 여부를 결정하도록 하는 데 있다고 보인다. 따라서
이를 '규제의 구체화과정'이라고 칭할 수 있겠다.

우리 행정법제상 강제집행절차에 해당하는 대집행이나 강제징수절차
에서는 계고 또는 독촉 절차 등이 명문화되어 있지만, 과태료나 과징금
등을 부과하는 절차를 보건대, 과태료나 과징금의 부과를 고려하기 이전
단계에서 먼저 의무의 위반을 고지하고 그 자발적 이행의 기회를 명문으
로 규정한 바는 없는 것으로 보인다. 영국의 경우 이러한 절차를 거쳐 애
초에 허용한 기한 내에 자발적 이행이 이루어지지 않으면, 이 때 다시 의
무의 이행을 촉구하는 명령을 내리는데 이 단계의 명령에 대해 비로소
'법적 강제 가능성'이라는 효력이 발생한다. 물론 이것이 영미법계의 특
징에서 오는 것일 수도 있겠으나, 그러한 형태의 제도가 갖는 보편적 합
리성 역시 인정할 수 있다고 생각된다. 이렇게 법적 강제가능성이 발효된
후의 명령에 대해 이행하지 않는 경우 비로소 행정청은 시정 등을 요구하
는 명령(direction)을 발하거나, 행정제재금(penalty)을 부과하거나, 법원에
소송을 제기하여 벌금(fine)을 부과하거나 이행명령을 내리도록 하는 등
다양한 이행강제수단들을 동원할 수 있게 된다. 따라서 이를 비로소 '규
제집행절차'라고 할 수 있다. 이렇게 규제집행절차를 '규제의 구체화절차'
와 '규제의 이행강제절차'로 구분하여 보는 것은 규제의 구체화 기능을
하는 절차를 별도로 둘 필요성에 대해 검토해 볼 수 있게 하고, 양자의
경우 각 기능에 맞게 차별화될 수 있는 기준과 요소를 구분해 볼 수 있다
는 점에서 의미가 있다.

3. 재정절차와 금지행위규제절차의 적용순위

우리 전기통신기본법 상 재정절차의 대상과 전기통신사업법 상 금지행위에 해당되는 행위가 중첩되는 경우가 있다. 예컨대 상호접속 등에 관한 임의의 협정체결 시 정보통신부장관이 고시한 관련기준을 준수하지 않은 경우 이는 금지행위에 해당할 뿐만 아니라, 만약 이를 원인으로 한 협정체결 상의 분쟁이 발생하는 경우 재정대상이 되기도 한다. 협정의 불이행으로 인한 분쟁의 경우에도 마찬가지이다. 이 때 금지행위규제절차와 재정절차의 이용을 어떻게 조정할 것인가를 정하여야 한다. 영국의 경우 Ofcom은 분쟁해결절차에서 제대로 해결될 수 있는 쟁점에 대해서는 신고사건으로 접수하지 않는 것을 원칙으로 한다.25)

4. 금지행위에 속하는 행위유형의 구분

우리 전기통신사업법 상 '금지행위'의 유형에는 영국의 경우라면 각각 통신법 상 사전규제의무위반행위와 일반 경쟁법 위반 행위로 구분되었을 것, 그리고 소비자 보호와 관련된 사항들이 혼재되어 있다. 이 각각은 그 취지 및 적용기준 등에서 상이한 바가 있으므로, 구분해서 규정하는 것이 법체계정비 및 집행의 합리성 확보에도 기여할 것이다.

5. 제3자의 의견수렴절차

통신규제와 관련하여서는 당사자들뿐만 아니라 공익의 귀속주체라 할 제3자나 기타 이해관계인들의 의견수렴절차도 중요하고, 통신위원회의 재정

---

25) Ofcom, 『Guidelines for the handling of competition and disputes』, 2004, 7면.

절차가 단지 사인간의 분쟁해결을 용이하게 하는 것뿐만 아니라 그 절차를 통해 규제를 집행한다는 데 그 목적이 있기 때문에 더욱 그러하다. 개정 재정규정에 그러한 이해관계인의 의견수렴절차가 신설된 것은 이를 배경으로 한다고 생각된다.

〈토 론 문〉

통신규제법 집행과정의 비교연구*

　　이희정 교수님께서는 영국의 통신규제 집행절차와 관련하여 법률내용
과 규제집행절차의 세부적인 내용에 대해서 상당히 포괄적으로 다루어
주셨습니다. 영국 통신규제집행에 대해 제대로 이해할 수 있는 좋은 계기
가 되었다고 생각합니다.

　　조건위반에 대한 고지와 행정제재금, 집행절차 등을 설명해 주셨고 규
제의 기준과 규제기관에 대해 말씀해 주셨습니다.

　　그 중에서 합의에 의한 집행이 많다는 부분은 상당히 인상적이었습니
다. 우리나라에서도 공정거래위원회를 중심으로 미국식의 합의해결방식
인 동의명령(consent order)에 대한 논의가 진행 중에 있는데, 정부와 사업
자가 법위반에 대해 서로 합의하여 사건을 신속히 종료하고 법위반사실
을 시정할 수 있다면 시장과 소비자에게도 유리한 것이라고 생각합니다.

　　형법과 같이 처벌이 중요한 것이 아니라 시장에서의 법위반을 신속히
제거하여 소비자에게 필요한 통신서비스를 원만히 공급하는 것이 더 중
요하기 때문에 우리나라도 그러한 절차의 도입을 신중히 검토할 필요가
있다고 생각합니다.

---

* 조성국(중앙대 교수).

제4절 일본의 전기통신규제집행절차*

Ⅰ. 서 론

일본의 고도 정보통신네트워크사회 형성 기본법(2000년 법률 제144호, 2001.1.6. 시행. 이른바 「IT 기본법」)에서는, "널리 국민이 저렴한 요금으로 이용할 수 있는 세계 최고 수준의 고도 정보통신네트워크의 형성을 촉진하기 위하여, 사업자 사이의 공정한 경쟁의 촉진 기타 필요한 조치를 강구하여야 한다."(제17조)고 되어 있다. 이에 따라 전기통신분야에 있어서 공정한 경쟁을 촉진하는 것은 일본 정부에게도 중요한 정책의 하나가 되고 있다.

다른 나라와 유사하게, 일본에 있어서도 전기통신사업분야는 전기통신설비의 불가결성·비대체성, 시장지배적 사업자의 존재, 네트워크산업의 특성에 기인한 타 사업자에의 의존성, 시장의 변화나 기술 혁신의 가속화 등의 특수성을 갖는다. 이러한 전기통신사업분야의 특수성이나 동 분야가 독점체제로부터 경쟁체제로 이동하는 과도기적 시장상황에 있다는 점을 전제로 하면, 전기통신사업분야에 있어서의 공정한 경쟁을 보다 적극적으로 촉진하기 위해서, 경쟁의 일반적 룰인 독점금지법[1]에 따르는 경쟁제한행위의 배제와 함께, 전기통신사업법에 기하여 공공성 및 이용자 이익의

---

* 문상덕(서울시립대 교수).
1) 사적 독점의 금지 및 공정 거래의 확보에 관한 법률.

확보의 관점에서 필요한 규제와 함께 공정경쟁의 촉진을 위한 조치를 강구해 나가야 하는 것으로 보고 있다.[2]

한편 2003년 전기통신사업법의 전면개정을 통하여 일본에서는 2004년부터 새로운 전기통신사업법제가 시행되고 있는바, 개정법의 주요 특징은 신규참가에 대한 허가제 폐지 등 대폭적인 규제 완화,[3] 요금 및 계약약관에 관한 사전규제의 원칙적 폐지(기초적 전기통신역무와 지정전기통신역무의 경우에만 사전신고제), 접속·공용 등에 관한 규제완화 등이 이루어짐으로써, 전기통신사업에 관한 사전적 규제가 상당 부분 폐지되거나 완화되었다는 점이다.

이러한 규제완화에 따라 사후적 담보조치는 상대적으로 보충되었는데, 그 주요 내용으로는 전문통신규제기관인 총무대신에 의한 업무개선명령, 접속·공용 등에 관계되는 총무대신의 재정·명령제도 등이 도입되었고, 사업자에 대하여는 이용자 보호를 위한 의무(설명의무,[4] 주지의무,[5] 고충처리의무[6] 등)가 부가되었고, 접속 시의 중요통신의 원활한 실시를 확보하기 위하여 필요한 조치를 강구할 의무를 부과하였다. 이와 같은 규제완화 내지 규제체계의 변화로 인하여, 전문통신규제기관에 의한 규제의 방법 내지 수단, 그리고 규제절차에 있어서도 일정한 변화가

---

2) 총무성·공정거래위원회, 『전기통신사업분야에 있어서의 경쟁의 촉진에 관한 지침』, 2004. 6. 18 개정.

3) 구 제1종전기통신사업에 대한 허가제, 구 특별제2종전기통신사업에 대한 등록제, 구 일반제2종전기통신사업에 대한 사전신고제가, 사업구분의 폐지와 함께 허가제는 전면 폐지되고, 일반 전기통신사업에 대하여는 원칙적으로 등록제로 완화되었으며, 일정 규모 내지 범위 이하의 설비를 설치하는 사업과 설비를 설치하지 않는 사업에 대하여는 사전신고제로 변경되었다. 그리고 종전의 제1종사업의 휴·폐지의 허가제 및 승계의 인가제도 폐지되어 신고제로 바뀌었다.

4) 전기통신사업자 및 그 계약대리점가 이용자가 최저한 이해하여야 할 제공조건에 관하여 설명할 의무.

5) 전기통신사업의 휴·폐지 시 이를 이용자에게 주지시킬 의무.

6) 이용자로부터 고충이나 문의가 있을 때에는 이를 적절하고 신속하게 처리할 의무.

수반된 것으로 보인다.

이하에서는 전기통신사업분야에 대한 전문규제기관에 의한 주요 규제 집행방법과 절차에, 관하여 전기통신사업법의 규정 내용을 중심으로 검토해 보고 이러한 고찰을 통해 우리나라의 제도 및 법 운용에 어떠한 시사점을 찾을 수 있는지 살펴보고자 한다.

Ⅱ. 주요 규제집행절차

1. 보고 징수

1) 보고 징수의 법적 근거

보고 징수는 행정청에 의한 직접적인 조사행위와는 달리 사업자 등의 보고에 의하여 일정한 사실이나 정보를 확보하고자 하는 규제절차이다.

전기통신사업법은, 총무대신이 전기통신사업법의 시행에 필요한 한도에서 전기통신사업자 등(계약대리점도 포함7))에 대하여 그 사업에 관한 보고를 하게 할 수 있고(법 제166조 1항), 등록인정기관에 의해 기술기준적합인정을 받은 자에 대하여 당해 기술기준적합인정에 관련되는 단말기기에 관하여 보고하게 할 수 있으며(동조 2항), 인정취급업자 또는 신고업자(동조 3항), 지정시험기관 또는 지원기관(동조 4항), 등록인정기관(동조 5항) 등에 대하여도 업무에 관한 보고를 하게 할 수 있도록 하였다.

동 조에 의거한 총무대신의 보고 요구에 응하지 않은 채 보고를 하지

---

7) 2003년 법 개정으로 전기통신사업자와 더불어 계약대리점에게도 설명의무를 부과하고 이를 준수하지 않는 경우에는 업무개선명령에 의해 시정을 도모할 수 있도록 하고 있는바(법 제26조, 제29조 2항), 이것을 적절히 집행하기 위해서는 계약대리점의 업무의 방법 등에 관하여 필요한 조사를 할 필요가 있다.

않거나 허위의 보고를 하는 자에 대하여는 30만 엔 이하의 벌금에 처한다
(법 제188조 14항).

2) 전기통신사업보고규칙(電氣通信事業報告規則)의 운용

총무성은 2004년 4월부터 전기통신사업보고규칙[8]을 정하여 운용하고
있는데 이 보고규칙을 제정한 목적은, 반경쟁적 행위에 대한 시정명령 등
사후규제 중심으로 된 전기통신사업법의 적확하고 신속한 운영을 위하여
소관 행정기관으로서 필요최저한의 정보를 계속적으로 파악하여 둘 필요
성과, 긴급통보(110번 등)가 가능한 통신시스템과 불가능한 통신시스템이
혼재하는 상황에서 국민의 생명과 재산의 안전을 위하여 불가결한 긴급
통보의 제공 상황을 파악하여 둘 필요성, 그리고 향후 다양화하는 서비스
에 대하여 공평하고 확실한 번호관리정책을 추진하기 위하여 정기적으로
전기통신번호의 사용상황을 파악하여 둘 필요성, 마지막으로 각 사업자로
부터 징수한 보고내용을 통계데이터로 정비하고, 이러한 자료가 행정과
민간에 의하여 유효하게 활용될 수 있도록 하기 위한 것이다.

2. 행정조사

1) 검사(檢査)

총무대신은 전기통신사업법의 시행에 필요한 한도에서 그 직원에게 전
기통신사업자의 영업소·사무소·기타의 사업장에 들어가 전기통신설비,

---

8) 전기통신사업보고규칙의 내용(개요)에 관해서는 총무성 홈페이지 내의 다음의
   웹페이지를 참조하기 바람. http://www.soumu.go.jp/johotsusin/kisoku/pdf/kisoku
   01b.pdf

장부, 서류, 기타의 물건을 검사하게 할 수 있다(법 제166조 1항). 그리고 역시 그 직원에게 기술기준적합인정을 받은 자의 사무실에 들어가 당해 단말기기, 기타의 물건(동조 2항)을, 지정시험기관 또는 지원기관, 등록인정기관의 사무소 또는 사업소에 들어가 장부, 서류, 기타의 물건(동조 3항·4항)을 검사하게 할 수 있다. 이러한 검사는 행위형식상 행정조사의 일종으로서 현장조사 내지 임검(臨檢)에 해당하는 것으로 보인다. 검사를 수행하는 직원은 그 신분을 표시하는 증명서를 휴대하고 관계인에게 제시하여야 한다(동조 7항). 그리고 현장 검사의 권한은 범죄 수사를 위하여 인정된 것으로 해석해서는 안 되는 것으로 규정하고 있다(동조 8항). 적법한 절차에 의한 검사를 거부하거나 방해하거나 기피한 자에 대하여는 벌금 30만 엔 이하에 처한다(법 제188조 13항).

2003년 법 개정 전에는 이러한 검사의 대상은, 공공성이 극히 높고 그 안전성·신뢰성의 확보에 관하여 총무대신으로서도 특단의 배려를 할 필요가 있다고 생각되는 구 제1종사업자 또는 구 특별제2종사업자에 한정되어 있었다. 그러나 접속 법규의 정비, (도매)전기통신역무제도의 도입 등 네트워크 IP화의 발전에 의해 서비스가 점점 다양화되고, 구 일반제2종사업자라도 인터넷접속서비스나 IP전화서비스 등 불특정다수의 이용자에 대한 공공성 높은 서비스를 제공하는 등 그 서비스에 있어서의 중요성이 높아져 안전·신뢰성의 확보 등 전기통신사업법에 의해 부과되고 있는 의무나 책임을 지도록 하는 것이 강하게 요청되었기 때문에, 이번 개정에 있어서는 검사의 대상을 모든 전기통신사업자로 확대한 것이다.[9]

2) 검사대상 물건의 제출명령

한편 총무대신은 그 직원에게 검사하게 한 경우에, 그 소재 장소에서

---

9) 多賀谷一照·岡崎俊一(編), 『改正電氣通信事業法逐條解說』, 電氣通信振興會, 2005. 2, 249~250면.

검사를 하게 하는 것이 현저히 곤란하다고 인정되는 단말기기(예컨대, 이동이 곤란한 대형설비를 사용하여 검사해야 할 경우) 또는 당해 단말기기의 검사를 행하기 위해서 특히 필요로 하는 물건이 있는 때는, 등록인정기관에 의한 기술기준적합인정을 받은 자에 대하여 기한을 정하여 당해 단말기기 또는 당해 물건을 제출하도록 명할 수 있다(법 제167조 1항 · 4항). 다만 이러한 제출명령에 의하여 통상적으로 발생하게 된 손실에 대하여는 이를 보상하도록 하고 있다(동조 2 · 3항).

3. 행정절차

1) 규제집행기관이 지켜야할 행정절차

(1) 청문 적용의 특례

총무대신이 전기통신사업법에 기하여 전기통신사업자에 대하여 일정한 불이익을 주는 중요한 처분[10]을 하고자 하는 경우에는, 행정절차법에 대한 특례가 인정되고 있다는 점이 주목된다. 즉 전기통신사업법 제161조는 i) 행정절차법상의 절차의 구분(청문 · 변명의 기회부여)[11]에도 불구

---

10) 이러한 처분의 예로는, 기초적 전기통신역무의 계약약관의 변경명령(법 제19조 2항), 보장계약약관의 변경명령(법 제20조 3항), 기준요금지수초과의 특정 전기통신역무의 요금변경명령(법 제21조 4항), 전기통신사업자에 대한 업무개선명령(법 제29조 1항), 전기통신사업자 등의 설명의무 및 고충 · 문의처리의무 위반에 대한 업무개선명령(법 제29조 2항), 금지행위 규정에 위반하는 행위의 정지 또는 변경명령(법 제30조 4항), 방화벽규정(불공정취급의 금지)에 위반하는 행위의 정지 또는 변경명령(법 제31조 3항) 등을 들 수 있다. 자세히는 전기통신사업법 제161조 제1항 참조.

11) 일본 행정절차법 제13조 1항에 의하면 불이익처분 시의 행정절차를 청문절차와 변명의 기회부여절차로 이원화하여, 만약 불이익처분이 인허가 취소처분, 상대방의 자격 또는 지위를 직접 박탈하는 처분, 상대방이 법인인 경우에 그 직원의 해임을 명하는 처분, 상대방의 업무에 종사하는 자의 해임을 명하는

하고 전기통신사업법상의 위 처분들의 경우에는 통일적으로 청문을 실시하도록 규정하고 있고, ⅱ) 전기통신사업분쟁처리위원회의 자문사항에 관해서는 동 위원회의 추천으로 그 위원을 청문의 주재자로 지명하여야 하며, ⅲ) 행정절차법 제17조 1항의 규정에 의한 이해관계인의 청문참가 신청에 대하여 이를 허가하여야 한다고 규정하고 있다.

이 규정의 입법취지는, ⅰ) 전기통신사업법 제161조 1항에서 규정하는 중요처분에 대하여는 행정절차법의 특례로 인정하여 ― 행정절차법에서처럼 청문의 기회를 부여해야할 처분과 변명의 기회 부여에 그치는 처분을 구분하지 않고 위 처분들에 대하여는 모두 ― 반드시 청문을 거치도록 함으로써 전기통신사업법상의 위 처분들에 관해서는 절차법적 통제를 보다 엄격히 하겠다는 취지로 받아들여지고(청문의 특례), ⅱ) 규제집행기관인 총무대신이 전기통신사업분쟁처리위원회의 자문을 받아 발하게 되어 있는 처분에 대하여는 동 위원회의 지위와 역할을 존중하여 ― 행정절차법상 청문주재자는 처분행정청이 지명한 직원 또는 기타 정령에서 정하는 자가 되는 것으로 되어 있지만(행정절차법 제19조 1항) ― 이 경우에는 동 위원회가 지명한 그 위원으로 하여금 청문을 주재하게 한다는 것이며(청문주재자 선정의 특칙), ⅲ) 이러한 처분 등에 관하여 이해관계인의 청문참가 신청이 있는 경우에는 ― 행정절차법상으로는 이해관계인의 참가 허가가 청문주재자의 재량사항으로 되어 있으나(행정절차법 제17조 1항) ― 이 경우에는 반드시 허가하도록 하여 관련 사업자 등 이해관계인 사이의 이해 조정을 도모하겠다는 취지로 해석된다(이해관계인의 필수적 청문참가).

한편 또 다른 청문의 특례로서, 전기통신사업자의 등록취소, 자격자증

처분, 상대방의 회원의 제명을 명하는 처분, 그 밖에 행정청이 상당하다고 인정하는 경우에는 행정절차법상의 청문절차를 거치도록 하고 있고, 이에 해당하지 않은 나머지의 불이익처분에 대해서는 변명의 기회를 부여하도록 하고 있다.

반납명령, 직원해임명령 등 전기통신사업법 제170조가 규정하는 일정한 불이익처분12)에 대해서는, 행정절차법 제17조 1항에 기하여 당해 처분의 이해관계인이 청문 참가를 요청하는 경우에는 역시 청문주재자가 이를 반드시 허가하여야 하도록 규정함으로써 이 경우에도 이해관계인의 청문 참가를 필수적으로 보장하고 있다는 것이다.

(2) 전기통신사업분쟁처리위원회·심의회 등에의 자문

총무대신의 권한 사항 중 전기통신사업법 제160조가 정하는 일정한 사항(전기통신설비의 접속 또는 공용 그리고 도매전기통신역무의 제공에 관한 명령·재정, 토지 등의 사용에 관한 인가·재정, 계약약관변경명령, 업무개선명령 등)13)에 관해서는 이를 발령하기 전에 미리 총무성에 설치된 전기통신사업분쟁처리위원회의 자문을 거치도록 하고 있다(위원회가 경미하다고 인정하는 사항은 제외). 이것은 전문통신규제청인 총무대신이 전기통신사업자에 대하여 '사업자간의 분쟁'으로서의 성격을 가질 수 있는 사항에 관하여 사후적 처분을 하고자 하는 경우에, 미리 사업자간의 사후적 분쟁해결을 전담하는 전기통신사업분쟁처리위원회의 전문적인 자문을 반드시 거치도록 하여, 이를 기초로 처분 여부 내지 처분의 내용을

---

12) 등록전기통신사업자의 등록취소(법 제14조 1항), 전기통신주임기술자자격증의 반납명령(법 제47조), 공사담임자자격자증의 반납명령(법 제72조 2항에 의해 준용되는 제47조), 지정시험기관의 직원 또는 시험원의 해임명령(법 제77조 3항), 지원기관 직원의 해임명령(법 제16조 1항에 의해 준용되는 제77조 3항), 인정전기통신사업자의 인정취소(법 제126조 1항), 인정전기통신사업자의 변경의 인정취소(법 제127조 1항). 전기통신사업법 제170조 참조.

13) 자문사항으로서는 예컨대, 법 제35조 1항 또는 3항에 의한 전기통신설비의 접속에 관한 명령, 동조 3항 또는 4항에 의한 전기통신설비의 접속에 관한 재정(裁定), 법 제38조 1항에 의한 전기통신설비의 공용에 관한 명령 등 다수 있다. 자세히는 전기통신사업법 제160조 1·2항 및 多賀谷一照·岡崎俊一(編), 『改正電氣通信事業法逐條解說』, 電氣通信振興會, 2005. 2, 235~237면의 「전기통신사업분쟁처리위원회 자문사항 일람」참조.

결정하게 함으로써 분쟁을 미연에 방지하거나 그 소지를 최소화하기 위해 도입된 절차인 것으로 보인다.

한편 총무대신의 권한사항 중 전기통신사업법 제169조가 정하는 일정한 사항(예컨대 특정전기통신역무에 관한 요금의 인가, 접속약관의 인가, 제1종지정전기통신설비와의 접속에 관한 협정의 인가, 정령 및 총무성령 제·개폐 등)14)에 관해서는 당해 행위(권한 행사) 이전에 심의회(審議會) 등15)의 자문을 거치도록 하고 있는바(역시 심의회가 경미한 것으로 인정하는 사항은 제외), 이 제도는 전문통신규제청의 독단적 권한 행사로 인한 폐해를 저감하기 위하여 관련 업무에 관하여 전문성·객관성을 갖춘 합의제기관으로서의 심의회의 전문적 자문을 반드시 거치도록 함으로써 신중하고 적법타당한 규제권 행사를 유도하려는 취지로 평가된다.

2) 사업자 등이 이용할 수 있는 행정절차

(1) 고충 내지 의견제출절차의 마련

전기통신사업법상 전기통신사업자 등은 전기통신역무에 관한 요금, 기타의 제공조건 또는 전기통신사업자 등의 업무의 방법에 관하여 고충, 기타의 의견이 있는 경우에는, 총무대신에 대하여 이유를 기재한 문서로 의

---

14) 이에 관하여 자세히는 법 제169조 1-4항 및 多賀谷一照·岡崎俊一(編),『改正電氣通信事業法逐條解說』, 電氣通信振興會, 2005. 2, 254~258면의 「심의회 등 자문사항 일람」참조.

15) 여기서 말하는 심의회란 국가행정조직법 제8조에 의한 국가행정기관으로서, 법률이 정한 소관사무 범위 내에서 법률 또는 정령이 정하는 바에 의해 중요사항에 관한 조사심의, 불복심사, 기타 학식경험이 있는 자 등의 합의에 의해 처리하는 것이 적당한 사무를 담당하는 합의제기관을 말한다. 법률규정만으로 명확하지만은 않으나, 여기서 말하는 심의회란 구체적으로 총무성(총무대신)의 정책자문기구로서 정보통신관련 정책에 관한 중요사항을 조사·심의하는 정보통신심의회(情報通信審議會)와 전파감리심의회(電波監理審議會)를 의미하는 것으로 생각된다.

견을 제출할 수 있다. 이러한 의견 제출에 대하여는, 총무대신은 이를 성실히 처리하고 그 처리결과를 의견제출자에게 통지하여야 한다(법 제172조).

현재 총무성에는 총합통신기반국 총무과 내에 공정경쟁추진실이 설치되어, 전기통신사업자로부터의 고충 등의 의견 접수창구로서의 기능을 맡고 있으며, 사업자간에 발생하는 각종 분쟁 등에 관한 상담창구로서의 기능도 수행하고 있다.16)

한편, 각종 전기통신서비스에 관한 문의·상담은 전국 11개소에 소재하는 총무성 총합통신국의 지방지분부국 내지 사무소에서도 접수하고 있고(상담실 운영), 특히 전기통신서비스 이용자인 소비자들의 상담에 대응하기 위하여 총무성 내에 전기통신소비자상담센터가 설치되어 있기도 하다.

(2) 법령적용사전확인 및 공표제

일본에 있어서는, 「행정기관에 의한 법령적용사전확인절차의 도입에 관하여」(2001.3.27 각의결정, 2004.3.19 일부개정)라는 각의결정에 기하여, 일반적으로 사업자가 자기의 사업과 관련되는 어떤 행위를 하려고 하는 경우 당해 행위의 법령 적용 내지 저촉 여부 등을 소관 행정기관에 사전에 확인할 수 있는 절차가 마련되어 있다.17)

---

16) 공정경쟁추진실의 주요 업무내용으로는 위의 의견제출창구나 상담창구로서 기능 외에도, 전기통신사업자간의 접속 등을 둘러싼 분쟁에 관하여 전기통신 사업분쟁처리위원회에 대하여 행하는 알선 또는 중재의 신청창구, 이상의 업무들에 대하여 필요한 경우 국(局) 내의 관계 과실(課室)의 종합조정을 행하는 일 등이다.

17) 원래 이 제도는 「경제구조의 변혁과 창조를 위한 행동계획」(2000.12.1 각의결정)에서, "IT혁명의 도래 속에서 민간기업의 사업활동이 신속하고 공평하게 이루어지게 하기 위해서 행정처분을 행하는 행정기관이 그 행정처분에 관한 법령해석을 신속하게 명확화는 절차를 국가법령체계에 적합한 형태로 도입하도록 하고, 그 검토에 착수함과 동시에 일정 분야에 있어서는 2001년도부터 시행한다."고 하는 것을 기초로, 2001년도부터 IT·금융 등 신규산업이나 신상품, 서비스의 창출이 활발하게 이루어지는 분야에 관하여, 민간기업 등이 자기의 사업활동과 관련되는 구체적 행위를 하는 경우, 당해 행위가 특정 법령의

이에 따라 총무성에 있어서도, 「총무성법령적용사전확인절차규칙」(총무성 훈령 제197호, 2001.8.29. 시행)을 마련하여, 전기통신사업자가 자기의 사업과 관련되는 어떤 구체적 행위를 하고자 하는 경우에, 당해 행위에 대한 특정의 법령의 적용 내지 저촉 여부를 사전에 소관 행정청에 조회할 수 있도록 함으로써 사업자의 법 적용 여부에 관한 예견가능성을 높이고 분쟁을 사전에 예방할 수 있도록 하고 있다.

조회의 대상이 되는 구체적 행위는, 사업자의 자기의 사업활동에 관련된 구체적 행위가, ① 인·허가 등을 받을 필요가 있는가(인·허가 등을 받지 않을 경우 벌칙의 적용대상이 되는지 여부), ② 신고·등록·확인 등을 받을 필요가 있는가(신고·등록·확인 등을 받지 않을 경우 벌칙의 적용대상이 되는지 여부), ③ 불이익처분의 적용가능성이 있는지 여부 등이다. 총무성법령적용사전확인절차규칙에 의하면, 구체적인 조회의 방법으로 조회자는, ① 장래 스스로가 행하고자 하는 행위에 관련되는 개별·구체적 사실, ② 적용 대상 여부를 확인하고 싶은 법령의 조항, ③ 당해 특정 법령의 조항에 관하여 적용에 관한 조회자 또는 그 대리인의 견해 및 그 근거, ④ 조회자 이름 및 조회 내지 회답의 공표 여부에 관한 동의 등을 조회서 양식에 작성하여 해당 부서에 제출하게 하고 있다.[18]

당해 사업자의 조회내용과 소관 행정기관의 회답내용은 행정의 공정성 확보 및 투명성 향상을 위해서 이를 반드시 공표하도록 하고 있다.

규정의 적용대상이 되는지의 여부에 관하여 예견가능성을 높이기 위하여 행정 내부적으로 채택된 것이다.

[18] 이러한 조회에 대하여는 조회서 접수 후 30일 이내에 회답을 하게 되어 있고, 조회 및 그 회답내용은 당사자가 동의하는 경우 총무성 홈페이지에 공표하도록 하고 있다.

(3) 규제의 설정 또는 개폐에 관련된 의견제출절차 및 공개제도

일본에서는 각 중앙행정기관(部省)에 있어서 국민들에게 부담이나 의무를 부여하는 각종 규제의 설정 또는 규제의 개폐와 관련하여 민간으로부터 공개적으로 의견을 모집하는 제도(이를 'Public comment'라고도 한다)를 시행하고 있는데, 이에 따라 총무성도 전기통신사업분야의 일정한 규제의 설정 또는 개폐와 관련된 총무성의 시책 등에 관하여 일정한 사안을 안건으로 부치고 민간 사업자 등으로부터 널리 공개적인 의견 수집제도를 시행하고 있다.

수집된 의견은 규제기관의 규제시책의 책정, 규제집행권의 행사에 있어서 참고자료로 활용되며, 행정의 투명성·공정성 등을 제고하기 위하여 수집된 의견에 대해서는 이를 기관 홈페이지 등을 통해 반드시 일반에 공개하도록 하고 있다.19)

4. 불복쟁송과 분쟁해결절차

1) 행정불복심사(不服申立て, 행정심판)

(1) 전기통신사업법상의 처분 등에 대한 행정불복심사

전기통신사업법상의 총무대신 등 규제청의 각종 처분 등에 대하여는 그 위법성 또는 부당성을 이유로 행정심판으로서의 불복쟁송(不服申立て)을 제기할 수 있다. 일본의 행정심판은 행정불복심사법에 기하여 운용되고 있는데, 원칙적으로 처분청의 상급행정청의 존부에 따라 상급행정청이 존재하는 경우에는 당해 직근 상급청을 심사청(재결청)으로 한 심사청구(審査請求)를 제기할 수 있고,20) 상급행정청이 존재하지 않는 경우에는

---

19) 이에 관한 구체적 내용은 총무성 홈페이지 http://www.soumu.go.jp/comment /index.html 참조.

처분청에 이의신청(異議申立て)을 할 수 있도록 하는 이른바 행정심판이 원주의를 채택하고 있다.21)

여기서, 처분청이 각 성(省)의 대신(우리나라의 행정각부의 장관에 해당), 외국(外局)이나 청(廳)의 장인 경우에는 상급행정청이 없는 것으로 보아22)(총리는 행정심판에 있어서는 대신 등의 상급청으로 취급되지 않음) 당해 처분청에 이의신청을 제기할 수 있을 뿐이다. 따라서 이의신청에 있어서는 양 당사자 간의 대항적 대심구조가 아니라 결정청(처분청)과 이의신청자가 대항하는 이른바 대면적 심리절차를 취하게 된다. 이러한 사정으로 인하여, 처분청인 총무대신이 스스로 행정심판을 담당하게 되는 이의신청절차는 행정구제적 절차로서는 일정한 한계가 있을 수밖에 없다.23)

그리고 총무대신 산하 지방지분부국(地方支分部局)인 10개소의 총합통신국(總合通信局)과 1개소의 총합통신사무소(總合通信事務所)에서의 각종 처분에 대하여는 그 직근 상급청인 총무대신에 대하여 심사청구를 제기할 수 있다고 하겠다.

한편, 전기통신사업법상의 처분에 관한 행정불복심사에 있어서 한 가지 특기할만한 절차로는, 전기통신사업법(법 제171조)상 심사청구 또는 이의신청에 대한 재결 또는 결정을 내리기에 앞서서, 심사청구인 또는 이의신청인에 대하여 상당 기간 전에 예고를 한 뒤(예고에는 의견진술의 기일·장소 및 사안의 내용을 표시), 당사자들의 의견을 청취하고 나서 이를 하지 않으면 안 된다고 규정하고 있는 것이다. 그리고 그러한 의견 청취

---

20) 법률에 따라서는 직근 상급청 이외의 기관 특히 제3자 기관이 재결청으로 지정되는 경우도 많이 있다.
21) 이외에도 심사청구의 재결에 대한 재심사청구(再審査請求)가 인정되고 있으나 여기서는 일단 논외로 한다.
22) 행정불복심사법 제5조 1항 및 제6조 2항.
23) 이러한 문제를 포함하여, 현재 일본의 학계와 실무계 등에서 행정불복심사법에 관한 개정 논의가 활발하게 이루어지고 있는 것은 이러한 제도적 한계와 무관치 않은 것으로 보인다.

에 있어서는 심사청구인 또는 이의제기인 및 이해관계인에 대하여 당해 사안에 관한 증거를 제시하고 의견을 진술할 기회를 부여하도록 하고 있다.

이 규정은 일반 행정불복심사가 통상 서면심리를 중심으로 이루어진다는 점에서 볼 때 심리절차상의 일종의 특칙(절차권 보장 강화)을 규정한 것으로 보인다. 행정불복심사법 제25조에 의하면, 통상의 심사청구의 심리는 서면심리를 원칙으로 하고, 다만 청구인이나 참가인의 신청이 있는 경우에 한 해 구두진술의 기회를 보장하고 있으며, 이의신청의 심리에 있어서는 위 규정이 준용되고 있지 않은 관계로(법 제48조) 적어도 신청에 의한 구두진술의 기회는 보장되고 있지 않다.

따라서 전기통신사업법은 동 법상의 처분에 대한 행정불복심사의 경우에는 반드시 의견청취에 관한 사전예고와 함께 직접 당사자 등으로부터 의견진술의 방식(증거제출 포함)으로 의견을 청취하는 절차를 거치도록 강제함으로써 일반 행정불복심사상의 심리절차상의 한계를 보완하고자 한 것으로 보인다.

(2) 지정시험기관의 처분에 대한 심사청구

전기통신사업법의 규정에 의한 지정시험기관[24]의 처분에 대하여 불복이 있는 자는 총무대신에 대하여 행정불복심사법에 의한 심사청구를 제기할 수 있도록 하고 있다(전기통신사업법 제173조). 이것은 총무대신을 지정시험기관의 직근 상급행정청에 상당하는 기관으로 간주하여, 지정시험기관의 처분에 대하여는 상급행정청인 총무대신에 대해 행정불복심판으로서의 심사청구를 제기할 수 있는 것으로 명확히 규정함으로써 불복쟁송의 기회를 보장하려 한 것으로 볼 수 있다.

---

24) 전기통신사업법상 지정시험기관이란, 총무대신의 지정에 의하여 전기통신주임기술자시험 또는 공사담임자시험의 실시에 관한 사무를 관장하는 기관을 의미한다(법 제74조).

2) 전기통신사업분쟁처리위원회에 의한
   사업자간 분쟁의 해결절차

(1) 제도의 의의

전기통신사업분야에 있어서 공정하고 유효한 경쟁조건의 확보는 전기통신역무의 원활한 제공과 전기통신의 건전한 발전을 위한 기반이 된다. 그런데 이를 위한 정책으로는 전기통신사업자간의 사전의 경쟁 룰뿐만 아니라 분쟁이 발생한 경우 이것을 원활하고 신속하게 해결하는 사후의 분쟁처리시스템이 구축될 것이 요구된다. 일본에 있어서 전자는 주로 총무성의 총합통신기반국이 담당하고 있다면 후자 즉 사업자간 사후적 분쟁해결에 관한 임무는 2001년 발족한 전기통신사업분쟁처리위원회가 담당하고 있다.

전기통신사업분쟁처리위원회의 설치 및 운영에 관한 관련법규로는 전기통신사업법(제4장-제144조~제162조)과 전기통신사업분쟁처리위원회령(정령 제362호), 전기통신사업분쟁처리위원회수속규칙(총무성령 제155호)을 들 수 있고, 기타 동 위원회의 운영과 업무수행을 위한 내부규정으로서 전기통신사업분쟁처리위원회운영규정(전기통신사업분쟁처리위원회결정 제1호)와 전기통신사업분쟁처리위원회중재준칙(전기통신사업분쟁처리위원회결정 제3호) 등이 있다.[25]

(2) 전기통신사업분쟁처리위원회의 조직과 구성

전기통신사업분쟁처리위원회는 총무성에 설치하고, 양 의원(참의원, 민의원)의 동의를 얻어 총무대신이 임명하는 전기통신 전문가 5인의 위원으로 구성되고 있다. 그 외 동 위원회에, 알선 또는 중재에 참여시키거나

---

25) 구체적 내용은, 총무성 홈페이지(http://www.soumu.go.jp/)내 전기통신사업분쟁처리위원회 사이트 참조.

특별 사항을 조사 심의하게 하기 위하여 전문적 식견을 가진 특별위원 7인이 위촉되어 있고[26] 위원회 사무 처리를 위한 사무국을 별도로 두고 있다.

(3) 전기통신사업분쟁처리위원회의 기능

전기통신사업분쟁처리위원회의 주요 기능으로서는, 전기통신사업자간 분쟁해결절차로서 분쟁당사자인 사업자로부터 신청을 받아(총무대신을 경유하여야 함) 알선(斡旋) 및 중재(仲裁)를 행하고, 총무대신으로부터 협의명령신청 및 세목재정신청 등에 관한 자문을 요청받을 경우 이를 심의하여 답신을 보내며, 법규 내지 규정 등의 정비에 관하여 총무대신에 대하여 필요한 권고를 행하는 것을 들 수 있다.[27]

알선은 사업자간에 분쟁이 발생한 경우에 전기통신사업분쟁처리위원회의 알선위원이 양 당사자 사이에서 상호 양보와 타협에 의해 분쟁의 신속한 해결을 도모하는 것이다. 본 제도는 당사자 간의 분쟁에 관하여 새로운 합의가 이루어지도록 알선위원이 협력적으로 노력하고 합의점을 찾았을 때에는 그 조건에서 사건의 해결을 도모하고자 하는 것이다. 당사자 상호간에 양보와 타협을 기대할 수 있는 분쟁에 있어서는 자주적인 해결로 이끌 수 있는 절차이고 강제적인 효과는 갖지 않는다는 점에 특징이 있다.

중재는, 사업자간에 분쟁이 발생한 경우에 그 쌍방의 신청에 의하여 분쟁의 해결이 원활하게 이루어지도록 위원회의 중재위원(3인)에게 중재판단을 맡기는 것으로, 중재위원을 중재인으로 보고 중재법이 준용된다. 따라서 이러한 중재판단에는 당사자 간에 있어서 확정판결과 동일한 효과가 발생하고 또한 중재판단이 명하는 급부에 관해서는 집행결정에 의

---

26) 전기통신사업분쟁처리위원회령(2001. 정령 제362호) 제1조에 의함.

27) 2001년 발족 후 2005년 12월 31일까지 전기통신사업분쟁처리위원회의 실적을 보면, 분쟁처리로서 알선 32건, 중재 3건, 자문 5건, 권고 2건 등이다.

해 강제집행의 대상이 된다. 이 때문에 알선과는 달리 엄격한 절차로서 인정되고 있다.

한편 전기통신사업분쟁처리위원회는 총무대신이 협의명령과 세목재정을 하기 전에 사전 요청이 있으면 이에 관한 자문에 응할 수 있다. 협의명령(協議命令)은 사업자 일방으로부터의 접속협정 체결 요청에 대하여 타방이 협의에 응하지 않거나 협의가 이루어지지 않음에도, 당해 접속 등이 이루어져야 하는 경우에, 총무대신이 협의의 개시 또는 재개를 명하는 것이고, 세목재정(細目裁定)은, 사업자간에 있어서 접속 등에 관한 협정 등의 세목에 관하여 협의가 이루어지지 않는 경우에, 당사자의 일방으로부터의 신청이 있으면 총무대신이 이를 재정하고 그 정하는 바에 따라 당사자 간 협의가 이루어진 것으로 간주하는 제도이다.

알선 및 중재, 협의명령 내지 세목재정의 자문 등 전기통신사업분쟁처리위원회가 수행하는 주요한 기능을 표로 간략히 정리하면 다음과 같다.[28]

비고	알 선	중 재	협의명령에 대한 자문	재정에 대한 자문
대상	전기통신설비의 접속 전기통신설비의 공용 도매전기통신역무의 제공 접속용의 전기통신설비의 설치·보수 접속용의 토지·공작물의 이용 접속용의 정보의 제공 업무의 위탁 역무제공을 위한 설비의 이용·운용		전기통신설비의 접속 전기통신설비의 공용 도매전기통신역무의 제공	
신청	협의 당사자의 일방 또는 쌍방	협의당사자의 쌍방	협의당사자의 일방	협의당사자의 일방
주체	위원회의 알선위원	위원회 중재위원 (3인)	총무대신 (위원회에의 자문)	총무대신 (위원회에의 자문)
당사자에	의견청취	답변	청문	답변

28) 표 출처 : 전기통신사업분쟁처리위원회, 『IT시대의 공정한 분쟁해결을 향하여 원활한 전기통신사업 전개를 위한 제도와 실무(제6판)』, 2005. 11, 1~7면.

관한 주된 절차	알선안 제시	심심(審尋) 사실관계 조사 화해안 제시 중재판단	명령	재정
본 절차 불복 시 취할 수 있는 절차	알선안 수락 거부 등	—	이의제기 취소소송	민사소송 이의제기 취소소송

전기통신사업분쟁처리위원회의 존재와 그 역할에 대하여는, 정책 내지 규제기관으로부터 독립한 별도의 분쟁처리기구를 설치함으로써 분쟁해결의 상대적 중립성 및 공정성을 확보할 수 있음과 동시에 전기통신사업분야의 전문가를 위원으로 위촉함으로써 사법기관에 비하여 상대적인 전문성을 확보할 수 있다는 점, 그리고 신속하고 저렴한 분쟁해결절차를 통하여 사업자 등의 편의를 도모할 수 있다는 점 등에서 긍정적으로 평가되고 있는 것 같다. 다만 당사자의 신청이 있어야만 개시되는 임의적 절차이고 강제력을 수반하는 조사에 의한 증거수집 등은 곤란하며 분쟁처리의 기준이나 준칙이 명확하지 않다는 점 등에서 약식분쟁해결제도로서의 한계도 동시에 갖고 있는 것으로 보인다.

Ⅲ. 일본의 규제집행절차의 특징과 시사점

일본의 전기통신사업분야에 있어서 규제집행절차의 주요 특징과 그 시사점을 간략히 살펴보면 다음과 같다.

1. 사업자 및 시장관련 정보 확보수단 강화

2003년 전기통신사업법의 전면 개정에 따라 진출입규제, 요금 등 약관 규제, 접속규제 등 상당 부분의 사전적 규제가 폐지 내지 완화됨으로써, 그 보완책으로서 사업자 내지 사업의 현황 등에 관한 기초정보나 사실을 파악하여 정책 수립이나 규제집행의 자료로 활용하기 위한 수단이 확대 되었다. 즉 전문통신규제기관으로 하여금 사업자나 관련 기관으로부터 널리 사업의 현황이나 관련 기기 등에 관한 보고를 징수할 수 있게 하였고 모든 전기통신사업자의 사무소, 영업소 등의 현장에 나아가 각종 사실이나 정보를 수집할 수 있는 검사(행정조사)권한(물건 등의 제출명령 포함)을 확대 보장하고 있다. 이러한 보고 징수와 행정조사는 한편으로는 사업자 등의 사업 활동에 일정한 부담을 줄 수도 있다는 점에서 재산권 내지 영업권 보장의 관점에서는 강화하는 것이 바람직하지 않을 수 있지만, 종전에 사업 자체의 가부나 그 내용 자체를 강하게 제한하고 있었던 각종의 사전규제를 상당 부분 제거한 상황에서는 규제정책·집행기관의 보다 정확하고 타당하며 공정한 업무 수행을 위해서는 불가피한 측면이 있지 않나 한다.

2. 행정심판을 통한 행정구제의 미흡

일본의 경우, 전기통신규제기관의 규제권 행사 결과에 대하여, 처분의 상대방이 직접 불복하고자 하는 경우에 보다 객관적이고 공정한 구제를 도모할 수 있는 행정 내부적 구제제도(행정심판)가 미흡하다는 점이 발견된다. 총무대신 등 규제집행기관의 각종 명령, 처분, 재정 등에 대하여는 별도의 불복심판기관이나 심판절차가 마련되어 있지는 않은 것으로 보인다.

다만 전기통신규제기관의 처분(또는 부작위)에 대하여도 일반적인 행정불복심사법이 적용되어, 동 법에 기한 불복신청(행정심판으로서의 심사청구, 이의신청)이 가능함은 물론이다. 그러나 일본의 행정불복심사에 대한 결정은 원칙적으로 독립적이고 중립적인 제3자기관에 의해 이루어지는 것은 아니어서, 행정불복심사법에 의한 행정구제에는 사실상 일정한 한계가 있는 것이 사실인 것 같다.

다만 이러한 제도 및 운용상황에 대한 비판에서 행정불복심사제도의 기능 제고를 도모하기 위한 일반적 제도개혁논의과정을 고찰해 보면, 무엇보다도 심리에 관여하는 제3자기관의 설치 필요성이 일반적으로 받아들여지고 있지만, 이 경우에도 우리나라와 같은 의결기구로서의 행정심판위원회제도나, 외국에서와 같은 독립규제위원회에서의 독립적 재결의 방식은 여전히 도입 여부에 신중을 기하는 것 같다. 그 논거로는, 행정소송과 같은 정식의 사법적 구제절차를 확립하는 것은 당연히 요청되는 것이나, 행정심판이라는 행정내부적 쟁송절차의 경우에는 당해 사항에 관하여 행정적 전문성과 법적 책임이 부여된 처분청(내지 그 감독청) 이외의 제3의 기관이 종국적인 구제적 결정을 하는 것은 그 결정에 관한 행정 책임성의 확보라는 관점에서 행정조직법상의 기본원리에 잘 부합하지 않는 점이 있다고 보는 것 같다. 즉 행정심판의 경우 제3자기관방식에 의한 구제를 강조하면 국민이나 사업자 등에게 유리할 수는 있지만 그러한 방식의 구제절차의 강화는 대부분 행정책임성의 약화를 수반할 수도 있는 것이기 때문에 그 확대강화에는 일정한 한계가 있을 수밖에 없다는 것이다. 그래서 행정심판의 심리를 담당하는 기관의 제3자화 및 당해 제3자기관의 심리결과가 종국적인 심판결정(재결)의 중요한 참고가 되는 정도까지는 무리가 없지만(자문형 제3자 심리기관) 그 이상의 제도를 도입하는 것은 좀 더 깊은 논의가 필요하다는 입장이 대세인 것 같다.

현행 행정불복심사제도의 구조적 한계는 앞서 살펴본대로 행정불복심사의 심리절차에 있어서 당사자의 진술권의 원칙적 보장이라는 간접적 보완책을 전기통신사업법상 도입하게 한 것으로 보인다.

3. 사전적 행정절차의 확대 보장

사후적 행정심판 확대의 한계는 상대적으로 사전적 행정절차의 확대 보장으로 나타나고 있는 것 같다. 일본에서도 일반 행정절차법이 존재하여 행정청의 불이익처분 등에 관하여는 일반적으로 행정절차법이 적용되고 있지만, 전기통신사업법은 이에 비하여 보다 특별한 절차법적 보호를 도입하고 있다.

특히 사업자 등을 규제하는 각종 중요 불이익처분에 대한 청문절차의 필요적 보장, 전기통신사업분쟁처리위원회의 자문사항에 관한 동 위원회 위원의 청문주재자 선정, 이해관계인의 청문절차 참가의 필요적 보장 등 행정절차법에 대한 특례 규정을 두고 있는 점이 주목된다.

그 외에도 규제집행기관의 규제권 행사에 앞서, 사업자의 이익을 해하거나 사업자간 분쟁을 유발할 수 있는 중요한 처분 등에 관해서는, 전기통신사업분쟁처리위원회나 정보통신심의회나 전파관리심의회 등 관계 전문가로 구성되는 위원회의 사전 자문을 반드시 거치게 함으로써, 처분 등의 전문성과 공정성 등을 담보하도록 한 점, 법령적용사전확인 및 공표제도를 시행하고 있는 점, 전기통신분야에 있어서도 각종 규제의 설정 또는 개폐에 관련된 의견제출절차 및 공개제도가 시행되고 있는 점 등은 행정절차적 관점에서 보면 모두 행정의 투명성, 공정성, 민주성 등을 제고할 수 있는 제도들인 것으로 판단된다.

4. 사업자간 분쟁해결장치의 확립

전기통신사업분야에 있어서도 무엇보다 공정하고 유효한 경쟁조건의 확보가 요청되지만, 시장구조의 특수성, 과도기적 이행상황 등으로 인해 사업자간 이해 조정이 어렵고 쉽게 분쟁으로 비화할 수 있는바, 이에 대한 대응책으로 전기통신사업분쟁처리위원회제도를 운용하고 있는 점은 주목할만하다.

알선, 중재 등 주로 ADR기능을 수행한다는 점에서 법원과 같은 사법기관과는 대비되는것이지만, 전문가 위원으로 구성되는 동 위원회가 전문적인 식견과 중립적인 판단에 기하여 사업자간의 알선을 도모하고 구속적 중재판단을 내리는 것은 사업자들의 관점에서는 비용과 시간, 노력의 면에 유리하고 근본적으로 강제력이 없거나(알선에 한함) 당사자들의 신청에 기하여 자율적으로 개시할 수 있는 절차라는 점 등에서 이용상의 편의성이 있는 것이다. 일본의 전기통신사업분쟁처리위원회제도는 비교적 확립된 제도기반과 운용 실적을 갖고 있다는 점에서 앞으로 그 나름의 중요한 역할을 수행해 갈 것으로 예상된다.

일본의 전기통신규제집행절차*

  일본의 전기통신사업법은 2003년에 전면 개정되었는데, 문상덕 교수님 께서는 개정된 주요한 내용을 중심으로 일본에서 통신산업의 규제와 구 체적인 집행절차를 잘 설명해 주셨습니다.

  우리나라의 많은 제도들이 일본의 영향을 많이 받고 있기 때문에 일본 법과 집행방식에 대한 연구는 특히 중요하다고 생각합니다. 제가 발표를 들으면서 이해하지 못한 부분에 대해 몇 가지 질문을 드리고 싶습니다.

  우선, 일본에서 총무대신이라는 자리의 역할에 대한 것입니다. 발표문 에는 전문통신규제기관이라고 표현이 되어 있는데 그것의 의미가 무엇인 지요? 우리나라의 정보통신부와 같은 역할은 아닐 것 같은데, 전문통신규 제기관이라는 표현의 의미에 대해서 설명해 주시면 감사하겠습니다.

  그리고 전기통신사업분쟁처리위원회의 기능으로 알선, 중재, 협의명령 등을 소개해 주고 계신데, 이들의 차이점이나 법적 효력 등 좀 더 세부적 인 내용에 대해 설명해 주시면 감사하겠습니다.

---

* 조성국(중앙대 교수).

제5절 통신규제 집행절차에 관한 고찰*
-프랑스를 중심으로-

I. 서 론

OECD를 중심으로 이루어지고 있는 규제개혁에 관한 논의는 현재 전 세계적인 영향을 미치고 있다고 할 수 있다. OECD는 규제개혁의 7대 원칙으로 ① 규제개혁 계획을 채택할 때, 정치적 수준에서 명확한 목표와 실행체제를 마련할 것, ② 기존규제의 원래 목적이 효과적, 효율적으로 실행되고 있는지 확인하기 위하여 기존규제를 체계적으로 검토할 것, ③ 규제와 규제설정절차가 투명하고 무차별적이며 효과적이며 효과적으로 적용되는지를 확인할 것, ④ 경쟁정책을 검토하고 필요한 분야에서는 경쟁정책의 범위, 유효성과 집행을 강화할 것, ⑤ 경쟁을 도모하기 위하여 모든 분야에 대한 경제규제를 개선해야 하며, 공공이익을 도모하기 위한 최선의 방법이라는 뚜렷한 증거가 없는 규제는 철폐시킬 것, ⑥ 국제협약의 이행을 강화하고 국제적인 원칙의 활용을 강화하여 불필요한 무역 및 국제투자장벽을 제거할 것, ⑦ 여타 정책목표와 규제개혁의 상호관계를 파악하고, 개혁을 도모하는 동시에 여타 목표를 성취할 수 있는 정책을 개발할 것을 제시하고 있다.[1]

---

 * 김대인(이화여대 교수).
 1) 양준석 · 김홍률, 『OECD 규제개혁 국별검토: 미국, 네덜란드. 일본, 멕시코』,

이러한 원칙들을 전체적으로 보면 규제완화의 경향 가운데 불필요한 규제는 철폐해야 한다는 점이 강조되고 있음과 동시에 필요한 규제는 제대로 집행되도록 해야 한다는 점, 다시 말해 규제의 실효적인 집행이 강조되고 있음을 알 수 있다. 프랑스의 통신규제법제도 이러한 OECD를 중심으로 한 규제개혁의 흐름 가운데 놓여 있기 때문에 '규제의 완화'와 '규제의 실효적 집행'이라는 두 가지 관점에서 통신규제법제를 살펴볼 필요가 있다.

우선 규제의 완화측면에서 보도록 하자. 프랑스의 통신분야는 전통적으로 '공역무'(service public)법제의 규율을 받아왔다. 이러한 공역무법제는 프랑스 특유의 것으로서 이에 의하면 공익목적을 위한 역무의 제공에 대해서는 계속성의 원리, 평등의 원리, 적응의 원리와 같은 특수한 원리가 적용된다고 보고 있다. 이러한 공역무법제에서는 공익목적의 추구와 독점을 결합하는 경향을 보여 왔다. 공역무의 제공에 시장원리를 도입하는 것은 공익추구의 목적을 침해할 우려가 있다고 보았기 때문이다. 이러한 이유로 공역무법제의 일환으로 인정되는 통신법 체계에는 경쟁원리가 도입되기가 힘들었다.[2]

그러나 이러한 프랑스 통신법제의 전통적인 모습은 통신시장에 경쟁을 도입하려는 유럽법의 영향으로 인해 변화를 경험하게 되었다. 물론 공익을 강조하는 공역무 법제의 영향으로 통신시장에의 경쟁원리의 도입이 다른 유럽국가에 비해 뒤처지는 모습을 보이기는 하였으나,[3] 1990년대 들어서 통신관련법제의 개혁으로 통신법 영역에 경쟁원리가 적극적으로 도입되기에 이르렀다. 이처럼 통신분야에 경쟁이 도입됨에 따라 진입규제를 완화하는 등 규제의 합리화를 위한 여러 가지 노력을 기울이게 된다.

다음으로 '규제의 실효적 집행'을 위해서도 여러 가지의 제도를 두고

대외경제정책연구원, 1999, 18~22면 참조.

2) Colin, 『Droit public économique』, Gualino éditeur, Paris, 2005, 164~165면 참조.

3) OECD, 『Regulatory reform in France -Regulatory reform in the telecommunications sector』, 2003, 6면 참조.

있다. 우편전자통신규제청 및 경쟁위원회와 같은 독립행정청을 규제기구로 설치하고 있다. 그 외에도 규제기준의 설정을 위한 제도, 행정조사 등 규제집행을 위한 정보취득을 위한 제도, 규제기준위반에 대한 행정제재를 위한 제도, 분쟁해결과 관련된 제도 등을 마련하고 있다. 이하에서는 이러한 '규제의 실효적 집행'을 위한 제도를 중심으로 프랑스 통신규제법제를 살펴보도록 하겠다.

II. 규제 기구

1. 전자통신우편규제청(ARCEP)

1996년 유럽법지침이 프랑스 국내법으로 전환되면서 통신법영역에서 본격적인 경쟁이 도입된다. 이 때 재정경제산업부 소속의 독립행정청인 '통신규제청'(Autorité de regulation des télécommunications: ART)이 설치되었고 여기서 전문적으로 통신법 관련규제를 실시하게 된다. 2004년에는 통신법영역에서 보다 효율적인 경쟁을 형성하기 위해 추가적으로 유럽법의 국내법전환이 이루어진다. 또한 2005년에는 기존의 통신규제청의 기능을 보다 강화하면서 동 기관의 명칭을 '전자통신우편규제청'(Autorité de regulation des communications électronique et des postes : ARCEP)으로 바꾸게 된다.

전자통신우편규제청은 독립행정청(Autorité administrative indépendante)으로서의 성격을 가지는데, 이는 영미제도를 기원으로 하고 있다. 통신규제기구를 독립행정청의 형식으로 만들게 된 것은 국가가 주요통신사업자에 대한 상당수의 지분을 갖고 있는 상태에서 일반적인 행정청이 규제업무를 담당하는 것은 규제자와 피규제자가 분리되지 않음으로 인해 규제

의 중립성을 해칠 우려가 있다고 보았기 때문이다.[4]

그런데 이러한 독립행정청에게 어느 정도의 권한을 부여할 것인가와 관련해서는 여러 가지 논쟁이 있었다. 왜냐하면 이러한 독립행정청은 행정유사의 기능, 입법유사의 기능, 사법유사의 기능을 모두 담당한다는 점이 특징이라고 할 수 있는데,[5] 이렇게 한 기구가 여러 가지의 기능을 담당하는 것이 권력분립의 원리에 반하지 않는가 하는 점이 문제되었기 때문이다.[6] 이와 관련해서 헌법위원회는 통신규제청에게 부여된 권한이 통신규제의 목적을 달성하기 위해 필요한 제한적인 범위 내의 것이므로 합헌적이라고 판단한 바 있다.[7]

전자통신우편규제청의 조직구성은 상임위원회(Collège)가 있으며, 상임위원회 활동에 대해 대외홍보를 담당하고 있는 2명의 담당관이 있다. 상임위원회 밑에 실질적인 활동을 책임지고 있는 사무총장(Directeur général)이 있으며, 사무총장의 지도 하에 7개의 분과 팀이 있다. 그 외에 2명의 담당관이 유럽연합정책과 시장분석에 대해 디렉터를 보좌한다.[8]

상임위원회는 전자통신우편규제청의 활동을 위한 전반적인 정책방향을 세우고 규제정책에 대한 견해와 결정을 최종적으로 판결한다. 상임위원회는 전자통신분야, 우편분야, 국토경제(économie des territoires)분야에서 경제적, 법적, 기술적 능력을 갖추었음을 근거로 임명된 7명의 위원으로 구성되며, 임기는 6년이다. 위원 중 3인은 데크레로 임명하며, 위원장은 이 중에서 선

---

4) Rolin, 『Elizabeth, Les règlements de différends devant l'Autorité de régulation des télécommunications』, ART, 2004, para. 2면 참조.

5) Pochard, Marcel, 『Autorités administratives indépendantes et pouvoir de sanction』, A.J.D.A. 2001(spécial), 107면 참조.

6) Rolin, Elizabeth, 『Les règlements de différends devant l'Autorité de régulation des télécommunications』, ART, 2004, paras. 2~7 참조.

7) Décision n° 96-378 DC du 23 juillet 1996 portant sur la loi de réglementation des télécommunications.

8) 임동민, 「프랑스 ART의 역할 및 조직」 『정보통신정책』, 제16권 제10호(2004. 6), 46면.

출한다. 나머지 위원은 상·하원의장이 각기 2명씩 임명한다. 데크레로 임명된 위원들은 매 2년마다 3분의 1씩 개임된다. 위원은 해임될 수 없다.9)

전자통신우편규제청은 위원 중 5인 이상이 출석하여야만 심의할 수 있다. 심의는 출석위원들 가운데서 다수결로 정한다. 위원 중에서 임기만료시까지 직무를 수행하지 못할 자가 있는 경우, 남은 임기동안 그를 대신하여 직무를 수행할 위원을 임명한다. 위원은 중임할 수 없다. 그러나 전항에 따라 임명된 위원의 임기가 2년 이하인 경우에는 예외로 한다. 65세를 넘은 자는 위원으로 임명될 수 없다.10)

사무총장은 전자통신우편규제청의 규제에 관한 7개의 주 업무팀에 대한 실질적인 책임을 맡고 관리한다. 7개의 주 업무팀으로는 ① 경제발전 및 시장전망분석팀, ② 유선 및 이동통신 규제팀, ③ 초고속 망 시장규제 및 지방자치단체 담당팀, ④ 희귀자원의 규제 및 운영팀, ⑤ 국제관계 담당팀, ⑥ 법률담당팀, ⑦ 인사 및 행정담당팀 등이 존재한다.

2. 공공우편전자통신역무감독위원회
(Commission supéreieure du servicepublic des postes et des communications électronique)

공공우편전자통신역무감독위원회는 양원에서 각기 지명된 하원의원 7명, 상원의원 7명과 우편전자통신분야에 있는 자로서 공공우편전자통신역무감독위원회위원장이 추천한 6인 중에서 전자통신담당장관이 지명한 3인 등 총 17인으로 구성된다. 공공우편전자통신역무감독위원회는 위원 중에서 선출된 위원이 주재하며 임기는 3년이다.11)

---

9) 우편전자통신법 제130조.
10) 우편전자통신법 제130조.
11) 우편전자통신법 제125조.

동 위원회는 우편전자통신분야의 균형발전에 힘쓰며, 이를 위하여 이 분야에 관련법의 개정안, 우편국 및 보편적 전자통신역무를 담당하는 사업자의 입찰명세서, 우편국이 계획하고 있는 계약안에 대하여 의견을 제출한다. 전자통신담당장관은 이 분야에 관한 유럽공동체의 지침을 준비하는 경우 동 위원회에 자문을 구한다. 전자통신우편규제청과 하원 및 상원의 상설위원회(commission permanente)는 동 위원회의 권한과 관련된 문제에 대해 동 위원회에 자문을 구한다.12)

동 위원회는 전자통신우편규제청의 감독권한, 본법에 따라 전자통신우편규제청이 사업자로 하여금 공공역무 및 보편적 역무제공의무의 준수를 강제할 수 있게 하는 권한과 관련한 문제들에 대하여 전자통신우편규제청에 제소할 수 있다.13)

동 위원회는 우편전자통신활동의 기술적, 경제적, 사회적 발전에 필요한 경우 법령의 개정을 제안할 수 있다. 동 위원회는 우편전자통신활동에 있어 공정한 경쟁을 실현하기 위하여 정부에 권고안을 제시한다. 공공우편전자통신역무감독위원회는 연간보고서를 작성하며, 이 보고서는 하원과 수상에게 제출된다. 이 보고서에는 공공우편전자통신역무에 관한 전자통신우편규제청의 활동에 대한 평가가 포함된다. 동 위원회는 이외에 언제라도 자신의 의견 및 권고를 알릴 수 있다.14)

동 위원회는 임무수행에 필요한 모든 정보를 수집할 수 있고, 우편담당장관 및 전자통신담당장관에게 우편국 및 보편적 전자통신역무를 담당한 사업자와 관련한 모든 연구 또는 조사를 행할 것을 요구할 수 있다.15)

---

12) 우편전자통신법 제125조.
13) 우편전자통신법 제125조.
14) 우편전자통신법 제125조.
15) 우편전자통신법 제125조.

3. 경쟁위원회(Conseil de la concurrence)

일반경쟁규제를 담당하고 있는 경쟁위원회(Conseil de la concurrence)는 재정경제산업부 소속의 독립행정청으로서 16명의 위원으로 구성되어 있다. 이중 9명은 학계(4명), 업계(5명)의 경제분야 전문가로부터 임명되고, 나머지 7명은 회계감사원, 행정법원, 민사법원 등 정부기관의 전현직 공무원 중에서 임명된다. 이 중 위원장 1인, 부위원장 2인을 임명하고, 이들은 상임위원회를 구성한다.

이 외에도 3개의 분과위원회(Section)을 구성하여 통상적인 사건을 처리하고 있으며, 중요한 사건을 전원위원회에서 처리한다. 하부조직으로 주임심사관과 상임심사관이 존재하며 이들은 위원장의 임명제청으로 경제재정산업부장관이 임명한다.

경쟁위원회는 카르텔이나 시장지배적 지위의 남용과 같은 경쟁제한적 행위 및 기업결합과 같은 경제력 집중에 대한 규제권한을 가지고 있다. 업무영역은 생산, 유통, 금융 등 경제전반에 걸치며, 기업규모나 공사기업의 여부를 막론하고 규제한다.[16] 또한 경쟁정책관련 법안에 대해 의회에 자문을 하며, 경쟁정책관련 정부의 요청에 대해서 정부에 보고도 한다.

4. 방송감독위원회(CSA)

방송감독위원회(Conseil Supérieur de l'Audiovisuel: CSA)는 '통신자유에 관한 법'(loi relative à la liberté de communication)에 의거하여 방송통신을 감독하기 위해 설립된 독립행정청이다.

방송감독위원회는 총 9인으로 구성된다. 대통령이 3인, 하원의장이 3

---

16) OECD, 『Regulatory reform in France The Role of competition policy in regulatory reform』, 2003, 9면 참조.

인, 상원의장이 3인을 지명하여 임명한다. 임기는 6년이고 재임이 불가하
다. 위원의 3분의 1은 매 2년마다 새로 임명되며 재임기간 동안 다른 직
책을 겸임하는 것이 불가능하다.

　방송감독위원회는 전자통신의 모든 방식에 의한 라디오와 텔레비전 서
비스의 자유를 보장하고, 라디오와 텔레비전 분야의 독립성과 공정성을
보장하며, 국내 방송물의 제작과 생산부문의 발전을 위해서 프로그램의
질과 다양성 및 불어와 프랑스 문화의 보호를 감독한다.

5. 경제재정산업부(MINEFI)

　경제재정산업부(Ministère de l'Economie, des Finances et de l'Industrie)
는 예산부, 통상부, 산업부의 3개부를 합한 것으로, 각 부 별로 별도의 위
임장관을 두고 있다. 이 중 산업부의 위임장관은 전자통신담당장관으로서
우편전자통신법상 여러 가지 규제권한을 가지고 있다. 동법에서는 전자통
신담당장관이 및 전자통신우편규제청이 객관적이고 투명한 조건 하에 추
구하는 목적에 따른 합리적이고 적절한 조치를 취하며 감독할 권한을 갖
고 있다고 규정하고 있다.17)

　경제재정산업부에서 기존의 통신정책담당국에 해당하는 '산업정보기
술 및 우편총국'(DiGITIP)이 해체되고 관련부서가 전면적으로 개편 통합
되었고, 2005년 1월 기업국(Direction Générale des Entreprise)를 새로이
설치했다. 경제재정산업부 산하에 통신정책을 전담하는 독립적인 부서는
없지만 사무국 산하의 디지털 경제 담당국 및 정보기술위원회, 그리고 과
거 '산업정보기술 및 우편국'의 기능과 '중소기업 및 지역담당국'의 기능
이 통합된 기업국에서 정책기능을 분산하여 맡고 있다.18)

---

17) 우편전자통신법 제32-1조 제2항.
18) 이러한 프랑스의 시스템에 관해서는 정보통신분야를 별개의 산업영역이 아닌
　　기존 산업체계의 일부로 인식하고 있는 결과로 볼 수 있다는 평가가 이루어지

경제재정산업부 산하에는 경쟁정책 및 소비자보호정책을 담당하고 있는 '경쟁 및 소비자보호국'(Direction Générale de la concurrence, de la consommation et de la répression des fraudes: DGCCRF)이 존재한다. 이 기관과 독립규제행정청인 경쟁위원회 간에는 권한배분과 관련하여 긴장관계가 존재했으나[19] 2005년 1월 28일 양 기관 간 협력에 관한 협정이 체결됨으로서 양자간의 긴장관계가 어느 정도 해소되었다.

6. 규제기관 상호간의 관계

기본적으로 통신과 관련한 정책입안 및 산업진흥은 재정경제산업부에서 맡고 규제는 독립규제청인 경쟁위원회와 전자통신우편규제청에서 담당하고 있는 것으로 볼 수 있으나, 규제기능의 상당부분을 전자통신담당장관과 전자통신우편규제청이 함께 담당하고 있다고 할 수 있다.

그리고 유럽법의 영향으로 수직적 규제체계가 수평적 규제체계로 전환하면서 망규제와 관련해서는 전자통신, 방송을 불문하고 전자통신우편규제청이 담당하고, 콘텐츠에 대한 규제는 방송감독위원회에서 담당하고 있음을 볼 수 있다.[20] 우편전자통신법에서 방송통신(communication audiovisuelle) 역무의 확산을 보장하거나 분배를 위해 사용되는 망도 전자통신망으로 간주하고 전자통신우편규제청의 규제대상으로 삼고 있는데, 여기서 수평적 규제체제로의 전환이 잘 나타난다.[21]

고 있다. 이기현, 『프랑스의 방송통신융합 법제 개편 및 규제기구의 현황』, 한국방송영상산업진흥원, 2005. 8, 25면 참조.

19) OECD, 『Regulatory reform in France-The Role of competition policy in regulatory reform』, 2003, 44면 참조. 경쟁위원회의 결정에 대한 불복이 있을 때에는 파리항소법원에 항소해야 하나, 경쟁소비자보호국의 결정에 대한 불복이 있을 때에는 행정법원에 항소해야 한다는 점에서도 차이가 있다.

20) 이기현, 『프랑스의 방송통신융합 법제 개편 및 규제기구의 현황』, 한국방송영상산업진흥원, 2005. 8, 3면 참조.

통신분야와 관련한 전문규제기관인 전자통신우편규제청과 일반경쟁규
제기관인 경쟁위원회 간의 관계에 있어서 양자 간에 특별한 협정을 체결
한 바는 없으나 양 기관간의 갈등관계는 그렇게 크게 나타나지 않고 있는
것으로 평가되고 있다.[22] 상호간 의견청취절차 등 법령에서 기관 간 조화
를 위한 규정을 두고 있다는 점, 불복하는 법원을 일치시킴으로서 법해석
의 조화를 추구하고 있다는 점 등이 그 원인으로 지적될 수 있는데 이는
뒤에서 좀더 자세히 보도록 하겠다.

Ⅲ. 규제집행을 위한 기준의 설정

1. 전자통신우편규제청(ARCEP)

1) 규칙의 제정

전자통신우편규제청은 자신의 규제업무가 라디오 및 텔레비전서비스

---

21) 우편전자통신법 제32조 제2호.
   전자통신망이란 전송(transport) 또는 확산(diffusion)시설 또는 그러한 시설의 총
   체를 의미하며, 경우에 따라서는 교환(commutation)기, 라우터(routage)와 같은
   전자통신의 전송(acheminement)을 위한 수단을 포함한다.
   위성통신망(réseau satellitaire), 지상통신망(réseau terrestre), 전자통신을 전송하는 범
   위 내에서 전자통신망을 이용하는 시스템, 방송통신(communication audiovisuelle)역
   무의 확산을 보장하거나 분배를 위해 사용되는 망은 전자통신망으로 간주한다.

22) OECD, 『Regulatory reform in France─The Role of competition policy in regulatory
   reform』, 2003, 34면 및 Commission of the European Communities, Commission
   Staff Working Document─Annex to the communication from the Commission to
   the Council, The European Parliament, the European Economic and Social
   Committee and the Committee of Regions─European Electronic Communications
   Regulation and Markets 2005(11th Report), 2006, 198면 참조.

와 같은 방송서비스에 영향을 미치는 경우에는 방송위원회의 의견을 청
취한 후에 규칙을 정할 수 있다. 이러한 규칙으로는 다음과 같은 것들이
포함된다. 여러 유형의 망 및 서비스의 이용에 관해서 발생한 권리, 의무
에 관한 규칙, 상호접속 및 접속에 관한 기술조건 및 요금조건, 주파수
및 주파수 대의 이용조건, 망의 설치 및 이용조건 등이 그것이다. 이러한
규칙은 전자통신담당장관의 아레떼(arrêté)로 승인을 받은 이후에 관보에
게재된다.23)

2) 각종의 의무부과

전자통신우편규제청은 효율적인 경쟁발전에 장애가 되는 요소들을 고
려하여 경쟁위원회의 의견을 들은 후 적정한 전자통신분야와 관련한 시
장을 획정한다. 전자통신우편규제청은 위 시장에서의 경쟁상황 및 예측되
는 발전정도를 분석한 다음에 경쟁위원회의 의견을 들은 후, 다음 위 시
장의 각 분야에서 중대한 영향력을 행사하는 것으로 인정되는 사업자(이
하 SMP 사업자)의 목록을 작성한다.24)

SMP 사업자에 대해서는 상호접속 및 접근과 관련하여 이용자보호, 공
정경쟁의 보호 등을 실현하는 데 요구되는 의무로서 다음 중 하나 또는
그 이상의 것을 부과할 수 있다.25)

첫째, 비차별의무를 지는 사업자의 경우, 특히 상호접속 또는 접속
에 관하여 제공되는 기술 및 이에 따른 요금을 상세히 공표하는 것을
비롯하여 상호접속 또는 접속과 관련한 정보를 공표한다.26)

---

23) 우편전자통신법 제36-6조.
24) 우편전자통신법 제37-1조 제1항.
25) 우편전자통신법 제38-1조 제1항.
26) 전자통신우편규제청은 언제라도 이러한 기술 및 요금이 본법의 규정에 합치하

둘째, 비차별적인 조건으로 상호접속 또는 접속을 제공한다.

셋째, 망 또는 그와 결합된 장치를 구성하는 요소에 대한 합리적인 접근요구가 있는 경우 이를 수용한다.

넷째, 과도한 요금을 부과하지 않고, 당해 시장에서 축출하는 행위를 하지 않으며, 합당한 비용을 반영하여 요금을 부과한다.

다섯째, 상호접속 또는 접속과 관련한 일정활동을 회계에서 분리하거나 본조에 따라 부과되는 의무를 준수하는지 확인할 수 있도록 역무 및 활동에 관한 회계장부(comptabilité)를 따로 작성한다.[27]

이러한 의무부과는 위반시에는 행정제재가 이루어진다는 점에서 일종의 기준설정의 의미를 가진다고 할 수 있다.

3) 허가시 일정조건의 부과

전자통신우편규제청은 국토정비의 필요를 고려하여 객관적이고, 투명하며, 비차별적인 조건들 하에서만 전파주파수의 이용을 허가할 수 있다. 이러한 허가시에는 다음과 같은 주파수 또는 주파수 이용조건을 명시한다. 주파수 또는 주파수대를 이용하는 설비, 망, 역무의 지속성, 품질, 가동성에 관한 조건들, 수허가자가 지불하는 사용료, 유해전파를 피하고 공중에 대한 자기장노출을 제한하기 위하여 필요한 기술조건 등이 그것이다.[28]

허가시에 일정한 조건을 부과하는 것은 일종의 행정행위의 부관으로서의 성격을 가진다고 할 수 있다. 이러한 조건위반은 바로 행정제재의 사

도록 변경하게끔 할 수 있다. 사업자는 이와 관련하여 필요한 모든 정보를 전자통신우편규제청에 송부한다.

27) 이에 대한 준수여부는 전자통신우편규제청이 지명한 독립된 기구가 확인하며, 이에 관한 비용은 사업자가 부담한다.

28) 우편전자통신법 제42-1조.

유가 될 수 있다는 규제집행을 위한 기준설정의 의미를 가지고 있다.

2. 꽁세유데따(Conseil d'etat)

꽁세유데따(Conseil d'etat)는 행정부의 자문기관으로 출발하였으나 현재는 최고행정법원으로서 지위를 점유하고 있는데, 규제의 기준을 직접 설정함으로서 규제기구로서의 역할도 겸비하고 있다. 즉, 꽁세유데따는 전자통신과 관련된 규제집행을 위한 행정입법(데크레)을 제정할 권한을 갖고 있다.

꽁세유데따가 전자통신과 관련하여 데크레를 제정하게 되는 대표적인 예를 들면 다음과 같다. 형사범죄와 관련하여 보존되어야 하는 온라인상 개인데이터의 범위(제34-1조 제1항), 본질적 요청에의 부합성심사 관련내용(제34-9조), 보편적 역무의 구성내용, 자금조달방식(제35-1조, 제35-3조 제4항), 전자통신우편규제청의 분쟁해결기능 관련절차(제36-8조 제1항) 등이 그것이다.

이처럼 꽁세유데따가 개별산업에 대한 규제기능의 일부를 담당하게 된 것은 원래 꽁세유데따가 행정부의 자문기구로서 출발하여 일종의 최고행정기구적인 성격을 가졌다는 점을 반영하는 것이라고 볼 수 있다.

이처럼 꽁세유데따가 재판기능만이 아니라 규제와 관련된 행정입법을 제정할 권한을 가지고 있다는 점은 우리나라 법원과 주요한 차이점으로 볼 수 있다. 우리나라 대법원의 경우에도 대법원규칙과 같은 광의의 행정입법을 제정할 수 있는 권한이 있으나, 이는 어디까지나 재판업무와 관련된 구체적인 절차를 규율하는 의미만을 가지고 있을 뿐이지, 개별산업 규제와 관련된 구체적인 행정입법을 제정하는 것과는 거리가 있다.

IV. 규제집행을 위한 정보수집

1. 행정조사

전자통신담당장관 및 전자통신우편규제청은 그들의 임무수행상 필요에 적합한 방법으로 이유부결정에 기하여 전자통신망을 이용하거나 전자통신역무를 공급하는 자연인 또는 법인이 전자통신우편규제청에 의해 부과된 의무를 준수하고 있는지를 밝히기 위해 이들로부터 정보 또는 서류를 수집할 수 있다.29)

조사는 전자통신담당부 및 전자통신우편규제청의 공무원 및 직원들로서, 이를 위해 전자통신담당장관으로부터 수권을 받고 꽁세유데따의 데크레로 정한 조건에 따라 선서한 자가 담당한다. 조사시에는 조서를 작성한다. 조서의 부본은 관계인에게 5일 내에 송부된다.30)

위 공무원 및 직원들은 전자통신망을 이용하거나 전자통신역무를 제공하는 자가 이용하는 것으로서 영업상 이용되는 모든 장소, 토지, 운송수단에 접근할 수 있고, 모든 영업상 필요한 서류 또는 문서를 요청하여 받을 수 있으며, 그 사본을 받을 수 있고, 소환을 통해서 또는 현장에서 필요한 자료나 증거를 수집할 수 있다. 이러한 장소에의 접근은 8시간에서 20시간의 범위 내에서, 또는 공중에 개방된 장소인 경우에는 개방시간 내에서 가능하다. 이들은 판사의 허가 없이는 관계인의 주거지의 일부로 이용되는 장소에 들어갈 수 없다.31)

전자통신담당장관 및 전자통신우편규제청장은 본조에 의해 수집된 정보

---

29) 우편전자통신법 제32-4조 제1항.
30) 우편전자통신법 제32-4조 제2항.
31) 우편전자통신법 제32-4조 제2항.

가 행정, 공중 및 다양한 행정·사회·재정분야 규정 간의 관계에 대하여 여러 개선조치를 담고 있는 1978년 7월 17일 78-753호 법률 제6조에 의해 보호되는 비밀에 속하는 경우 이 정보가 누설되지 않도록 감독한다.[32]

검찰은 위와 같은 공무원 및 직원들이 위반행위조사를 위하여 행하는 작용에 대해 사전에 통보받는다. 검찰은 위 작용에 반대할 수 있다. 조서는 작성 후 5일 내에 검찰에 송부된다. 조서의 사본은 관계인에게 송부된다. 공무원 및 직원들은 동항과 같은 시간적·장소적 조건 하에서 물건의 소재지를 관할하는 대배심재판장 또는 그로부터 위임을 받은 판사의 사법적 허가를 받아 제34-9전파설비나 단말기 등 을 압수할 수 있다.[33]

허가신청은 근거가 있는 것으로서 압수를 정당화하는 모든 요소를 갖추어야 한다. 압수는 이를 허가한 법원의 권위와 감독 하에 행해진다. 압수된 물건에 대해서는 즉시 목록을 작성한다. 압수목록은 현장에서 작성된 조서에 첨부된다. 압수목록 및 조서의 원본은 작성 후 5일 내에 압수를 명한 법관에 송부된다.[34]

2. 신고

신고제는 기본적인 행정정보를 수집하는 데에 주요한 목적이 있다고 할 수 있으므로 정보수집을 위한 제도로 볼 수 있다. 유럽법의 영향으로 허가제에서 신고제로 변함에 따라 공중통신망의 설립 및 이용과 공중에 대한 전자통신역무의 제공은 전자통신우편규제청에 신고(déclaration)하면 된다. 그러나 공중에 개방된 내부망의 설립 및 이용과 내부망상에서 공중에 제공되는 전자통신역무의 경우에는 신고가 필요하지 않다. 영업정지 또는 취소로 인하여 공중통신망과 전자통신공역무의 설립 및 이용권을

---

32) 우편전자통신법 제32-4조 제2항.
33) 우편전자통신법 제40조.
34) 우편전자통신법 제40조.

상실한 자, 형벌을 선고받은 자는 신고할 수 없다.[35]

V. 의무위반에 대한 제재

1. 행정적 제재

전자통신우편규제청은 직권 또는 전자통신담당장관, 사업자단체, 이용자들이 승인한 단체, 관계 자연인 또는 법인의 요청으로 망이용자 또는 전자통신역무공급자가 법령의 규정 또는 이의 집행을 위한 결정에 위반한 것을 확인한 경우 이를 제재할 수 있다.[36]

망이용자 또는 역무제공자가 본법 및 본법의 적용을 위한 규정과 결정에 위반한 경우 및 전자통신우편규제청의 주파수할당결정에 위반한 경우, 이용자 또는 공급자는 전자통신우편규제청 역무국장이 일정한 기간을 정하여 이행을 촉구한다. 이 때 위 기간은 1월 이상이어야 하고, 다만 중대하고 반복적인 위반행위인 경우에는 예외로 한다.[37]

망이용자 또는 역무제공자가 정해진 기간 내에 이행촉구에 따르지 않는 경우, 전자통신우편규제청은 위반의 정도를 고려하여 다음과 같은 제재를 발령할 수 있다.우선 위반의 정도에 따라 ① 1월 내의 범위에서 전자통신망을 설립하거나 전자통신서비스를 제공할 수 있는 권리의 전부 또는 일부정지, 3년 내의 범위에서 위 권리의 취소를 하거나, ② 1월 내의 범위에서 전부 또는 일부정지, 1년 내의 범위에서 허가기간의 단축, 제42-1조 또는 제44조에 따른 배분결정 또는 할당결정의 취소를 내릴 수

---

35) 우편전자통신법 제33-1조 제1항.
36) 우편전자통신법 제36-11조 제1항.
37) 우편전자통신법 제36-11조 제1항.

있다.38)

위반행위가 형벌을 구성하지 않는 경우에 위반의 정도, 그로 인해 얻은 이익에 상응하는 액수의 금전제재(과징금)를 가할 수 있다. 다만 마지막 회계 연도의 세금을 제외한 총매출액의 3%를 넘지 않는 범위 내에서 가능하다. 다만 추가 위반행위가 있는 경우 5%까지 가능하다. 이러한 상한을 정하는 기준이 되는 기존영업활동이 없는 경우 과징금은 150,000유로를 넘을 수 없으며, 동일한 의무에 대한 추가 위반행위가 있는 경우 375,000유로까지 가능하다.39)

제재발령 시에는 관계인에게 처분통지를 하고, 관계인이 서류를 열람하고 필요한 경우 전자통신우편규제청에서 실시한 조사결과나 감정결과를 토대로 서면 및 구두로 자신의 견해를 제시할 수 있도록 한다. 금전제재는 세금 또는 공공재산과 별개인 국가채권으로 징수된다. 규칙에 대한 중대하고 급박한 침해가 있는 경우, 전자통신우편규제청은 사전 이행촉구 없이 보전조치를 할 수 있다. 전자통신우편규제청은 필요한 경우 관계인에 대해 변명을 하고 해결책을 제시할 기회를 준 이후에 보전조치를 확정할 수 있다.전자통신우편규제청이 조사, 확인, 제재를 위한 어떤 행위를 하지 않은 이상, 3년이 지나면 제재조치를 취할 수 없다.40) 결정은 관계인에게 통지되며, 관보에 게재된다.

이러한 제재의 권한은 전통적으로는 법원에게 부여되는 권한이라는 점에서 권력분립의 원칙에 반하는 것이 아닌가 하는 논란이 발생할 여지가 있는 것이 사실이다. 우리나라에서 과징금을 공정거래위원회에서 부과토록 한 것이 국민의 재판받을 권리를 침해한 것이 아닌가 하는 의문이 제기되어 헌법재판이 이루어진 것과 같은 맥락이라고 할 수 있다.

독립행정청의 제재권한과 관련해서 헌법재판소는 그 제재권한이 당해

---

38) 우편전자통신법 제36-11조 제1항.
39) 우편전자통신법 제36-11조 제1항.
40) 우편전자통신법 제36-11조 제1항.

독립행정청의 설립목적의 실현을 위해 필요한 범위 내의 제한적인 성격의 것이라면 그 합헌성이 인정될 수 있다고 일관되게 판시하고 있다. 방송감독위원회, 증권거래위원회에 관해 이러한 판시를 내린 바 있으며[41] 이는 통신위원회에 관한 판시에서도 이어지고 있다.[42]

2. 형사적 제재

우편전자통신법전 제39조-제40조의 1에서는 각종의 벌칙규정을 두고 있다. 예를 들어 신고대상에 해당하는 사업자가 신고 없이 공중통신망을 설립한 경우, 공중통신망의 설립권에 대한 정지 또는 취소결정이 있음에도 이에 위반하여 공중통신망을 유지한 경우에는 징역 1년 및 벌금 75,000유로에 처한다.[43]

일정한 경우 법인에 대해서도 처벌이 가능한데, 이 경우 법인에게 주어지는 처벌로는 벌금형 외에도 일정기간 위반행위가 일어난 분야에서의 영업활동을 금지하는 내용이 포함된다.[44]

전자통신사업자와 그 직원을 모두 처벌하는 경우도 존재한다. 법률에서 정해진 삭제 또는 익명화작업을 이행하지 않은 경우, 법률에서 보존할 것을 요구하는 기술적 데이터를 보존하지 않은 경우 등이 그것이다. 이 경우 전자통신사업자 또는 그 직원을 징역 1년 및 벌금 75,000유로에 처한다.[45]

---

41) Décision n° 88-248 DC, Rec. 18; Décision n° 89-260 DC, Rec. 71.

42) Décision n° 96-378 DC, Rolin, Elizabeth, Les règlements de différends devant l'Autorité de régulation des télécommunications, ART, 2004, para. 5 참조.

43) 우편전자통신법 제39조.

44) 우편전자통신법 제39-10조.

45) 우편전자통신법 제39-3조.

3. 민사적 제재

가입자선로 공동활용은 객관적이고, 투명하며, 비차별적인 조건 하에서 보장된다. 이는 2세대이동전파통신사업자 간의 사법상 협정의 대상이된다. 이 협정에는 가입자선로의 제공에 관한 기술조건 및 재정조건도포함된다. 이 협정은 전자통신우편규제청에 송부된다. 경쟁조건의 평등또는 역무의 상호운용성을 보장하기 위하여, 전자통신우편규제청은 경쟁위원회의 의견을 들은 후 이미 체결된 가입자선로 공동활용협정을 변경할 수 있다.46)

이처럼 사인간에 체결된 협정내용을 규제기관이 직접 개입하여 변경할수 있는 권한을 갖는 것은 일종의 민사적 제재로서의 성격을 갖는 것으로평가할 수 있다.

VI. 분쟁해결절차

1. 사업자 상호간의 분쟁해결절차

접속 또는 상호접속이 거절된 경우, 사업자 상호간에 상업적 협상이 실패한 경우, 상호접속 또는 접속에 대한 계약의 체결 또는 이행에 관한 상업적 협상의 실패 또는 불합의가 있는 경우, 일방 당사자는 전자통신우편규제청에 이러한 분쟁에 대하여 제소할 수 있다.47) 또한 사업자 간의 이용권분할가능성 및 이용권분할조건, 가입자 목록의 제공에 관한 기술조건 및 요금조건, 가입자선로 공동활용협정의 체결 또는 이행, 지방자치법

---

46) 우편전자통신법 제34-8-1조.
47) 우편전자통신법 제36-8조 제1항.

(code général des collectivités territoriales) 제142조가 대상으로 하는 전자통신망 및 인프라시설의 설립, 이용 또는 배분에 관한 기술조건 및 요금조건 등과 관련하여 사업자 간에 분쟁이 발생한 경우에도 일방 당사자는 전자통신우편규제청에 이러한 분쟁에 대해 제소할 수 있다.[48]

전자통신우편규제청은 꽁세유데따의 데크레에서 정한 기간 내에 각자의 주장을 제시하게 하고, 필요한 경우 당사자의 비밀을 지키면서 본법에 규정된 조건들 하에서 기술적, 경제적 또는 법적 자문이나 감정을 거친 후 결정한다. 이 결정에는 이유제시가 있어야 하고, 기술 및 재정분야에 관한 공정한 조건을 명시하여 상호접속 또는 접속이 보장되도록 한다.[49] 상호접속과 관련한 분쟁과 관련하여 전자통신우편규제청이 결정을 내리는 이러한 시스템은 전자통신우편규제청에게 사법유사의 기능을 부여하는 것으로 평가될 수 있다.[50]

전자통신영역을 규율하는 규칙들에 대한 중대하고 급박한 침해가 있는 경우, 전자통신우편규제청은 관계인의 주장을 들은 후, 특히 망기능의 계속성을 유지하기 위한 보전조치를 명할 수 있다. 이러한 조치는 긴급상황에서 불가피한 경우로 엄격히 제한된다.[51]

사업자간의 분쟁과 관련하여 전자통신우편규제청이 내린 결정에 대해서 불복하고자 하는 자는 결정통지를 받은 날로부터 1월 내에 취소소송 또는 변경소송을 제기할 수 있다. 이 소송은 집행부정지를 원칙으로 한다. 그러나 법원은 전자통신우편규제청의 결정이 명백히 과도한 결과를 야기할 수 있거나 통지 후 중대한 예외상황이 새로이 발생한 경우 집행정지를 발령할 수 있다. 전자통신우편규제청이 취한 보전조치에 대해서는 통지

---

48) 우편전자통신법 제36-8조 제2항.
49) 우편전자통신법 제36-8조 제1항.
50) OECD, 『Regulatory reform in France-Regulatory reform in the telecommunications sector』, 2003, 15쪽 참조.
51) 우편전자통신법 제36-8조 제1항.

후 최대 10일 내에 취소소송 또는 변경소송을 제기할 수 있다. 이 소송은
1월 내에 결정한다.52)

본조의 적용에 따라 전자통신우편규제청이 내린 결정 및 보전조치에
대한 소송은 파리항소법원이 관할한다. 파리항소법원의 판결에 대하여는
판결을 통지받은 후부터 1월 내에 민사대법원(Cour de Cassation)에 상고
할 수 있다.53)

그런데 파리항소법원은 이처럼 전자통신우편규제청에서 사인간의 분
쟁에 관해 내린 결정에 대한 불복을 다룰 뿐만 아니라, 경쟁위원회의 결
정에 대한 불복사건도 다루고 있다. 이처럼 전자통신우편규제청의 결정에
대한 불복사건과 경쟁위원회의 결정에 대한 불복사건이 동일하게 파리항
소법원에서 다루어지게 함으로서 양 기관간의 조화를 추구하고 있다는
점이 프랑스 통신규제체계의 주요한 특징으로 일관되게 지적되고 있다.54)

2. 규제기구의 제재조치에 대한 불복절차

우편전자통신규제청의 제재결정에 대해서는 꽁세유데따에 완전심판소
송 및 행정소송법 제521-1조에 의한 집행정지신청이 가능하다. 이러한 불
복은 실체상 하자만이 아니라 절차상 하자를 이유로도 가능하다.55) 본조
의 범위 내에서 확인된 위반행위가 사업자 또는 전체시장에 중대한 손해

---

52) 우편전자통신법 제36-8조 제3항.

53) 우편전자통신법 제36-8조 제4항.

54) Chérot, Jean-Yves, 『Droit public économique, Economica』, Paris, 2002, 604면;
    Lasserre, Bruno, 『Droit des télécommunications: entre déréglementation et
    réglementation-L'Autorité de régulation des télécommunications(ART)』, A.J.D.A.
    1997, 228쪽; OECD, 『Regulatory reform in France -The Role of competition
    policy in regulatory reform』, 2003, 34면 각 참조.

55) OECD, 『Regulatory reform in France -Regulatory reform in the telecom-
    munications sector』, 2003, 15면 참조.

를 야기할 가능성이 있는 경우, 전자통신우편규제청장은 꽁세유데따 소송 부장(président de la section du contentieux du Conseil d'Etat)에게 위반책임을 지는 자에게 규칙 및 결정을 준수하고 위반으로 인한 결과의 제거를 명하는 가처분을 선고해 줄 것을 요청할 수 있다. 법원은 모든 보전조치를 할 수 있고, 보전명령의 집행을 위해 이행강제금(astreinte)을 부과할 수 있으며, 이는 직권으로도 가능하다.[56]

이처럼 전자통신우편규제청의 결정에 대한 불복소송이 꽁세유데따에서 이루어질 때 경쟁법과 관련된 이슈가 있을 때에는 꽁세유데따는 경쟁위원회의 의견을 청취한 후에 결정을 내린다.[57] 이러한 과정을 통해 양 기관간의 권한의 조화를 추구하고 있다는 점이 프랑스 통신법의 또다른 특징으로 지적되고 있다.[58]

VII. 결 론

이상에서 살펴본 프랑스의 규제집행절차의 내용을 정리함과 동시에 우리나라에 주는 시사점을 검토해보면 다음과 같다.

첫째, 규제기구를 살펴보면 독립규제행정청의 형식으로 전자통신우편규제청(ARCEP)과 경쟁위원회 등을 설치함으로서 규제의 중립성을 유지

---

56) 우편전자통신법 제36-11조 제1항.

57) 경쟁위원회의 의견청취절차를 거친 예로 CE 26 mars 1999, société EDA c/ADP; CE 29 juillet 2002, Institut national de la statistique et des études économiques(INSEE) c/sté CEGEDIM. 등.

58) Marais, Bertrand du, 「The French administrative courts in the midst of the conflicts between the general antitrust regulator and sector specific regulator in the telecommunications market」『서울대학교 공익산업법센터 개소기념 국제학술대회(통신시장에 있어서 전문규제기관과 일반경쟁규제기관의 관계) 자료집』, 2006. 5, 150면~159면 및 Frison-Roche Marie-Anne/Payet, Marie-Stéphane, 『Droit de la concurrence』, Dalloz, Paris, 2006, 페이지 참조.

하려고 하는 것이 주요한 특색이라고 할 수 있다. 다만 이러한 독립규제
행정청은 사법유사, 입법유사의 기능을 모두 담당함으로서 권력분립의 원
리에 반하지 않는가 하는 문제가 제기되고 있지만, 규제기구의 설립목적
에 반하지 않는 제한적 범위 내에서 이러한 권한들이 부여될 경우에는 헌
법위반의 문제는 발생하지 않는다고 하는 점이 지적되고 있다. 규제의 중
립성을 유지하면서 규제집행의 전문성, 실효성을 추구하는 점은 우리나라
에도 주는 시사점이 크다고 할 수 있다.

둘째, 규제집행을 위한 기준설정의 측면에 있어서는 재판기관으로서의
성격도 갖고 있는 꽁세유데따가 데크레의 형식으로 규제기준을 구체화할
수 있는 역할도 갖고 있다는 점이 주요한 특색이라고 할 수 있다. 이는
꽁세유데따가 연혁적으로 행정내부기관으로 출발한 데에서 기인한다고
할 수 있는데, 역사적 연혁이 다른 우리나라에 그대로 적용하기는 무리가
있다고 하지 않을 수 없다.

셋째, 규제집행을 위한 행정정보의 취득면에 있어서는 행정조사, 신고
제도 등을 활용하되 인권침해의 우려를 고려하여 건물에의 출입 등 일정
한 경우 법원에 의한 허가를 요하고 있다는 점이 특색이라고 할 수 있다.
우리나라 행정조사에 있어서도 어느 정도의 범위 내에서 법원의 영장을
필요로 할 것인지가 문제되고 있는데, 프랑스의 입법례가 하나의 참고자
료로 될 수 있을 것이다.

넷째, 법령위반에 대한 제재에 있어서는 과징금 등 강력한 행정적 규제
수단이 활용되고 있다는 점, 형사적 제재와 관련해서는 자연인에 대한 징
역형에 대응하여 법인에게 일정기간의 해당영업의 정지 등의 제재수단을
두고 있다는 점 등이 특징이다. 행정적 제재와 형사적 제재가 모두 가능
토록 하고 있고 이에 관해 이중처벌에 관한 논의는 찾아보기 힘들다. 프
랑스 행정법이 전통적으로 공익성을 강조하고, 이와 연계하여 국가의 역
할을 강조해왔다는 점을 고려할 때 이러한 프랑스의 태도를 우리나라가
그대로 받아들이는 데에는 신중함이 필요할 것이다.

다섯째, 분쟁해결절차와 관련해서는 경쟁위원회나 전자통신우편규제청 스스로가 분쟁해결기능을 담당하고 있다는 점, 양 기구의 결정에 대한 불복이 파리항소법원이나 꽁세유데따에서 이루어짐으로서 양 기구의 조화를 추구하고 있다는 점이 특색이라고 할 수 있다. 프랑스의 꽁세유데따는 우리나라 법원과 그 연혁이 다르다는 점에서 그대로 따르기 힘든 점이 존재하나, 법원을 통한 기관 간 조화의 추구라는 점은 우리나라에서도 긍정적으로 볼 필요가 있다.

제6절 통신법상의 행정조사*
―독일 통신법(TKG)상 행정조사와의 비교고찰―

Ⅰ. 서 론

행정기관은 적정하고 효율적으로 행정작용을 펼치기 위하여 당해 행정작용과 관련된 자료나 정보를 수집하고 처리하는 것이 필요하다. 이처럼 행정기관이 행하는 자료·정보의 수집 및 처리를 국내 행정법문헌들은 일반적으로 행정조사로 분류하며 그에 대한 법리를 검토하고 있다.

통신법상의 규제기관은 적정한 임무의 수행을 위하여 일정한 '조사,'[1] '검사',[2] '심사'[3] 등을 행하는바, 이들 작용은 대체로 강학상의 행정조사 관념과 관련된다. 통신관련법률이 행정조사와 관련된 규정들을 두고 있음에도 불구하고 그 해석 및 법집행이 반드시 명확한 것은 아니다. 그것은 기본적으로 강학상 행정조사의 개념이 아직 분명하고 통일적으로 파악되지 못하여 행정조사에 대한 일반적 규율법리가 만족스럽게 규명되고 있지 않다는 점에 그 이유가 있다. 다음으로 통신관련법률 자체가 규제기관의 조사 등의 활동에 대한 규율에 있어 강학상 행정조사에 대한 이론적 논란이 있는 부분(예컨대 특정행정조사와 관련된 강제의 종류, 절차 및 방

---

  * 김성태(홍익대 교수).
  1) 예: 전기통신기본법 제18조 제3항; 전기통신사업법 제36조의5 제1항.
  2) 예: 전기통신기본법 제45조 제1항, 전기통신사업법 제36조의2 제4항.
  3) 예: 전기통신기본법 제25조 제5항.

법)을 명확하게 규정하고 있지 않다는 점도 그 이유가 된다.

이 글에서는 그 법적 본질 및 규율에 대하여 여전히 논란이 있는 행정조사를 통신법상의 실제 규율과 관련하여 검토한다. 이러한 검토는 강학상 행정조사의 관념과 그에 대한 규율의 법리를 보다 명확하게 할 뿐만 아니라, 오늘날 사회·경제발전을 위한 중요 사회간접시설이며 동시에 인간다운 생활의 필수조건이 되는 정보통신에4) 대한 규제법제의 개선에 일조할 수 있다.

이하에서는 먼저 행정조사에 대한 일반적 고찰을 하고 현행 통신관련 법률에서 규정하고 있는 행정조사를 개괄적으로 검토한다. 그에 이어 독일 통신법에서의 행정조사를 비교법적 고찰의 소재로서 일별한 후 우리 통신법상 행정조사에 관한 법제의 개선방향을 제시한다.

II. 행정조사에 대한 일반적 고찰

1. 행정조사의 개념

강학상 행정조사의 개념이 반드시 통일적인 것은 아니다. 종래 학설은 즉시강제 가운데 조사적 기능을 갖는 것을 분리하여 행정조사(administrative investigation)로 인식하였고,5) 그 연장선상에서 주로 권력적 속성을 띠는 행정기관의 조사만을 행정조사로 설명해온 것이 보통이다. 그에 따르면 행정조사를 "행정기관이 궁극적으로 행정작용을 적정하게 실행함에 있어 필요로 하는 자료·정보 등을 수집하기 위하여 행하는 권력적 조사

---

4) 규제법제의 대상으로서의 정보통신이 갖는 의미에 대해서는 이원우, 「통신시장에 대한 공법적 규제의 구조와 문제점」『정보통신과 법 II』, 2003, 513면 이하 참조.

5) 김도창, 『일반행정법론(상)』, 청운사, 1986, 592면 참조.

활동"으로6) 정의하게 된다. 이처럼 행정조사를 권력적인 것으로 한정하여 파악하는 경우 i)행정조사에 대한 법률의 수권이 필요하다는 점이 분명하게 되고, ii)체계적이며 명확한 규율법리를 용이하게 정립할 수 있다는 장점이 있다.

그러나 행정조사의 관념은 용어상의 표현에서 보여주는 바와 같이 행정기관이 자료나 정보를 수집하는 작용이라는 점에 착안하여 일정한 행정작용을 파악하는 것이라는 점에 그 본질이 있는 것으로서, 행정기관에 의한 자료나 정보의 수집은 비권력적 혹은 상대방의 임의적 동의 하에 이루어질 수도 있다.7) 따라서 행정조사의 개념을 반드시 권력적 조사에 한정할 것이 아니라 비권력적 조사작용도 포함되는 개념으로 파악하는 것이 보다 자연스럽다.8)

행정조사는 반드시 행정청에 의해서만 행해지는 것은 아니고 행정청의 권한을 보조하는 기관에 의해서도 행해질 수 있다는 점에서 널리 '행정기관'이9) 행하는 조사작용으로 파악된다. 다만 행정기관이 행하는 것이기 때문에 입법기관이나 사법기관(검찰과 같은 수사기관 포함)은 행정조사의 주체에서 제외되고 이들 기관에 의한 자료 등의 수집은 행정조사가 아니다.10)

---

6) 김동희, 『행정법 I』, 박영사, 2006, 452면; 또한 "행정청이 행정목적을 적정하고 효과적으로 수행하기 위하여 필요로 하는 자료·정보 등을 수집하기 위하여 행하는 권력적 조사활동"이라고 정의하여 강제적 행정조사에 한정하여 서술하는 견해로는 정하중, 『행정법총론』, 제3판, 459면.

7) 행정조사를 권력적인 것으로 서술하는 경우에도 이와 같은 점을 부정하지 않는다. 예컨대 정하중, 『행정법총론』, 법문사, 2005, 459면.

8) 행정조사를 권력적 조사뿐만 아니라 비권력적 조사를 포함하여 설명하는 견해로는 예컨대 홍정선, 『행정법원론(상)』, 박영사, 2006, 558면; 박균성, 『행정법론(상)』, 박영사, 2006, 399면.

9) 행정기관의 의미에 대해서는 김동희, 『행정법 II』, 박영사, 2006, 8면 이하 참조.

10) 오준근, 「행정조사의 공법이론적 재검토」, 『공법연구』, 제31집 제3호(2003. 3), 535면 참조; 따라서 전기통신사업법 제54조 제3항에 따라 법원, 검사 또는 수사관서의 장 등이 재판, 수사, 형의 집행을 위하여 전기통신사업자로부터 자료

다른 행정기관으로부터의 자료 및 정보의 취득이나 상급행정기관에 의한 하급기관에 대한 감사·조사와 같은 것은 행정관청상호간의 관계로서 주로 행정조직법적인 문제로 다루어야 할 것으로, 전통적 관점에서 행정의 대상으로서의 지위에 있는 對사인에 대한 조사와는 그 규율법리에 차이가 있다. 이 점에서 행정조사에 대한 개념의 설정에 있어서는 양자는 구별되어야 하며, 통상 작용법적 고찰대상이 되는 행정조사에서는 사인에 대한 조사만을 포함한다고 보는 것이 행정조사에 대한 보다 체계적인 법리의 설정에 적합하다고 할 것이다.[11)

자료 및 정보를 수집하기 위한 방식은 사실행위(예: 권유, 협상, 행정지도)뿐만 아니라 행정행위(예: 문서제출명령)가 될 수도 있다.[12) 그리고 행정조사에서의 자료 및 정보의 수집은 엄격하게 자료 등의 취득에 한정되는 것은 아니고 일정한 정도의 사실적 판단작용도 포함하는 관념으로 이해하여야 한다. 이렇게 이해함으로써 여러 법률에서 규정하고 있는 검증, 검사, 심사와 같은 작용들을 매끄럽게 행정조사의 범주에 포함시킬 수 있게 된다.

단정적으로 명확하게 언급하기는 어렵지만, 행정조사로 파악되기 위해

를 요청하는 것은 여기에서의 행정조사로서는 다루지 않는다. 다만 동규정에서 정보수사기관장이 행하는 국가안전보장에 대한 위해방지를 위한 자료의 요청은 경찰행정목적을 위한 것으로서 행정조사의 범주에 포함될 수 있다.

11) 따라서 전기통신사업법 제62조 제3항에 의하여 정보통신부장관이 사실의 확인을 위하여 행정기관에 대하여 관련자료의 제출을 요청하는 것은 행정조사로 분류되지 않는다. 또한 전기통신기본법 제33조의2에서 정하고 있는 정보통신부장관의 형식승인을 위한 지정시험기관에 의한 성능시험(동조 제1항)과 관련하여 정보통신부장관이 지정시험기관에 대하여 행하는 검사(동조 제3항)는 지정시험기관의 법적 성격이 공무수탁사인으로 파악되는 경우에는 행정조사에 해당하지 않게 된다.

12) 동지 박균성, 『행정법론(상)』, 박영사, 2006, 399면 이하; 사실행위 또는 사실행위와 법적 행위의 합성행위로 보는 견해로는 홍정선, 『행정법원론(상)』, 박영사, 2006, 558면; 사실행위로 파악하는 견해로는 김철용, 『행정법 I』, 박영사, 2006, 336면.

서는 자료·정보의 수집이 어느 정도 '능동적이고' '의도적으로' 행해져
야 한다. 만약 특정법률이 일률적으로 사인에 대한 보고의무 혹은 신고의
무를 규정한 결과로서 행정기관이 정보를 취득하게 되는 경우에는 이를
굳이 행정조사에 포함시킬 이유는 없다. 왜냐하면 행정조사는 행정기관의
정보수집을 위한 개개 행위에 대한 법적 규율의 정립을 위하여 필요한 개
념이기 때문이다.[13)]

    앞서 설명한 내용들에 따라 행정조사를 정의하는 경우 '행정기관이 사
인으로부터 행정상 필요한 자료나 정보를 수집하기 위하여 행하는 활동'
정도가 될 수 있다.[14)]

---

13) 전기통신기본법에 따르면 주요기간통신사업자는 그 소관에 속하는 전기통신
    역무에 관하여 통신재난이 발생한 때에는 그 현황·원인·응급조치 내용 및
    복구대책 등을 지체없이 정보통신부장관에게 보고하여야 한다(제44조의7). 또
    한 통신재난시 주요기간통신사업자가 통신재난에 대한 피해복구의 진행상황
    등을 대책본부에 보고하도록 하고 있다(제44조의8 제4항). 이러한 통신재난관
    련 보고의 결과 행정기관은 일정한 정보를 취득하게 되지만 이는 행정청의 능
    동적인 의사에 의한 것은 아니며 통상적인 행정조사에는 해당하지 않는다고
    할 것이다. 전기통신사업법 제6조의3 제2항의 기간통신사업자 또는 기간통신
    사업자의 주주에 의한 공익성심사와 관련된 신고 역시 마찬가지로 행정조사에
    포함되지 않는다; 김철용 교수는 이러한 필자의 기준에 의한 행정조사를 협의
    의 행정조사로, 행정기관이 정책을 입안하거나 입법활동을 위하여 필요로 하
    는 정보를 수집하는 활동으로부터 법이 정한 권한을 개별적·구체적으로 행사
    하기 위하여 사실을 조사하거나 자료를 수집하는 활동에 더하여 사인의 신
    청·신고 등에 의한 정보취득까지를 모두 포함한 경우를 광의의 행정조사로
    분류하고 있다. 김철용, 『행정법 I』, 박영사, 2006, 335면.
14) 이와 유사하게 '행정기관이 사인으로부터 행정상 필요한 자료나 정보를 수집
    하기 위하여 행하는 일체의 행정작용'으로 개념을 파악하는 견해는 김영조, 「행
    정조사에 관한 연구」, 경희대박사학위논문, 1998, 8면; 박균성, 『행정법론(상)』,
    박영사, 2006, 398면; 오준근, 「행정조사의 공법이론적 재검토」『공법연구』,
    제31집 제3호(2003. 3), 532면.

2. 행정강제 내지 의무이행확보수단성 여부

행정조사를 다루는 국내교과서들은 대부분 이를 행정의 실효성확보수단 혹은 의무이행확보수단에 대한 편별하에서 검토하고 있다.[15] 특히 행정조사를 권력적 행정작용에 한정하여 파악하는 경우 행정상 즉시강제와 공통성이 있다고 하면서, 즉시강제가 그 자체 완결적인 행정목적을 위한 것임에 비하여 행정조사는 궁극적인 행정목적의 적정한 실현을 위한 예비적·보조적 작용이라고 하고 있는바,[16] 이는 특히 행정조사와 강제수단의 밀접한 연관성을 강조하는 것이다. 그러나 이러한 설명은 자칫 행정조사의 의의 혹은 기능의 파악에 혼란을 줄 수도 있다.

행정조사는 다양한 형식으로 수행될 수 있고 경우에 따라서는 행정강제 ― 즉시강제를 포함하여 ― 에 의한 관철도 고려될 수 있을 뿐,[17] 주로 즉시강제와 관련하여 설명되어야 할 이유는 없다. 행정조사와 즉시강제에 의한 단속조치 혹은 제재조치는 실제 그것이 시간적으로 밀접하게 이루어지는 경우가 있지만 개념적으로 전혀 별개의 것이다. 행정조사는 수범자에 의한 법령 준수를 확보하기 위하여 행정기관이 법령에 의해 주어진 행정상의 규제권한을 행사하기 위한 전제로서 행해진다는, 다시 말해서 행정법상 제재 등의 조치를 발동하기 위한 요건의 충족여부에 대한

15) 예컨대 김동희, 『행정법 I』, 박영사, 2006, 451면 이하; 홍정선, 『행정법원론(상)』, 박영사, 2006, 557면 이하, 정하중, 정하중, 『행정법총론』, 법문사, 2005, 459면 이하; 박윤흔, 『최신행정법강의(상)』, 박영사, 2004, 629면 이하.

16) 김동희, 『행정법 I』, 박영사, 2006, 452면.

17) 행정조사는 적극적으로 문제상황을 조사한다는 점에서 행정에 특유한 작용의 모습을 띤다고 하고 그에 비해서 즉시강제와 강제집행은 인지된 위반행위에 대해서 소극적으로 대처하는 성격을 띠며 이 점에서 그 조치의 내용이 사법작용과 유사하다는 설명(박정훈, 「컴퓨터프로그램보호법상 단속처분 및 행정조사법제의 문제점과 개선방안」, 『행정법연구』, 제10호(2003. 10), 2면 참조)은 행정조사가 직접강제 혹은 즉시강제의 방식에 의해서도 행해질 수 있다는 점에서 행정조사의 개념이해에 대한 혼란을 초래할 우려가 있다.

일련의 판단과정의 일부분이 될 수 있음을 그 특징으로 할 뿐이다.[18]

요컨대 행정조사는 자료수집 혹은 정보수집을 목적으로 하는 것으로서 일정한 행정처분의 전제로서의 의미가 두드러지며, 행정의 실효성을 확보하기 위한 수단 혹은 의무이행을 확보하기 위한 수단 그 자체는 아니다.[19]

3. 독자적 행정작용형식으로의 분류 필요성 여하

일부 견해에 의하면 행정조사는 하나의 독자적인 행정작용형식으로 분류될 것이라고 한다.[20] 행정기관이 사인으로부터 행정상 필요한 자료나 정보를 수집하기 위하여 행하는 활동이라는 개념에 의하여 파악되는 작

---

18) 전기통신기본법에 의하면 정보통신부장관은 전기통신설비가 기술기준에 적합하게 설치·운영되는지를 확인하기 위하여 일정한 경우에는 소속공무원으로 하여금 전기통신설비를 설치·운영하는 자의 설비를 조사 또는 시험하게 할 수 있고(제25조 제5항), 조사·시험 결과 기술기준에 적합하지 아니하게 된 전기통신설비에 대해서는 정보통신부장관의 시정명령 등이 가능하다. 이는 제25조 제5항의 행정조사가 일정한 행정처분의 전제로서의 의미를 갖는다는 것을 의미한다. 또한 동법 제36조 제2항에 의하면 정보통신부장관은 전기통신기자재의 형식승인에 관한 사항의 이행여부를 확인하기 위하여 일정한 경우에는 소속공무원으로 하여금 생산·수입 또는 유통중인 전기통신기자재를 조사 또는 시험하게 할 수 있고, 조사·시험결과 불량품으로 판정된 전기통신기자재에 대해서는 파기 또는 수거명령(동조 제3항)을 발할 수 있는바, 이것 역시 행정조사가 제재적 행정처분발령을 위한 전제로서 기능함을 보여준다.

19) 박균성, 『행정법론(상)』, 박영사, 2006, 399면; 오준근, 「행정조사의 공법이론적 재검토」『공법연구』, 제31집 제3호(2003. 3), 534면; 홍정선, 『행정법원론(상)』, 박영사, 2006, 558면 참조.

20) 홍정선, 『행정법론(상)』, 박영사, 2006, 557면; 정하중, 『행정법총론』, 법문사, 2005, 459면; 김철용교수(『행정법Ⅰ』, 박영사, 2006, 333면 이하)는 제3편 행정의 조사·절차·확보론에서 작용형식론이나 의무이행확보수단과 분리하여 기술하고 있고, 박균성교수(『행정법론(상)』, 박영사, 2006, 398면 이하) 역시 제2편 제7장에서 행정조사를 독자적인 행정작용형식으로 분류하여 기술하고 있다.

용의 모습이 실제 행정에서 존재한다는 점에서 이러한 견해는 기본적으로 타당하다.

다만, 법적 고찰과 규율에 있어서는 당해 행정작용의 외형이 아닌 법적 본질(Rechtsnatur)이 중요한 의미는 갖는다는 점에서 행정조사를 독자적인 새로운 유형의 행정작용형식으로 분류할 실익이[21] 반드시 큰 것만이 아닐 수도 있다. 개개의 구체적인 행정조사는 주로 전통적으로 대표적인 행정작용형식이라고 할 수 있는 행정행위(예: 기업에 대한 보고서제출명령, 장부제출명령) 및 사실행위(예: 검사행위자체, 영업소의 출입)로 행해진다. 이들 작용형식은 각기 다른 개념징표를 갖고 그의 법적 효과, 법적 규율 및 구제에 대하여 달리 취급된다. 즉 행정조사를 독자적인 작용형식으로 분류하여 다루는 경우에도 법적 규율은 개개의 행정조사가 갖는 법적 본질에 따라 정해질 수밖에 없는 것이다.

4. 행정조사와 수사

행정기관에 의한 임무수행의 일환으로 이루어지는 행정조사는 범죄의 혐의유무를 명백히 하여 공소의 제기와 유지여부를 결정하기 위하여 범인을 발견·확보하고 증거를 수집·보전하는 수사와는[22] 별개이며 양자는 서로 구별된다. 행정상 필요 내지 행정목적을 위한 행정조사는 본질적으로 범죄의 혐의를 전제하여 이루어지는 것이 아니기 때문이다. 행정조사결과 판명된 법규위반에 대한 제재는 행정상의 조치(시정명령, 행정질

---

21) 행정의 작용형식분류가 갖는 기능에 관해서는 Schmidt—Aßmann, Die Lehre von den Rechtsform des Verwaltungshandelns. DVBl 1989, 533면 이하; 김동희, 「행정작용론 소고」『행정작용법(중범김동희교수 정년기념논문집)』, 박영사, 2005, 5면 이하; 김중권, 「행정의 작용형식의 체계에 관한 소고」『공법연구』, 제30권 제4호(2002. 10), 298면 참조.

22) 이재상, 『형사소송법』, 박영사, 2000, 169면.

서벌 등)의 성격을 갖는 것이 보통이다. 다만, 관련법규정에 의하여 행정 상의 제제뿐만 아니라 형벌까지도 정해질 수 있고 이 때 행정조사의 결과 법규위반사실이 발견되는 경우 행정조사는 수사활동과 사실상의 관련을 맺게 된다.[23] 그러나 그것이 행정조사의 본질은 아니다.

5. 행정조사의 분류방식

행정조사는 여러 방식에 의하여 분류되고 있다. 조사의 대상에 따라 대인적 조사(예: 불심검문, 질문), 대물적 조사(예: 물건의 검사, 장부검사), 대가택조사(예: 가택출입, 임검)로 분류된다. 조사방법 내지 형식에 따라 실력행사를 수반하는 조사(직접적으로 개인의 신체 또는 재산에 실력을 가하여 필요한 정보 등을 수집하는 행정조사), 실력행사이외의 수단에 의하는 조사(벌칙 혹은 제재수단에 의하여 담보되는 경우의 행정조사)로 분류하기도 하며,[24] 혹은 개별조사(예: 토지 물건조서의 작성을 위한 조사), 일반조사(예: 통계법상의 국세조사)로[25] 구별하기도 한다.

행정조사의 분류에 있어서는 당해 행정조사가 권리침해적(eingreifend) 성격을 갖는 것인지 아니면 비권리침해적(nichteingreifend)인 것인지의 분류가 의미를 갖는다. 행정조사의 적법성과 관련하여서는 당연히 법률 유보관점에서의 검토가 이루어져야 하는바, 비권리침해적 행정작용의 경우 약한 정도의 '규율밀도'만으로도 법률유보원칙을 충족할 수 있다거나[26] 혹은 경찰법에서 인정되고 있는 임무규범 만에 의해서도 비권리침

---

23) 현재 통신법상 행정조사를 담당하는 정보통신부 등의 공무원이 수사권한을 갖고 있는 것은 아니지만, 형사소송법 제234조 제2항은 공무원의 직무행위상 인식한 범죄에 대한 고발의무를 규정하고 있어 범법행위를 발견한 경우 수사절차가 개시된다는 것을 예상할 수 있다.

24) 김동희, 『행정법Ⅱ』, 박영사, 2006, 454면.

25) 홍정선, 『행정법원론(상)』, 박영사, 2006, 559면.

26) 헌법재판소는 공권력행사에 대한 법률유보원칙의 충족여부의 판단에 있어서

해적 조치가 적법하게 된다는 이론(임무규범의 적법화기능: legalisierende Funktion der Aufgabennorm)을[27) 고려할 때 위와 같은 분류가 중요한 의미를 갖는 것이다. 권리침해가 종국적으로는 국민에 대한 공권력의 행사로 된다는 점에서 권리침해적 행정조사와 비권리침해적 행정조사의 분류는 국민에 대한 권력적 행정조사 및 비권력적 행정조사와 거의 동일한 의미로 이해될 수 있다.[28)

위의 분류는 또한 항고쟁송을 통하여 불복이 가능한 행정조사를 파악함에 있어서도 의미가 있다. 왜냐하면 행정심판법과 행정소송법이 쟁송의 대상이 되는 처분을 "행정청이 행하는 구체적 사실에 대한 법집행으로서의 공권력의 행사"라고 정의하고 있고 권리침해적 성격을 띤 행정조사는 여기에서의 공권력의 행사에 해당되기 때문이다.

일부견해는 本質性說에 따라 "행정조사에 대한 법령의 근거의 필요성은 행정조사가 국민과 기업에 대하여 가지는 본질적 의미 및 그 중요성에 따라 검토되어야지, 그 권력성 여부에 따를 것은 아니라고 하여" 권력적 행정조사와 비권력적 행정조사의 구분에 의한 법률유보이론의 검토를 비판하고 있다.[29) 그러나 권력적 행정조사가 권리침해적 행정조사와 실질

'규율의 밀도'라는 용어를 사용하고 있다. 예컨대 헌법재판소 2005. 5. 26. 선고 99헌마513 결정.

27) Knemeyer, 『Funktion der Aufgabenzuweisungsnormen in Abgrenzung zu den Befugnisnormen』, DÖV 1978, 11면; 김성태, 「독일경찰법 임무규범에서의 새로운 개념에 관한 고찰」, 『행정법연구』, 제8호(2002 상반기), 268면.

28) 그에 대한 논증으로는 김성태, 「경찰행정의 작용형식」, 『행정작용론(중범김동희교수 정년기념논문집)』, 박영사, 2005, 978면 이하 참조; 헌법재판소는 (침해성이 인정될 수 있는) 수집목적과 다른 목적을 위하여 행해진 행정기관간의 개인정보의 교부에서와 같이 행정기관간에 이루어져 국민에 대한 일방적 명령·강제관계에서의 작용의 속성이 나타나지 않는 것처럼 보이는 경우에도 공권력의 행사에 해당한다고 하고 있는바(헌법재판소 2005. 5. 26. 선고 99헌마513 결정) 이는 필자의 설명과 같은 논리를 내포하고 있는 것으로 볼 수 있다.

29) 오준근, 「행정조사의 공법이론적 재검토」, 『공법연구』, 제31집 제3호(2003. 3), 539면.

적으로 차이가 없는 것이라는 점과 침해(Eingriff)의 관념을 공권력의 작용
에 의하여 의도된 것이든 아니든, 직접적이든 간접적이든 또는 법적인 것
이든 사실적인 것이든지를 막론하고 기본권의 보호범위 내에 있는 개인
의 활동을 본질적으로 어렵게 하는 일체의 작용으로 파악하는 경우[30] 행
정조사에 대한 법률유보의 실제 모습은 본질성설에 의한 것과 크게 다르
지 않게 된다.

6. 행정조사의 적법요건

행정기관이 사인으로부터 행정상 필요한 자료나 정보를 수집하기 위하
여 행하는 활동으로서의 행정조사는 전술한 바와 같이 그 내용을 이루는
개개의 행위에 따라서 그 법적 본질이 다르게 파악된다. 따라서 행정조사
가 적법하기 위하여 어느 정도의 법률상 근거가 필요한지, 행정조사시 행
정기관이 실제로 어떠한 작용까지 행할 수 있는지, 어떠한 절차적 규정을
준수하여야 하는지 등의 문제는 개개 행위의 법적 본질과 관련하여 검토
되어야 한다.

일반적으로 행정조사를 구성하는 개개 행위의 법적 본질이 권력적 내
지 침해적인 경우 혹은 국민 일반 및 개인과의 관계에서 행정의 본질적
사항에 해당하는 경우에는 법률에 당해 행정조사에 대한 별도의 근거가
마련되어야 한다. 당해 행정조사의 법적 본질이 비침해적이거나 혹은 당
해 행정조사가 비본질적인 사항인 경우 반드시 법률에 별도의 수권규정
이 필요한 것은 아니며, 당해 행정청의 임무를 정하고 있는 임무규범 혹
은 조직법상의 관할규범 정도로도 법률적 근거는 충분할 수 있다. 또한

---

30) 행정기관의 정보활동에 있어서 침해의 관념을 이렇게 파악하는 견해로는
Kunig, 『Der Grundsatz informationeller Selbstbestimmung(Jura 1993)』, 600면;
김동희, 『행정법 II』, 박영사, 2006, 233면; 김성태, 「운전면허수시적성검사와
개인정보보호」 『행정법연구』, 제9호(2002), 339면 참조.

특정행정행위를 발령하는 권한규정이 마련되어 있는 경우 당해 규정으로 부터 비권리침해적 행정조사의 시행도 가능하다고 본다. 왜냐하면 임무지 정규범(Aufgabenzuweisungsnorm)이 아닌 권한(Befugnis)을 정한 규정으로 부터도 행정의 작용영역 내지 활동범위가 도출될 수 있는 것이며,[31] 이러 한 작용영역 내에서의 비권리침해적 조치는 적법하기 때문이다.

행정조사가 대사인과의 관계에서 이루어지는 작용으로서 사인의 일상에 영향을 미칠 수 있다는 점에서 권력적인 경우에는 물론이고 비권력적인 행정조사의 경우에도 행정조사에 앞서 조사의 목적 및 이유, 일시, 장소, 범위 등에 관하여 사전통지가 이루어져야 한다. 다만, 행정조사에 의해 추구하려는 공익의 내용, 조사대상인 정보의 성질, 조사 및 불의조사의 필요성, 기본권침해의 정도 등에 따라 법률에서 달리 정할 수도 있다.[32]

행정조사를 행정기관이 사인으로부터 행정상 필요한 자료나 정보를 수집하기 위하여 행하는 활동으로 이해하는 경우 행정조사에서의 영장요부에 대한 논의는 일률적으로 다룰 것은 아니며, 당해 행정조사의 수단 내지 방법이 어떠한 것인가에 따라 달리 검토되어야 한다. 특히 행정조사를 즉시강제와 대응시키며 영장의 요부에 대하여 일반적으로 논의하는 것은 지양되어야 한다. 일반적으로는 행정조사 그 자체가 법관이 요구한 영장을 필요로 한다고 볼 것은 아니다. 행정조사는 법률에서 근거를 부여한 경우 당해 법률이 정한 절차에 따라 행해지면 될 것이다. 행정조사가 강제에 의하여 관철되는 경우에도 일률적으로 영장의 요부를 논할 것은 아니고, 개개의 강제의 내용에 따라 검토되어야 한다. 행정조사가 압수·수색과 같이 헌법에서 법원의 영장을 필요로 하는 것으로 정한 방식으로 이루어지는 경우에 영장의 제시가 문제된다고 할 것이다.

---

31) 이와 같이 권한으로부터 역으로 임무가 도출될 수도 있다는 주장으로는 Kn-emeyer, 『Polizei- und Ordnungsrecht(Prüfe dein Wissen)』 2, Aufl., 75면.

32) 경건, 「현행 컴퓨터프로그램보호법제의 문제점과 개선방안」 『행정법연구』, 제8호(2002), 93면 참조.

행정조사는 궁극적인 행정목적의 적정한 실현을 위한 예비적·보조적 수단으로서의 성격이 두드러진다. 따라서 행정조사에 있어서는 구체적인 조사목적이 설정되어야 하고, 그러한 목적에 한정하여 행정조사가 이루어져야 한다.33)

또한 행정조사에 있어서는 실체법 및 절차법적인 한계가 준수되어야 하며 비례원칙, 평등원칙 및 기타 행정법상의 일반원칙들에 대한 준수가 요구된다. 특히 행정조사에 있어 조사대상의 선정은 적정하게 이루어져야 하며 명확한 기준이 법률에서 정하여져야 한다. 조사대상의 선정이 조사관청의 악의적 동기 혹은 기타 정당하지 않은 동기에 의하여 이루어지는 것은 허용되지 않는다.34)

행정조사의 대상이 개인정보인 경우 개인정보보호에 대한 법원칙과 법률상의 규정들이 준수되어야 한다. 예컨대 행정조사의 결과로 취득된 개인정보의 경우 당해 조사를 위한 목적과 다른 목적으로 이용되거나 타 기관에 교부되는 것은 원칙적으로 금지된다.35)

III. 통신법상의 행정조사에 대한 개관

통신관련법률에는 다수의 행정조사와 관련된 규정들이 마련되어 있다. 여기에서는 대표적인 통신관련법률인 전기통신기본법과 전기통신사업법에 규정된 작용 가운데 행정조사에 해당될 수 있는 것들에 대하여 개략적

---

33) 경건, 「현행 컴퓨터프로그램보호법제의 문제점과 개선방안」, 『행정법연구』, 제8호(2002), 92면; 김동희, 『행정법 I』, 박영사, 2006, 454면 참조.
34) 경건, 「현행 컴퓨터프로그램보호법제의 문제점과 개선방안」, 『행정법연구』, 제8호(2002), 92면 참조.
35) 개인정보보호에 대한 기본원칙과 최근 헌법재판소의 결정에 대한 평석으로는 김성태, 「특정금융거래정보의 보고 및 이용에 관한 법률에서의 개인정보보호의 문제」 『행정법연구』, 제15호(2006), 143면 이하 참조.

으로 검토한다.

1. 전기통신기본법에서의 행정조사

1) 전기통신설비 공동구축 협의를 위한 자료의 조사

정보통신부장관은 전기통신설비의 공동구축을 위한 사업자간협의에 있어 필요한 자료를 조사하여 기간통신사업자에게 제공할 수 있고(법 제18조 제2항), 이를 위하여 전기통신분야의 전문기관으로 하여금 당해 조사를 수행하게 할 수 있다(동조 제3항). 동조에서의 자료의 조사는 법상 특별히 강제나 제재에 대한 규정을 마련하고 있지 않다는 점에서 비권력적 행정조사에 해당한다.

2) 전기통신설비 설치 · 운영의 기술기준적합성 확인을 위한 조사 · 시험

정보통신부장관은 전기통신설비가 기술기준에 적합하게 설치 · 운영되는지를 확인하기 위하여 일정한 경우에는 소속공무원으로 하여금 전기통신설비를 설치 · 운영하는 자의 설비를 조사 또는 시험하게 할 수 있다(제25조 제5항). 이러한 조사 또는 시험에 대해서는 법상 일정한 절차적 규정을 준수하도록 정하고 있는바, 조사일 또는 시험일 7일 전까지 그 일시 · 이유 및 내용 등에 대한 조사 · 시험계획을 전기통신설비를 설치 · 운용하는 자에게 통지하도록 하고 있다. 다만 긴급을 요하거나 사전통지의 경우 증거인멸 등으로 조사 · 시험목적을 달성할 수 없다고 인정하는 경우에는 이러한 통지를 하지 않아도 되는 것으로 정하고 있다(동조 제6항). 또한 조사 또는 시험을 하는 공무원은 그 권한을 표시하는 증표를 지니고 이를 관계인에게 내보여야 하며, 출입 시 성명·출입시간·출입목적 등이 표시된 문서를 관계인에게 주어야 한다(동조 제7항).

동조 제5항에 기한 조사·시험을 거부 또는 기피하거나 이에 지장을 주는 행위를 한 자에 대해서는 정보통신부장관이 1천만 원 이하의 과태료를 부과·징수할 수 있다(제53조 제1항 제3호 및 제2항). 이 점에서 동조의 행정조사는 권력적 혹은 권리침해적 행정조사로 분류될 수 있다. 또한 동조의 조사·시험의 통보는 일종의 행정행위의 성격을 띠게 되며, 조사·시험에 대한 수인하명에 해당한다.

전기통신설비를 설치·운영하는 자는 국가기간사업의 하나인 통신역무제공의 수행자로서 국가에 의한 통신망의 안전성 및 기능보장을 위한 행정통제의 대상이 되는 것이고 이에 행정행위형식의 행정조사에 대한 입법적 근거를 마련하는 것이 긍정될 수 있다. 즉 권력적 작용으로 분류될 수 있는, 행정행위에 의한 행정조사의 규정이 곧바로 비례원칙 혹은 과잉금지원칙에 대한 위반을 야기하는 것은 아니라고 할 것이다.

동항에 의한 조사·시험이 더 나아가 일정한 강제까지도 허용하고 있는 것인지는 명확하지 않다. 가택출입·조사를 일반적으로 일종의 대가택강제로 분류하여 직접강제[36] 혹은 즉시강제 내지 강제의 성격을 띤 행정조사로 설명하기도 하지만,[37] 동항의 규정만으로는 이러한 일반적인 설명에 부합하는 강제의 하나에 해당하는지가 분명하지 않다.[38] 제45조 제1항의 '사무소 등에 출입하여 서류 등을 검사하는 것'과 같이 출입행위가 명시되지 않고 단지 간접적으로 제25조 제7항에서 출입행위를 전제할 뿐

---

36) 정하중, 『행정법총론』, 법문사, 2006, 454면.
37) 김동희, 『행정법 I』, 박영사, 2006, 450면.
38) 행정행위 발령과 분리하여 체계적으로 직접강제를 규정하고 있지 않은 우리법제에서 직접강제 내지 즉시강제까지 수권한 것으로 해석될 수 있는 가능성이 비교적 높은 것으로는 예컨대 경찰관직무집행법 제7조 제1항의 위험방지를 위한 출입을 들 수 있다. 동규정을 경찰상 즉시강제로 설명하는 견해로는 장영민·박기석, 『경찰관직무집행법에 관한 연구』, 한국형사정책연구원, 1995, 150면.

이기는 하지만, 제25조 제5항의 "소속공무원으로 하여금 전기통신설비를 설치·운영하는 자의 설비를 조사 또는 시험하게 할 수 있다"는 문언의 표현은 어느 정도 대가택 혹은 대물적 강제를 수권한 것이라고 해석할 여지도 있다. 다만 이렇게 해석하는 경우에도 조사 및 시험을 방해하는 자의 신체에 대한 직접적인 물리력의 행사까지 허용될 수 있는지, 허용되는 경우 그 한계가 어디까지인지는 여전히 불분명하다.

동조 제6항에서의 사전통지의 제도는 상대방에게 절차적인 준비를 하고 불시의 검사에 따른 업무수행에 대한 방해를 최소화하기 위한 것이다. 행정행위 형식의 행정조사의 경우 행정행위발령과 관련된 행정절차법상의 규정(예컨대 처분의 사전통지, 처분의 근거와 이유제시)의 적용이 고려되어야 할 것이라는 점, 직접강제의 경우에도 통상 강제의 계고와 같은 일정한 절차에 의한다는 점에서 전기통신기본법이 별도로 비슷한 취지의 규정을 두고 있는 것의 타당성을 긍정할 수 있다.

동조 단서는 급박한 경우에는 사전통지를 생략할 수 있게 하고 있는바, 사전통지의 생략은 강학상 즉시강제의 모습과 비슷하게 보일 수도 있다. 그러나 이 규정이 즉시강제만을 수권한 것은 아니라고 볼 것이다. 왜냐하면 '7일전까지의 사전'통지만의 예외를 정한 것일 뿐 7일전 이내에서의 사전통지 혹은 현장에서의 조사·시험에 대한 직전의 통지를 배제하고 있는 것은 아니기 때문이다. 즉시강제는 법적 규율성을 갖는 행정행위가 없는 상태에서 일정한 법적 의무 관철의 모습을 갖는 경우에 비로소 인정될 수 있을 뿐이지만,[39] 제6항 단서에도 불구하고 현장에서의 조사에 대한 수인의무부과 방식의 행정행위의 발령은 여전히 가능하다.

---

39) Sadler, VwVG VwZG, 6., neu bearbeitete Auflage, §6 VwVG, Rn. 122면 이하 참조.

3) 형식승인과 관련된 검사 · 조사 · 시험

제33조의2에서 정하고 있는 정보통신부장관의 형식승인을 위한 지정 시험기관에 의한 성능시험(동조 제1항)의 경우 지정시험기관의 법적 성격이 공무수탁사인에 해당한다고 하면 행정조사로 분류될 수 있다. 행정기관이 사인으로부터 행정상 필요한 자료나 정보를 수집하기 위하여 행하는 활동의 모습을 띠기 때문이다.

또한 제36조 제2항에 의하면 정보통신부장관은 전기통신기자재의 형식승인에 관한 사항의 이행여부를 확인하기 위하여 일정한 경우에는 소속공무원으로 하여금 생산 · 수입 또는 유통중인 전기통신기자재를 조사 또는 시험하게 할 수 있다고 정하고 있다. 제2항에 의한 조사 · 시험을 거부 · 방해 또는 기피한 자에 대해서는 1천만 원 이하의 과태료를 부과한다(제53조 제1항 제8호). 이는 당해 조사 · 시험의 시행이 권력적 혹은 구속적 성격임을 의미한다. 제2항에 의한 조사 · 시험결과 불량품으로 판정된 전기통신기자재에 대해서는 파기 또는 수거명령(제36조 제3항)을 발할 수 있다. 이 점에서 제36조 제2항의 행정조사는 제재적 행정처분발령을 위한 전제가 되는 행정조사에 해당하며, 그 자체 독립적인 의미를 갖기보다는 다른 법적 작용을 위한 준비작용으로서의 성격이 두드러지는 행정조사의 특징을 보여주고 있다.

제36조 제2항의 조사 · 시험에 있어서는 제25조에서와 같은 사전통지 및 증표제시 등의 절차가 행해져야 한다(제36조 제4항, 제6항). 기타 제2항의 절차 및 방법 등과 관련하여 필요한 사항에 대해서는 정보통신부령으로 정하도록 하고 있다(동조 제5항).

제33조의2에서 정하고 있는 행정조사와 제36조 제2항에서 정하고 있는 행정조사가 행정강제를 수권하고 있는지는 앞서 살펴본 전기통신설비 설치 · 운영의 기술기준적합성 확인을 위한 조사 · 시험(제25조 제5항)에서와 같이 분명하지 않으며, 관점에 따라서 다른 해석이 가능할 수 있다.

4) 통신위원회의 재정을 위한 조사 및 의견청취 등

제43조에 의하면 통신위원회는 재정사건의 처리를 위하여 필요한 경우 당사자 또는 참고인에 대한 출석의 요구 및 의견청취(제1호), 감정인에 대한 감정의 요구(제2호), 분쟁사건과 관계가 있는 문서 또는 물건의 제출요구 및 제출된 문서나 물건의 영치(제3호)를 행할 수 있고, 통신위원회 소속 공무원으로 하여금 당사자의 사업장 기타 분쟁사건과 관련이 있는 장소에 출입하여 관계 문서 또는 물건을 조사·열람 또는 복사하게 할 수 있다(제4호). 재정의 성격에 대한 이해에 따라 이론이 있을 수 있지만, 기본적으로는 행정기관인 통신위원회의 조사활동이라는 점에서 행정조사의 범주에 포함될 수 있을 것이다.

제43조의 규정형식만으로 보면 위 행정조사들 중 일부는 행정행위 혹은 권력적 사실행위의 본질을 갖는 것으로 해석되며 상대방에게 일정한 작위의무가 부과되거나 불이익이 발생되는 권리침해적 조사에 해당한다. 합의제행정관청의 경우 포괄적이고 다양한 강제적인 조사권한이 부여되기도 하는바, 동규정 역시 그러한 모습을 띠고 있다. 다만, 동조에 대한 행정조사가 일정부분 강제까지도 수권한 것으로 해석될 수 있음에도 불구하고(예컨대 3호의 영치, 4호의 분쟁관련장소에의 출입 및 문서·물건의 조사·열람), 전기통신법은 상대방의 불이행에 대하여 특별히 벌칙을 부과하는 규정을 두고 있지는 않다.

5) 전기통신설비에 대한 보고·검사

제45조는 전기통신설비에 대한 보고·검사에 대하여 규정하고 있다. 정보통신부장관은 정보통신부령이 정하는 경우에는 전기통신설비를 설치한 자에 대하여 그 설비에 관한 보고를 하게 하거나, 소속공무원으로 하여금 그 사무소·영업소·공장 또는 사업장에 출입하여 설비상황·장

부 또는 서류등을 검사하게 할 수 있다(제1항). 제1항의 보고·검사는 행
정조사로서, 정보통신부장관은 이 법에 위반하여 전기통신설비를 설치
한 자에 대하여 당해 설비의 제거 기타 필요한 조치를 명할 수 있다고
규정하고 있으므로(동조 제2항) 타행정작용을 위한 일종의 준비작용으로
서의 성격도 띠고 있다.

동조에 의한 보고를 하지 아니하거나 허위로 보고한 자(제53조 제1항
제12호)와 검사를 거부·방해 또는 기피한 자(제53조 제1항 제13호)에 대
해서는 1천만 원 이하의 과태료에 처하도록 하고 있으므로 동조에 의한
행정조사는 권력적·구속적인 것이다.

제1항의 작용에 있어서는 증표제시와 출입공무원의 성명, 출입시간, 출
입목적 등이 표시된 문서를 교부하여야 한다(동조 제3항). 검사의 경우에
는 검사 7일전까지 검사일시·이유·내용 등에 대한 검사계획을 전기통
신설비를 설치한 자에게 통지하여야 한다. 다만 긴급을 요하거나 사전통
지의 경우 증거인멸등으로 검사목적을 달성할 수 없는 경우에는 그러하
지 아니하다(동조 제4항).

현재 전기통신기본법시행규칙 제17조는 전기통신에 관한 시책의 수
립·시행을 위하여 필요한 경우(제1호), 전기통신설비 설치·운용의 적정
여부를 확인하기 위하여 필요한 경우(제2호) 및 국가비상사태·재해 및
재난시의 원활한 통신확보를 위하여 필요한 경우(제3호)에 동법 제45조의
행정조사가 행해지는 것으로 정하고 있다. 이 가운데 제1호는 협의의 비
례원칙에 반하는 것이 아닌가 하는 의문이 제기될 수도 있지만, 오늘날
전기통신이 갖는 고도의 공익성 및 이에 따른 행정관청의 정책적 조정의
필요성을 고려하여 상당성이 인정될 수 있다고 본다. 다만, 동규정에 의한
행정조사가 권리침해적임에도 불구하고 당해 행정조사가 이루어지는 경
우를 정보통신부령에 포괄적으로 위임하고 있는 것은 위임명령의 한계를
넘는 것으로 평가될 수도 있다. 법률에서 직접 조사가 필요한 경우를 구
체적으로 정하거나 적어도 대강의 범주를 설정하는 것이 바람직하다.

제45조 제1항 전단부분(보고의 요구)은 행정행위의 형태로 행정조사가 이루어지는 것을 정하고 있음이 분명함에 비하여, 후단(사무소등의 출입과 설비상황등에 대한 검사)이 직접강제를 수권한 것인지는 명확하지 않다. 이러한 형태의 규정은 제25조 제5항에서 지적한 것과 같은 해석상의 어려움을 내포하고 있다.

동조의 행정조사가 소속공무원의 사무소의 출입등과 관련하여 특별히 그 시간적인 제한을 정하고 있지 않다는 점도 문제점으로 지적되어야 한다. 동일한 법적 효과를 가져오는 수단 가운데 상대방에게 최소한의 침해를 가져오는 수단이 선택되어야 한다는 필요성원칙 혹은 최소침해의 원칙에 따라 타인의 영업소에의 출입은 통상적인 영업시간 내에 이루어지는 것으로 한정하여야 한다. 물론 상대방이 영업수행에 대한 부담 등 현실적인 이유로 영업시간 이외의 검사를 요청하는 경우에는 영업시간 이후의 출입 및 검사가 허용될 수 있다.

검사와 관련하여 실제 검사가 단시간 내에 종결되는 경우도 있겠지만, 비교적 오랜 시간이 소요될 수도 있다. 또 경우에 따라서는 전기통신설비 설치자의 사무소 등이 아닌 행정기관 혹은 제3의 장소에서의 검사가 필요한 경우도 상정할 수 있다. 그러나 제45조는 이러한 문제들과 관련된 명확한 규정을 두고 있지 않은바, 이에 대한 입법적 보완이 요구된다. 특히 제출된 장부 또는 서류 등에 대한 '영치', 사업장의 검사대상 설비에 대한 '접근금지'와 같은 규정의 마련이 검토되어야 한다.

검사와 관련하여 상대방이 장부 또는 서류 등의 제출을 행하지 않는 경우 과태료부과 이외에 행정강제의 사용이 가능한지에 대하여 제45조는 명확히 하고 있지 않다. 앞서 지적한 강제의 수권여부에 대한 논란이 있지만, 관점에 따라서는 일단 제1항의 소속 공무원에 의한 장부 또는 서류등의 검사 그 자체가 강제적으로 행해질 수 있는 것으로 해석될 수도 있다. 그러나 이 경우에도 제출되지 않은 장부 및 서류 등에 대한 수색, 압수까지 행할 수 있다고 해석할 수 있는지는 여전히 의문이다. 특히 수색, 압수와 관련하여 법원의 영장이 필요한 것은 아닌지의 문제가 제기된다. 결국 법률에서 이러한 개개의 사안에 대하여 명확히 획정하는 것이 필요하다.

2. 전기통신사업법에서의 행정조사

1) 영업보고서의 검증, 자료제출명령, 사실확인검사

통신위원회는 기간통신사업자가 제출한 영업보고서의 내용을 검증할 수 있고(제36조의2 제3항), 검증에 필요한 경우에 기간통신사업자에 대하여 관련자료의 제출을 명하거나 사실확인에 필요한 검사를 할 수 있다(동조 제4항). 동조의 자료제출 명령을 이행하지 않는 경우 1천만 원 이하의 과태료에 처한다(제78조 제1항 제8호).

여기에서의 자료제출명령은 명령적 행정행위방식(하명)에 의한 행정조사에 해당하며, 전기통신사업법은 명령의 불이행에 대해서 벌칙을 규정함으로써 명령의 실효성확보를 도모하고 있다. 제36조 제3항의 검증 및 제4항의 검사가 행정강제까지도 수권한 것인지는 명확하지 않다. 제3항의 검증을 위하여 자료제출명령을 발하거나 사실확인에 필요한 검사를 행할 수 있다고 규정하고 있다는 점에서 검증에 대한 규정을 곧바로 행정강제까지 수권한다고 해석하는 것은 무리가 있다. 검증에 비해서 제4항의 검사는 강제까지도 수권한 것으로 볼 수 있는 가능성이 상대적으로 높기는 하지만 역시 강제의 근거가 된다고 보기는 어렵다고 할 것이다. 통신관련 법률에서 강제의 성격을 갖는 것으로 해석될 수도 있는 행정조사에 대해서는 앞서 본 바와 같이 사전통지, 증표제시 등의 규정을 마련하고 있지만, 여기에서의 검사에 대해서는 그러한 규정을 두고 있지 않다.

2) 통신단말장치 구입비용 지원관련 확인요청

전기통신사업자는 통신단말장치 구입비용을 지원받았거나 지원받고자 하는 자가 제36조의4 제1항의 어느 요건에 해당되는지의 여부에 대하여 통신위원회가 확인요청을 한 경우 그 확인에 필요한 정보를 제공하여야 하며, 정당한 사유 없이 거절·지연하거나 허위의 정보를 제공하여서는 아니 된다(제36조의4 제6항).

이 규정에 따른 통신위원회의 확인요청은 제공의무의 규정과 각종 벌칙규정이 있어 권력적 행정조사의 범주에 포함된다. 특이한 것은 동항의 규정을 위반한 행위에 대해서는 일정한 행정적 제재조치(제37조 제1항의 금지행위에 대한 조치), 제37조의2 제1항의 과징금 그리고 5천만 원 이하의 벌금이 함께 부과될 가능성이 열려있다는 점이다. 제36조의4 제6항에 위반한 행위에 대한 과징금은 불법이득의 환수보다는 제재적 성격에 그 본질적 모습이 있는 것으로서 형벌까지 부과하는 것은 이중처벌이 될 소지가 있다. 이에 대한 적절한 입법적 조정이 필요하다.

3) 사실조사·자료 등의 제출명령, 사업장출입 및 자료 등의 조사

통신위원회는 신고 또는 인지에 의하여 제36조의3의 규정에 따른 금지행위 또는 제36조의4에 의한 통신단말장치구입비용 지원금지에 위반한 행위가 있다고 인정하는 경우에는 소속공무원으로 하여금 이의 확인에 필요한 조사를 하게 할 수 있다(36조의5 제1항). 통신위원회는 제1항의 규정에 의한 조사를 위하여 필요한 때에는 전기통신사업자에게 필요한 자료나 물건의 제출을 명할 수 있으며 대통령령이 정하는 바에 의하여 소속공무원으로 하여금 전기통신사업자의 사무소와 사업장 또는 전기통신사업자의 업무를 위탁받아 취급하는 자의 사업장에 출입하여 장부·서류 기타 자료나 물건을 조사하게 할 수 있다(동조 제2항). 제2항의 규정에 의하여 전기통신사업자의 사무소와 사업장 또는 전기통신사업자의 업무를 위탁받아 취급하는 자의 사업장에 출입하여 조사하는 자는 그 권한을 표시하는 증표를 관계인에게 내보여야 한다(동조 제3항).

금지행위가 있는 경우 제70조 제4호에 의해서 형벌(3년 이하의 징역 또는 1억 5천만 원 이하의 벌금)이, 통신단말장치구입비용의 지원금지 위반의 경우 제73조 제1호에 의해서 역시 형벌(5천만 원 이하의 벌금)이 부과된다는 점에서 여기에서의 행정조사는 수사와 밀접하게 관련된다. 나아가 제36조의5 제1항에서 "신고 또는 인지에 의하여 제36조의3의 규정에 따른 행위 또는 제36조의4 제1항 내지 제6항의 규정을 위반한 행위가 있다고 인정하는 경우에는"라는 요건을 정함으로써 범죄혐의(Anfangsver-dacht)에 의한 조사의 착수, 즉 본질적으로 수사가 아닌가하는 의문을 갖게도 한다.

그러나 전기통신사업법에는 독일 통신법 제128조 제1항에서의 "규제행정청은 필요한 경우 모든 수사와 모든 증거를 수집할 수 있다"와 같은 규정이 마련되어 있지 않고, 전기통신기본법 제40조 제6호 및 제6호의2가 통신위원회의 기능으로서 전기통신사업법 제37조 제1항의 규정에 의한 금지행위에 대한 조치에 관한 사항 및 제37조의2 제1항의 과징금부과에 관한 사항을 정할 뿐 수사를 통신위원회의 임무로 설정하지 않은 점에 비추어 여기서의 사실조사는 행정질서벌 부과처분의 전제로서 행해지는 조사활동이 그 본질이 된다. 즉 강학상의 행정조사로 이해되어야 한다.

다만, 통신위원회가 수사로서의 조사를 행하는 것이 절대적으로 불가한 것은 아니며, 전기통신기본법 제40조의 개정을 통하여 한정된 영역에서의 수사를 행하는 것도 가능하다.

자료 등의 제출명령은 행정행위에 해당하며, 이것이 강제의 권한까지 수권한 것으로 보기는 어렵다. 만약 자료 등에 대한 강제적인 획득이 필요한 경우 그에 대한 별도의 규정(예컨대 이행강제금, 압수)이 마련되어야한다. 전기통신사업법은 제78조 제1항 제9호에서 제출명령을 이행하지아니한 자에 대해서 1천만 원 이하의 과태료를 규정하고 있는바, 우회적으로 제출의무의 이행에 대한 압박이 이루어진다.

동조의 사업장출입 및 자료 등의 조사 역시 행정강제(이 경우 직접강제)까지 수권한 것으로 해석함에는 앞서의 비슷한 여러 예에서와 같은 논란이 있게 된다. 비교적 수월하게 인정할 수 있는 것은 동규정을 근거로당해 공무원이 사업장출입 및 자료조사에 대한 수인하명을 발할 수 있다는 점이다. 사업장출입이나 자료 등의 조사가 적어도 일정한 한도에서의권력적 사실행위에 대한 근거규정으로서 인정된다면, 권력적 사실행위에대한 근거규정으로부터 비례원칙적 관점에서 당해 사실행위에서 추구하는 목적의 실현을 위한 행정행위의 발급도 가능하다고 보기 때문이다.[40]

사업장출입시간과 관련하여 이 규정 역시 통상적인 업무시간 내에서와같은 비례원칙적 관점에서의 제한이 없다는 점이 눈에 띤다. 또한 사전에자료나 물건 등에 대한 조사가 이루어진다는 고지나 조사시기의 설정에대한 제한규정도 마련하고 있지 않다는 문제를 안고 있다.

4) 금지행위에 대한 조치에 있어서의 의견청취

통신위원회는 제37조 제1항의 금지행위에 대한 조치를 명하기에 앞서그 조치의 내용을 당사자에게 통지하고 기간을 정하여 의견을 진술할 기회를 주어야 하며, 필요한 경우 이해관계인의 의견을 들을 수 있는바(제37조 제3항), 후단의 임의적 의견청취가 본고가 설정하고 있는 행정조사에 해당하며, 비권력적 혹은 비권리침해적 성격을 갖는다.

---

40) 그에 대해서는 김성태, 「경찰행정의 작용형식」, 『행정작용론(중범김동희교수 정년
  기념논문집)』, 박영사, 2005, 990면 ; Rachor, 『Das Polizeihandeln』, 318면, Rn. 50.

5) 전기통신역무의 품질평가 등을 위한 자료제출명령

정보통신부장관은 전기통신사업자에게 전기통신역무의 품질평가 등에 필요한 자료의 제출을 명할 수 있다(제38조의2 제3항). 당해 명령을 이행하지 아니한 자에 대해서는 1000만 원 이하의 과태료가 부과된다(제78조 제1항 제10호). 여기에서의 자료제출명령은 명령적 행정행위방식의 행정조사에 해당한다.

당해 행정조사가 권리침해적인 것이라는 점에서 제출명령의 대상이 되는 자료의 대강을 법률에서 정하거나 혹은 그 범위를 법규명령에 위임하는 근거규정을 두는 것이 바람직하다.

IV. 독일 통신법에서의 행정조사

주지하듯이 독일 행정법학은 독자적인 행정작용형식으로서의 행정조사를 논하고 있지 않다. 따라서 행정법 일반론으로 행정조사를 비교법적 고찰의 대상으로 삼기에는 부적절하다. 그러나 독일의 통신법(Telekommunikationsgesetz, TKG)에서는 우리의 강학상 행정조사에 해당하는 규정들이 발견되는바, 요금규제를 위한 정보제공명령(통신법 제29조),[41] 보편

---

41) 규제행정청은 요금규제의 범위내 혹은 요금규제절차의 준비를 위하여 시장지배(beträchtliche Marktmacht)적 기업에게 서비스제공, 역무수행에 따른 현재 및 예상 매출액, 현재 및 예상 판매량과 비용, 최종이용자 및 경쟁자에 대한 예상되는 효과 등에 관한 상세한 정보, 그리고 기타 규제행정청이 이 법에 의한 요금규제권한의 정당한 행사를 위하여 필요하다고 인정하는 서류 및 정보를 규제행정청이 이용가능케 할 것을 명할 수 있다(제29조 제1항 제1호). 또한 규제행정청은 시장지배적 기업으로 하여금 규제행정청이 이 법에 근거한 요금규제에 필요한 자료를 획득할 수 있는 형식의 비용계산서를 작성할 것을 명할 수 있다(동항 제2호). 이러한 명령의 관철을 위하여 행정집행법에 따라 백만유로이내의 이행강제금이 부과될 수 있다(동조 제4항). 규제행정청은 비시장지배

적 역무제공 기업의 규제행정청의 요구에 의한 매출통보의무(동법 제87
조 제1항), 의무준수의 심사를 위한 영업시간 내의 영업공간에의 출입(동
법 제115조 제1항 제3문), '보고의 요구'(Auskunftsverlangen; 동법 제127
조) 등이 그러한 예에 해당한다. 특히 제127조 보고의 요구는 행정조사
에 대한 통칙적인 근거규정으로서의 성격을 띠고 있다. 전술한 바와 같
이 행정조사에서 있어서 주로 문제가 되는 것은 권리침해적 혹은 권력적
행정조사이고, 통신법은 행정행위·사실행위, 강제, 질서위반행위 등의
관념을 바탕으로 행정조사에 대한 법률규정을 마련하고 있다는 점에서,
기본적으로 독일 행정법학의 영향을 받은 작용형식론과 강제·제재의
체계를 취하고 있는 우리법제에서의 행정조사에 대한 논의에 참고가 될
수 있다. 이하에서는 통신법 제127조 보고의 요구를 중심으로 독일 통신
법상의 행정조사에 대해서 일별한다.

1. 운영자등의 보고의무와
규제행정청의 보고요구권한

먼저 통신법은 다른 국내적 보고 및 정보제공의무에도 불구하고 공적
통신망의[42] 운영자와 공중에 대한 통신서비스의 제공자는 통신법이 정한
권리와 의무의 범위 내에서 규제행정청의 요구에 따라 이 법률의 집행을
위하여 필요한 정보를 제공할 의무가 있다고 규정하여 일반적으로 보고
의무에 대한 근거를 마련하고 있다(제127조 제1항 제1문). 여기에서의 규
제행정청은 연방망관리청(Bundesnetzagentur für Elektrität, Gas, Telekommu-

---

    적 기업에 대하여서도 요금규제의 정당한 시행을 위하여 필요한 경우에는 동
    조 제1항 제1호의 정보를 요구할 수 있고, 제4항에 의한 이행강제금을 부과할
    수 있다(동조 제6항).
[42] 공적 통신망은 공중이 이용할 수 있는 통신역무의 제공을 위하여 이용되는 통
    신망을 의미한다(통신법 제3조 제16호).

nikation, Post und Eisenbahnen)이 된다(동법 제116조).

　이러한 보고의무에 관한 일반적 규정에 이어서 동법은 규제행정청이 특히 다음 각 호와 같은 사항에 필요한 정보의 제공을 요구할 수 있다고 하여 구체적으로 보고의무를 부과할 수 있는 경우를 적시하고 있다(제127조 제1항 제2문).

> 1호 : 이 법 혹은 이 법에 근거하여 부과된 의무에 대한 전반적 (systematisch) 심사 혹은 개별사안과 관련된 심사
> 2호 : 규제행정청에게 이의가 제기되거나 규제행정청이 다른 근거에 의해서 의무의 위반이 있다고 인정하는 경우 혹은 스스로 수사를 행하는 경우에서의 의무에 대한 개별사안에서의 심사
> 3호 : 최종이용자가 이용하는 서비스의 품질 및 가격비교에 대한 공시
> 4호 : 정확한 통계의 목적
> 5호 : 제10조와 제11조에 의한 시장확정 및 시장분석절차
> 6호 : 이용권의 발령절차 및 그와 관련된 신청에 대한 심사
> 7호 : 번호의 이용

　다만, 제1호 내지 제5호에 의한 보고를 시장에의 참여 전 혹은 시장에의 참여를 조건으로 요구하는 것은 허용되지 않는다(동항 제3문).

　규제행정청은 또한 통신법에 의해서 규제행정청에게 부여된 임무의 수행을 위하여 필요한 경우에는 제1항에서 정한 통신활동을 하는 기업에 대하여 당해 기업의 경제적 사정에 관한 보고, 특히 매출액에 대한 보고를 요구할 수 있고(제2항 제1호), 통상적인 영업시간 내에 영업상의 서류를 열람하고 검사할 수 있다(동항 제2호). 영업시간 내로 제한한 것은 비례원칙관념의 표현으로 볼 수 있다.

2. 보고요구의 형식 및 절차

규제행정청은 문서에 의한 처분으로써 제1항 및 2항에 따른 보고를 요구하여야 하고, 제2항 제2호에 의한 검사를 명하여야 한다(제3항 제1문). 이러한 처분에서는 보고요구의 법적 근거, 대상 및 목적을 적시하여야 한다(동항 제2문). 보고의 요구에 있어서는 보고를 행할 수 있는 상당한 기간을 정하여야 한다(동항 제3문). 이는 적법한 행정조사를 담보하고 조사대상자의 불측의 손해를 방지할 수 있는 제도로서의 의미를 갖는다.

3. 보고의무자의 적시와 법률에 의한 수인의무의 부과

통신법은 구체적으로 누가 보고의무자인지를 명확히 밝히고 있다. 즉 기업주 혹은 당해 기업의 대표, 법인·조합·권리능력 없는 사단의 경우 법률 혹은 정관에 따라 대표로 되어있는 자가 제1항 및 제2항에 따른 보고와 영업상의 서류를 제출할 의무를 진다(제4항 전단).

더 나아가 이들 보고의무자에게 영업상의 서류에 대한 검토 및 통상적인 영업시간 내에 이루어지는 영업공간 및 토지에 대한 출입을 수인할 의무를 부과하고 있다(제4항 후단). 이는 행정조사과정에서의 영업소 등의 출입에 대한 적법성을 확인하면서 동시에 영업소 등의 출입에 법적 규율성(Regelungscharakter)을 부여함으로써 사실행위에 대한 일반이행소송이 아닌 행정행위에 대한 취소소송으로 다툴 수 있는 길을 열어주게 된다. 물론 독일의 경우 종래 즉시강제와 같은 권력적 사실행위에 대해서 이른바 추론적 수인하명(konkludente Duldungsverfügung)의 관념을 바탕으로 취소소송의 대상으로 다루어온 바 있어[43] 완전히 새로운 의미

---

43) 『BVerwGE 26』, 161면(164)면; 『BVerwGE 47』, 31면 참조.

를 갖는다고 할 것은 아니다. 그러나 적어도 의제적 행정행위에 대한 논란을[44) 종식시키는 실익이 있다.

4. 검사권한을 위탁받은 자의 주거출입

통신법은 규제행정청으로부터 검사의 시행을 위탁받은 자가 통상적인 영업시간동안에 기업 및 기업단체의 사무실 및 영업공간에 출입할 수 있는 것으로 정하고 있다(제5항). 동규정은 주체를 특별히 공무원으로 한정하고 있는 것이 아니어서 전문적인 검사의 필요상 민간인 등 전문가 등의 참여가 있는 경우에도 영업장소출입이 가능함을 법적으로 명확히 하고 있다는 점에 그 의의가 있다.

5. 수색의 허용과 영장주의

통신법은 일련의 보고 및 검사의 실효성을 위하여 수색을 허용하는 근거를 마련하고 있다. 통신법에 따르면 수색은 수색이 이루어져야하는 구역을 관할하는 법원의 영장에 의해서만 행해질 수 있다(제6항 제1문). 즉 사전에 영장이 발부될 것을 그 요건으로 한다. 법원의 영장의 취소에 대해서는 형사소송법 제306조 내지 제310조, 제311의a조의 규정이 적용된다(동항 제2문). 이는 영장취소에 있어 형사소송법상의 항고(Beschwerde)에 관한 절차가 준용됨을 정한 것이다.

원칙적으로 수색에 있어서 법원의 영장이 필요한 것으로 규정하면서도, 통신법은 급박한 위험의 경우에는 제5항의 자가 영업시간 동안 법원의 영장없이도 필요한 수색을 행할 수 있는 것으로 규정하고 있다(제6항

---

44) 그에 대해서는 김성태, 「경찰행정의 작용형식」 『행정작용론(중범김동희교수 정년기념논문집)』, 박영사, 2005, 980면 이하 참조.

제2문). 이 경우 급박한 위험이 인정된다는 정황, 수색 및 수색의 본질적인 결과에 대한 조서를 현장에서 작성하여야 한다(동항 제3문).

통신법의 이러한 규정은 이른바 즉시강제에 있어서 영장이 필요한 것인가에 대한 우리의 논의에도 시사하는 바가 있다. 주목할 것은 통신법은 이와 같이 영장없이 이루어지는 수색에 대하여 특별히 사후에 적법여부에 대한 법원의 판단을 받을 것을 요구하고 있지는 않다는 점이다. 이는 수색의 상대방이 특별히 문제를 제기하지 않는 한 별도로 심사를 받지 않게 되는 경우로써 기본권에 대한 상당히 탄력적인 제한의 가능성을 열어두는 것이라고 할 수 있다.

6. 서류 등의 보관과 압수

물품 또는 영업상의 서류는 필요한 범위 내에서 보관할 수 있다(제7항 제1문). 규제행정청의 행정조사에 있어서 일정한 정도의 시간이 필요하고 경우에 따라서는 당해 조사의 대상을 행정청이 어느 정도의 시간 이상 보유하는 것이 조사활동에 보다 효율적일 수 있다. 특히 중간에 자료의 조작이나 멸실, 훼손 등의 우려도 있다는 점에서 행정청이 보관할 수 있는 가능성을 열어둘 필요성이 있으며 이에 통신법은 그 근거를 마련하고 있는 것이다.

독일 실정법규에서의 보관(Verwahrung)은 물건을 행정청 혹은 위탁받은 기관 혹은 사람의 점유로 이전하는 것을 의미한다.[45] 경찰법상 보관은 물건이 직무상의 보호하에 놓여있음을 적절하며 인식가능한 방법으로 표시하는 직무상의 행위가 필요한 영치(Sicherstellung)의[46] 필요적 결과로서 행해짐에 비하여,[47] 여기에서의 보관은 보고요구 혹은 검사 상대방이 임

---

45) Kleinknecht/Meier-Goßner, 『Strafprozeßordnung』 43, Aufl., §94 Rn. 15.
46) 상게서, §94 Rn. 14.
47) 예컨대 보충초안(VEMEPolG) 제22조 제1항; Rachor, 『Das Polizeihandeln : in

의적으로 제출한 물건 또는 서류를 그 대상으로 하고 있다는 점에 그 특징이 있다. 대개 임의성은 상대방이 제출의무가 존재하지 않는다고 인식하고 제출한 경우에 인정될 수 있다.[48]

만약 상대방의 임의적인 제출이 이루어지지 않는 경우에는 물품 또는 영업상의 서류를 압수할 수 있다(동항 제2문). 이 경우 제6항 수색에 대한 규정이 준용된다(동항 제3문). 따라서 원칙적으로 법원의 영장에 의하되, 예외적으로 영장 없는 압수도 가능하게 된다.

7. 자기부죄거부의 원칙과 知得된 사실 및 서류의 이용제한

통신법은 보고에 있어서 자기부죄거부의 원칙(privilege against self-incrimination)과 일정한 다른 불이익절차에서의 사용금지에 관한 규정을 두고 있는바, 먼저 제4항에 의하여 보고의무를 지는 자는 답변으로 인하여 자신 혹은 민사소송법 제383조 제1항 제1호 내지 제3호의 친족이 형사재판의 소추 혹은 질서위반법에 의한 절차에 회부될 위험이 있는 질의에 대한 보고를 거부할 수 있다(제8항 제1문). 다만, 그 수행에 불가피한 공익이 존재하는 경우의 조세범죄에 대한 절차 및 그와 관련된 조세부과절차 그리고 정보제공의무자 또는 그를 위하여 활동하는 자가 고의로 허위의 보고를 행한 경우에는 그러하지 아니하다(동항 제3문).

또한 제1항 및 제2항에 의한 보고와 조치에 의하여 지득된 사실과 서류는 조세질서위반에 따른 과세절차, 외환관리법위반에 대한 과태료부과절차, 조세범죄 혹은 외환관리법위반죄에 대한 절차에서 사용될 수 없다(동항 제2문). 조세법 제93조, 제97조, 제105조 제1항, 제105조 제1항 및

Handbuch des Polizeirechts』, Rn. 654 참조.

48) Kleinknecht/Meier-Goßner, 전게서, §94 Rn. 12.

제116조 제1항과 누적적으로 적용되는 제111조 제5항은 이 경우에 적용 되지 않는다.

8. 조사비용의 부담

조사결과 규제행정청에 의한 부담의 부과, 하명 혹은 처분 등에 위반한 경우 기업은 규제행정청에게 감정인에 대한 경비를 포함한 조사의 비용 을 배상하여야 한다(제9항). 이는 원칙적으로 경찰책임자에 대해서 행정 작용의 비용을 부담시키는 독일법제의 일반적 관념과 그 궤를 같이 하는 것이다.

9. 강제

본조의 명령(Anordnung)의 실현을 위하여 행정집행법에 따라 500,000 유로이하의 이행강제금을 부과할 수 있다(제10항). 통신법은 통신법상의 규제행정청의 결정에 대한 행정심판 혹은 소송의 제기가 집행정지의 효 과를 갖지 않는다고 명시하고 있는바(제137조), 이에 따라 통신법상의 행 정행위는 일반적으로 행정집행법 제6조 제1항에[49] 의하여 그 관철을 위 한 행정강제가 허용될 수 있다. 그럼에도 불구하고 이행강제금에 대한 명 시적인 근거규정을 마련함으로써 보고의 요구등과 관련하여 이행강제금 이 행정강제의 수단이 됨을 분명히 하고 있는 것이다.

보고와 서류의 제출은 통상적으로 대집행의 대상이 되는 대체적 작위 의무가 아니라는 점에서 통신법은 이행강제금을 강제수단으로 규정하고

---

49) 연방행정집행법 제6조 제1항: "물건의 제출·행위의 실행·수인 혹은 부작위 에 대한 행정행위는 그것이 불가쟁력이 있는 경우, 즉시강제가 명하여진 경우 또는 구제수단에 정지효가 없는 경우에는 제9조에 따른 강제수단에 의하여 실 현될 수 있다."

있는 것으로 보인다.50) 또한 앞서 본바와 같이 영업공간에의 출입(통신법 제127조 제5항)에 대한 수인의무의 확보에 있어서도 이행강제금은 적절한 강제수단이 된다. 왜냐하면 수인이나 부작위는 그 비대체성으로 인하여 대집행이 제외되는 전형적인 예로 인정되기 때문이다.51)

한 가지 의문이 있는 것은 통신법이 정한 이행강제금 이외에 직접강제도 행할 수 있는지의 여부이다. 일반적으로는 직접강제는 이행강제금의 부과 후에도 고려할 수 있는 강제수단이다. 그러나 연방행정집행법은 대집행 혹은 이행강제금으로는 그 목적을 달성할 수 없는 경우 혹은 이들 수단의 사용이 불가능한 경우에는 집행행정청은 의무자에게 작위·수인 또는 부작위를 강제하거나 혹은 스스로 실행할 수 있다고 한정하고 있다(동법 제12조). 행정강제가 특히 문제되는 경찰법분야에서도 비례원칙적 관점에서 대집행 및 이행강제금의 부과 이후에 종국수단으로서(ultima ratio) 직접강제가 행해질 수 있는 것으로 설명되고 있고,52) 보충초안 (VEMEPolG)에서는 연방행정집행법과 마찬가지로 직접강제의 보충적 적용을 규정하고 있다(제33조 제항).

직접강제의 종국수단성과 직접강제의 보충적 적용가능성을 열어둔 일련의 기본적 법률의 규정들이 있기는 하지만, 입법자가 통신법에서 이행강제금의 부과를 강제수단으로 명시한 것으로 보아 제127조의 보고의 요구와 관련하여서는 직접강제의 보충적 시행은 허용되지 않는다고 해석할 것이다. 또한 실제로 보고와 서류의 제출이라는 것은 내용적으로 일종의 '진술'(Abgabe einer Erklärung)에 해당하는 것으로서 직접강제가 적합한

---

50) 연방행정집행법 제11조 제1항 제1문: "행위가 제3자에 의하여서는 행해질 수 없으며 그것이 오로지 의무자의 의사에 의존하는 경우에는 행위의 실행을 위하여 의무자에게 이행강제금이 부과될 수 있다."

51) Knemeyer, 『Polizeri- und Ordnungsrecht』, 7. Aufl., Rn. 287; 연방행정집행법 제11조 제2항은 수인 혹은 부작위의무에 반하는 경우에도 강제금을 부과할 수 있다고 규정하고 있다.

52) Knemeyer, 『olizeri- und Ordnungsrecht』, Rn. 283.

행정강제수단이 되기도 어렵다. 보충초안의 경우 '진술'에 대해서는 직접 강제를 행할 수 없다고 규정하고 있다(제33조 제2항). 더욱이 직접강제의 성격이 두드러지는 수색과 물품 및 서류에 대한 압수에 대해서는 통신법이 자체적으로 별도의 규정을 두고 있는 만큼 직접강제가 이행강제금의 부과에 보충적으로 적용된다고 해석할 실익이 그리 크지 않다. 사람의 신체에 대한 물리력의 행사정도가 실제 직접강제에 의해서 이루어질 수 있는 것이지만, 제127조의 행정조사에 대한 공익과 그로 인해 침해되는 개인적 법익을 형량해보면 사람에 대한 직접강제는 비례원칙에 반하는 것으로 판단된다.

요컨대 통신법 제127조와 관련한 행정강제는 현재 명시적으로 규정되어 있는 정도가 적정하며 그 한도에서만 강제가 행해질 수 있다고 할 것이다.

10. 벌칙

통신법은 제127조의 보고·검사와 관련하여 한정된 사항에 대해서만 벌칙규정을 두고 있다. 제2항 제1호에 의한 명령, 즉 제1항에서 정한 통신활동을 하는 기업에 대한 경제적 사정 및 매출액에 대한 보고명령을 고의 또는 과실로 위반한 자는 질서위반에 해당하고(제149조 제1항 제4호 c목), 그에 대해서는 10,000유로 이내의 '질서위반금'(Geldbuße)이[53] 부과된다 (동조 제2항 제1문). 질서위반금은 질서위반행위자가 질서위반으로부터 획득한 이익을 상회하는 것이어야 한다(동항 제2문). 제1문에서 정한 금액이 이에 충분치 않은 경우에는 이를 상회하여 부과하는 것이 가능하다

---

53) 질서위반금은 비범죄화된 행정불복종에 대한 제재라는 점, 그 과벌절차, 이의시의 재판절차 등이 우리의 과태료와 거의 흡사하다. 또한 일본과 우리의 과태료라는 용어의 연원이 독일의 Gedbuße에 있다는 점에서 과태료로 번역하더라도 무방하다고 보지만, 일단 여기에서는 질서위반금의 용어를 사용하기로 한다.

(동항 제3문). 이러한 질서위반금의 부과는 비범죄화된 위법행위에 대한 제재를 본질로 하되 이에 덧붙여 불법이득의 환수가 겸유된 성격을 띠게 된다.

또한 통신법은 질서위반법 제36조 제1항 제1호의 행정청은 규제행정청이 된다고(제3문) 함으로써 질서위반행위에 대한 과벌기관이 연방망관리청이 됨을 밝히고 있다.

V. 통신법상 행정조사의 개선방안

1. 행정강제규정의 보완

앞서 검토한 전기통신기본법과 전기통신사업법상의 행정조사는 주로 권력적 성격을 띠고 있다. 통신법상의 행정조사가 행정행위의 형식으로 행해지는 경우 그의 발령과 관련하여서 현재의 법규정이 심각한 문제를 가지고 있는 것은 아니다. 문제가 되는 것은 상대방에 대한 의무부과방식으로 행해지는 행정조사에 있어 상대방의 의무이행이 없는 경우 이를 어떻게 관철할 수 있는가가 명확하게 규정되어 있지 않다는 점이다.

통신법상 행정조사를 위하여 부과된 의무에 상대방이 따르지 않는 경우 주로 과태료에 의한 제재가 예정되어 있다. 행정조사의 불응에 대하여 과태료와 같은 징벌적 수단을 취하는 것이 능률적인 집행효과를 거둘 수 있는 하나의 방법임은 분명하다. 그러나 금전적 제재의 강도가 미약하고 법효과의 관철이 우회적이라는 한계가 있다. 보다 직접적인 법효과의 관철은 행정청이 행정 스스로의 절차에 의하여 공법상의 의무를 강제적으로 실행하는 행정강제를 통하여 이루어질 수 있다. 헌법은 행정상 의무이행확보에 있어 어떠한 방식을 취하여야 하는지 명시하고 있지 않으며, 행정강제의 허용여부와 수단은 기본적으로 입법자에게 위임되어 있다고 할 수 있다. 통신법상 행정조사의 강제는 그러나 위에서 살펴본 바와 같이 분명하지 않다.

오늘날 행정법학에서 '제1차적 조치'(Primärmaßnahme)로서의 행정행위에 대한 수권과 '제2차적 조치'(Sekundärmaßnahme)로서의 행정강제에 대한 수권은 별개라는 인식이 일반적이다.54) 현재 행정대집행법에 의한 대집행을 제외한 이행강제금, 직접강제 그리고 즉시강제에 대한 일반법적 규정은 마련되어 있지 않다. 따라서 전기통신기본법과 전기통신사업법이 스스로 강제에 대한 구체적인 근거규정을 분명하게 마련하지 않는 경우 행정조사의 강제적 관철은 이루어지기 어렵다. 이는 행정조사를 통한 궁극적 행정임무의 적법한 실현이 담보될 수 없다는 것을 의미한다. 지나치게 축소된 강제가능성에 기인한 행적목적달성의 어려움이든 혹은 법적 근거가 명확하지 않은 상태에서의 불법적인 기본권침해 가능성이든 행정조사의 강제에 대한 규정의 미비에 따른 부담은 통신법의 수범자와 국민에게 귀착된다.55) 이러한 문제를 해결하기 위하여서는 행정강제에 대한 일반법이 제정되거나56) 혹은 통신법에 관련규정이 체계적이고 분명하게

---

54) 김동희, 『행정법 I』, 박영사, 2006, 420면; 김철용, 『행정법 I』, 박영사, 2006, 398면; 홍정선, 『행정법원론(상)』, 박영사, 2006, 528면; 박정훈, 「컴퓨터프로그램보호를 위한 행정법적 제도」 『행정법연구』, 제8호(2002), 60면; Knemeyer, 「Polizei- und Ordnungsrecht」, Rn. 277이하; 행정강제의 법적 근거에 대한 상세한 논의로는 박상희 · 김명연, 『행정집행법의 제정방향』, 한국법제연구원, 1995, 22면 이하 참조.

55) 행정상 의무불이행시 그의 강제에 대한 법규정의 흠결이 있는 경우 공법규정의 흠결에 대한 사법의 보충적 적용에 따라 민사상 강제집행수단의 이용도 고려될 수 있지만, 법원에의 과중한 부담, 서로 다른 원리에 근거한 공 · 사법 구별하에서의 공법적 사안의 민사법적 해결 등의 문제점이 있다.

56) 행정강제에 대한 일반법 제정에 찬성하는 견해로는 박상희 · 김명연, 『행정집행법의 제정방향』, 한국법제연구원, 1995, 157면 이하 및 209면 이하; 김남진, 「법의 실효성확보방안」 『자치행정』, 1990. 7, 14면; 반대의 견해로는 박윤흔, 「행정법상의 의무이행확보수단」 『고시계』, 1988. 4, 22면 이하.

정비되어야 한다.

통신법에서 강제에 대한 별도의 수권규정을 정비하는 경우 특히 국민의 기본권, 비례원칙에 대한 심도있는 고려가 이루어져야 한다. 통신법상 행정조사는 정보 및 자료 수집에서 상대방의 협력이 필요하고, 비대체적 작위의무 혹은 수인의무의 이행이 주로 문제된다는 점 그리고 비례원칙을 고려할 때 강제의 수단으로서 이행강제금제도를 우선적으로 활용하는 것이 바람직하다. 이행강제금은 그 부과에 있어 어느 정도의 시간을 필요로 하는 것으로서 통상적으로 유예가능한 조치(예: 강제적 소환, 강제적 자료제출)에서 사용된다. 이 점은 통신규제기관(정보통신부, 통신위원회)과 같은 이른바 질서행정청(Ordnungsbehörde)의 일반적인 활동 특성과도 부합하는 것이다.[57] 특히 상대방의 보고를 강제하는 경우에는 이행강제금만이 타당한 강제수단이 된다.[58]

통신법상 행정조사의 실효성을 높이기 위하여 압수·수색의 허용에 대한 입법적 검토가 필요하다. 압수·수색에 대한 법률적 근거를 마련하는 경우 압수·수색의 기본권침해성이 대단히 강하고, 행정조사 상대방의 영업수행에 지대한 영향을 미친다는 점에서 법원에 의한 통제가 확보되어야 한다. 법원에 의한 통제로서 재산권에 대한 위법한 제약에 따른 배상청구 혹은 위법한 행정작용에 대한 공법상결과제거청구의 법리에 의한 구제 등도 고려될 수 있지만, 이는 다분히 우회적이거나 소극적인 통제라고 할 것이다. 행정조사 상대방을 위한 보다 직접적인 통제로서 압수·수색시 법원의 영장을 요한다고 할 것이다. 헌법 제12조 제3항은 압수 또는 수색을 할 때, 제16조 제2문은 주거에 대한 압수나 수색을 할 때 법관이

---

57) 집행경찰(Vollzugspolizei)의 영역에서는 이행강제금의 예가 드물다. Knemeyer, 『Polizei- und Ordnungsrecht』, Rn. 287.

58) Sadler, 전게서, 『§11 Rn. 1a; Engelhardt/App, VwVG/VwZG』, 2004, §6 Rn. 6; Rudolph, 『Das Zwangsgeld als Institut des Verwaltungszwangs』, 1992, 70면 참조; 이행강제금의 통신법 이외 현행법률들에서의 현황과 실제에 대해서는 박상희·김명연, 『행정집행법의 제정방향』, 한국법제연구원, 1995, 75면 이하 참조.

발부한 영장을 제시하도록 하고 있는바, 이러한 적법절차에 관한 헌법규정은 수사가 아닌 행정조사에 있어서도 적용된다고 할 것이다.

즉시강제에 관하여도 명확한 규정을 마련하여야 한다. 그에 있어서는 비례원칙에 의한 입법이 이루어져야 한다. 법원이 발부하는 영장이 필요한가의 문제에 있어서는 적어도 시간적 긴급성에 기한 즉시강제의 경우 영장주의는 적용되지 않는다고 할 것이다. 헌법재판소는 문화관광부장관 등이 등급분류를 받지 아니하거나 등급분류를 받은 것과 다른 내용의 비디오물 또는 게임물을 발견한 때에는 관계공무원으로 하여금 이를 수거하여 폐기할 수 있다고 정하고 있는 구음반·비디오물 및 게임물에 관한 법률 제24조 제3항 제4호(현행법 제42조 제3항 제3호)에 대하여 행정상 즉시강제로 파악하면서, "행정상 즉시강제는 상대방의 임의이행을 기다릴 시간적 여유가 없을 때 하명 없이 바로 실력을 행사하는 것으로서, 그 본질상 급박성을 요건으로 하고 있어 법관의 영장을 기다려서는 그 목적을 달성할 수 없다고 할 것이므로 원칙적으로 영장주의가 적용되지 않는다"고 하고 있다. 또한 "만일 어떤 법률조항이 영장주의를 배제할 만한 합리적인 이유가 없을 정도로 급박성이 인정되지 아니함에도 행정상 즉시강제를 인정하고 있다면, 이러한 법률조항은 이미 그 자체로 과잉금지의 원칙에 위반되는 것으로서 위헌"이라고 함으로써 즉시강제와 영장주의가 본질적으로 맞지 않는다고 설시하고 있다.59) 이러한 논리는 통신법상의 행정조사가 즉시강제의 방식으로 관철되는 경우에도 타당하게 적용될 수 있다. 다만, 즉시강제에 의한 행정조사의 남용방지 및 적법성을 담보하기 위하여 사후영장제도를 도입하는 것도 고려될 수 있다고 본다.

---

59) 헌재 2002. 10. 31. 선고 2000헌가12결정.

2. 행정조사에 대한 일반적 근거규정의 도입

개개의 검사, 보고 등 행정조사 각각에 대하여 절차, 강제, 구제 등에 대한 규정을 별도로 두는 것은 비효율적일 수 있다. 앞서 검토한 독일 통신법 제127조와 비슷한 수준으로 행정조사에 대한 일종의 일반적 내지 통칙적 규정을 마련하여 그 안에서 행정조사의 요건, 절차, 강제, 구제, 영장필요성여부 등을 정하는 것이 보다 명확하고 효율적이라고 할 것이다. 그리고 행정조사를 특별히 다르게 행해야 하는 경우에는 별도로 특칙적 규정을 둠으로써 행정조사에 대한 일반적 규율이 초래하는 문제점을 극복할 수 있다. 행정조사에 대한 일반적 근거조항에서는 수범자가 통신법이 정한 권리와 의무의 범위 내에서 규제행정청의 요구에 따라 통신법의 집행을 위하여 필요한 정보를 제공할 의무가 있음을 명시하고, 다른 한편 실제로 행정조사가 이루어지는 각개의 경우를 법률에서 구체적으로 적시하는 것이 법률유보의 관점에서 바람직하다.

3. 절차적 사항에 대한 보완

권력적 행정조사에 대하여 사전고지제도를 강화하여 피조사자가 조사절차에 대비하고, 불측의 피해를 줄일 수 있도록 하여야 한다. 구체적으로는 행정조사의 고지시기를 행정조사의 효율성을 해하지 않는 범위에서 최대한 이른 시일로 정하고, 사전고지의 예외가 인정되는 경우를 구체적으로 한정하며, 정당한 사유가 인정되는 경우 고지된 행정조사의 연기를 조사상대방이 요청할 수 있도록 법에 명시하여야 한다.

독일 통신법 제127조 제2항이 영업상의 서류열람 및 검사를 통상적인 영업시간내로 제한하는 것과 같이 우리 통신법상의 행정조사에 있어서도 비례원칙에 의하여 사업소 등에 대한 출입 및 행정조사를 원칙적으로 영업시간 내로 제한할 필요가 있다.

(임의적으로) 제출된 물건 및 서류에 대한 행정조사기관의 일정기간의 보관권한을 명시함으로써 위법성에 대한 논란을 제거하면서 행정조사의 효율성을 제고할 필요가 있다. 행정조사로서의 검사·조사는 사업소 등과 같은 현장에서 뿐만 아니라 경우에 따라서는 조사대상물을 행정기관 혹은 제3의 장소로 옮겨 행하는 것도 상정할 수 있기 때문이다. 이 점에서 조사대상물에 대한 임시적인 영치 내지 보관과 같이 행정조사기관의 지배하에 조사대상물을 둘 수 있는 근거규정이 마련되어야 한다. 또한 옮기는 것이 적절치 않거나 불가능한 시설물 등의 경우에는 그에 대한 접근금지 혹은 봉인 등이 가능케 하는 입법이 이루어져 한다. 물론 이러한 경우 비례원칙적 관점에서 일정한 시간적 한계를 설정하고, 조사가 종결되거나 보관의 목적이 소멸되는 경우에 행정조사기관이 즉시 반환할 의무를 규정하여야 한다.

통신규제기관내부에서의 행정조사의 기획이나 행정조사과정에서 조사대상이 되는 사업자 등의 명칭이 외부에 공개되지 않도록 행정기관의 공개금지의무를 정하는 것이 필요하다. 행정조사 중에 조사받는 사업체 등의 이름이 알려짐으로써 발생하는 이미지 실추나 대외신인도의 하락은 행정조사의 결과가 확정되지 않은 상태에서 행정조사를 통하여 추구하는 공익과 침해되는 법익간의 균형을 깨뜨릴 가능성이 높기 때문이다.[60]

4. 기타 보완사항

통신법상의 규제행정청이 공무원으로 하여금 행정조사를 수행케 하는 것에 더하여 민간전문가의 참여가 필요한 경우 이것이 가능하도록 관련

---

60) 행정조사 대상이 되는 기업들이 제기하는 조사공개의 문제점을 지적하는 문헌으로는 한국경제연구원, 『행정조사의 실태와 개선방안』, 2004, 119면 이하.

조항들을 조정하는 것도 검토되어야 한다.

행정조사에 의하여 지득한 사실이나 자료의 이용범위 및 제한에 대하여 명확한 입법적 통제가 이루어져야 한다. 특정 행정조사에 기하여 이루어지는 추후 행정조치의 예측을 가능케 하며, 당해 행정조치의 투명성을 기할 수 있기 때문이다. 이러한 예측가능성과 투명성에 대한 요구는 실질적 법치국가원리의 일내용인 규범명확성원칙으로부터 도출될 수 있다.

행정조사에 의하여 취득한 정보가 개인정보인 경우 그의 보호를 요구하는 적어도 일반적인 내용의 규정을 마련할 필요가 있다.

권력적 사실행위로 파악될 수 있는 행정조사(예컨대 영업소에의 출입, 서류의 열람·검사 등)에 대한 수인의무를 법률에서 명시함으로써 행정쟁송법상 구제수단에 대한 이론적 논란을 피하고 구제수단을 보다 명확히 하는 것이 바람직하다.

〈토 론 문〉

통신법상의 행정조사*
─독일 통신법상 행정조사와의 비교고찰─

김성태 교수님께서는 행정조사에 대한 일반적 고찰에서 행정조사의 개념을 규정하시고 행정강제 내지 의무이행확보수단성에 대해 검토해 주셨고 이러한 일반론에 전제 혹은 비교하여 통신법상의 행정조사에 대해 잘 설명해 주셨습니다. 많은 공부가 되었다고 생각합니다.

그와 관련하여 몇 가지 질문을 드리고자 합니다.

우선, 우리나라 통신법과 관련하여 과징금과 형벌을 병과할 수 있는 것은 이중처벌의 소지가 있다고 말씀하셨습니다. 과징금의 성격이 부당이득 환수적 성격보다는 제재적 성격이 강한 경우 이중의 처벌이 될 수 있다는 취지로 이해됩니다. 하지만, 헌법재판소가 공정거래법상의 과징금에 대해 오로지 제재적 성격만이 있다고 하더라도 행정상 제재는 형사상 제재와는 다른 것으로 이중처벌이 아니라는 취지의 다수의견을 발표한 적이 있습니다. 과징금이 부당이득 환수라는 목적에서 출발했다고 하더라도 반드시 그러해야 한다는 당위성이 있어야 하는 것인지 의문이 들고 교수님의 견해와 헌법재판소의 견해는 차이가 있는 것인지 아니면 제가 이해를 잘못한 것인지 말씀해 주시면 감사하겠습니다.

그리고 독일에서 통신법을 집행하면서 법원에 영장을 청구하여 수색을

* 조성국(중앙대 교수).

할 수 있다고 말씀해 주셨습니다. 그리고 우리나라에서도 압수, 수색에 의한 행정조사의 가능성을 도입하되 법원에 의한 통제가 이루어지도록 하여야 한다고 제안해 주셨습니다.

이와 관련하여 우리나라에서는 그러한 것이 가능할 것이냐에 대해 질문 드리고 싶습니다. 독일이나 미국, 일본 등과 달리 우리나라 헌법에서는 영장의 청구에 대해서 검사가 할 수 있는 것으로 되어 있습니다. 교수님께서는 이러한 영장청구는 단지 형사적인 것에 국한되고 행정조사를 위한 목적에서는 적용되지 않는다고 생각하시는 것인지 그래서 우리나라도 독일처럼 통신위원회가 법원에 영장을 청구할 수 있다고 생각하시는지 질문 드리고 싶습니다. 사실 우리나라에서는 강제조사권이 없다고 생각되어 왔기 때문에 독일의 법집행방식은 한번 고려해 볼 여지가 있다고 생각합니다.

제7절 독일 통신법(TKG)상
규제집행절차에 관하여*

Ⅰ. '규제집행절차'의 개념, 범위설정의 문제

　현행 독일통신법(TKG, 2004)[1]에는 규제에 관한 개념정의를 내리고 있지 않으나, 과거 통신법(1996)상의 규정(구법 제3조 13호)에는 규제에 관한 정의를 내리고 있었다. 이에 의하면 규제란, "전기통신사업자의 전기통신서비스, 단말장비, 무선장비를 제공하는 행위를 규제하는 동법 제2조 제2항의 목적달성을 위한 조치와 효과적이고도 혼선없는 주파수 이용을 위한 조치"를 말한다고 규정하고 있었다. 현행 독일통신법에서 이러한 규제개념규정은 삭제되었지만, 그 목적은 다른 추가된 목적들을[2] 고려해 볼 때 여전히 현행 독일통신법 제2조 제2항에 존치하기 때문에 구법상의 규제의 의미는 여전히 통용된다고 볼 수 있으며, 단지 그 범위가 넓혀진 것으로 해석할 수 있겠다. 따라서 규제집행절차라 함은 통신법상의 목적달성을 위한 행정청(규제청)의 일련의 조치들을 포괄하는 것으로 볼 수 있다.

　＊ 장경원(명지대 교수).
　1) Telekommunikationsgesetz, BGBl Ⅰ 2004, S. 1190.
　2) TKG 제2조 제2항 3호, 4호, 8호의 추가.

II. 독일 통신규제청에 의한 규제집행절차

1. 규제청의 임무와 권한

통신법(TKG)상의 임무를 수행하기 위해 1996년 TKG 규정의 발효에 따라 1998년에 설립된 연방통신우편규제청(Regulierungsbehörde: 규제청)은 연방행정청으로서 TKG 또는 다른 법률의 규정에 의해 자신의 권한과 임무를 수행하며, 광범위한 독립성을 가진다(연방망관리청에 관한 법률[3] 1조).

통신산업에서의 규제의 특징은 주지하는 바와 같이, 과거 국가가 독점하던 사업의 민영화의 결과로서 통신분야에서의 특별한 출발상황 때문에 통신규제와 관련된 규제청의 임무들은 특수한 성질을 띠게 되었고, 따라서 그 임무들은 일반경쟁법의 수단만으로는 해결될 수 없다는 점을 들 수 있다.

독일 통신규제청의 중요한 기능중의 하나는 서비스공급의 부족과 서비스품질에 대한 민원을 처리하는 것으로서, 규제청은 이의가 제기된 사정을 조사해야 하며, 필요한 경우에는 보편적 서비스가 적절히 공급되기 위한 적절한 결정을 내려야 한다. 또한 규제청은 주파수이용계획의 수립과 이와 연계된 주파수규정의 임무를 가지며, 그 밖에 개인정보보호에 관한 임무도 수행하고 있다.

2. 통신법상의 특별규제의 내용

유럽법의 규정에 기초한 새로운 핵심영역으로 시장규제를 위해 TKG

---

3) 「Gesetz über die Bundesnetzagentur für Elektrizität」『Gas, Telekommunikation, Post und Eisenbahnen vom』 7, Juli 2005 (BGBl. I 2005 S. 1970, 2009).

에 삽입된 절(Abschnitt)이 있는데, 여기서 시장규제는 통신망에의 접근규제 및 요금규제와 특별 남용감독을 포괄하고 있다. 이외에도 예컨대 주파수 및 번호배분이 이루어지고, 공용도로의 이용권이 부여되거나 무선통신을 원활히 전송하기 위한 TV장비와 TV신호의 표준을 통일하기 위한 기술적 규정이 제정된다. 이것은 일반규제와는 다른 통신시장에서의 특수한 규제로 볼 수 있다.

이러한 규제는 시장행태(특별 남용감독, 요금규제와 망접속)뿐만 아니라 시장형성(상호접속, 주파수 및 번호 이동)까지 포함한다. 규제청은 심판위원회(Beschlusskammer)를 통해 시장규제의 사안이 발생한 경우와 주파수할당절차 및 보편적 서비스의무부과를 하는 경우에 그에 관한 결정을 하며, 그 결정은 행정행위로 발하여진다(TKG 제132조).

통신법이 그 목적달성을 위해 규제청에게 부여한 규제절차와 도구들 중에는 정보수집권, 조사권 및 단계별 제재수단들이 포함되어 있다. 즉, 규제청은 TKG 제127조에 따라 통신사업자에게 정보를 요구할 수 있으며 문서열람 및 조사도 할 수 있다. 이를 위해 규제청은 영업시간 중에 통신사업자의 사무실에 출입할 수 있으며, 또한 법원의 영장으로 이에 대한 수색을 할 수 있고, 이 경우 문서와 수색물을 압수할 수도 있다. 문서가 자발적으로 제출되지 않는 경우에는 규제청은 강제로 압류할 수 있으며, 영장의 집행을 위해 규제청은 강제금을 5십만 유로까지 부과할 수 있다.

3. 규제목적과 규제집행절차

1) 규제목적

TKG의 규정을 살펴보면, 규제청이 추구하는 목적들을 크게 4가지로 요약할 수 있다.

첫째, 통신사업자들간에 균등한 기회를 보장하는 경쟁이 확실히 보장되어야 하고 통신서비스와 통신망의 영역에서 지속적으로 경쟁을 지향하는 통신시장이 조성되어야 한다(TKG 제2조 2항 2호). 둘째, 인프라구축의 범위에서 일정 영역을 포괄하는 충분하고도 적절한 통신서비스의 공급이 보장되어야 한다(TKG 제2조 2항 5호). 셋째, 규제는 기술중립적 규정을 포함해야 한다. 여기에 더하여 규제는 또 다른 기술적 혁신을 조장하도록 만들어져야 한다(TKG 제2조 2항 3호). 넷째, 기술표준 및 특수성과 관련하여 서로 경쟁하는 공급자간에 필수적으로 협력하며 차별이 생기지 않을 것을 보장하여야 한다(TKG 제2조 2항 7호).

2) 규제집행절차

위의 규제목적에 비추어 볼 때, 규제청의 규제는 통신시장에서의 경쟁조성을 위해 통신사업자의 활동을 제한하는 것이라고 할 수 있다.

TKG에 의하면 크게 6가지의 범주에서 규제와 관련한 절차를 나누어 볼 수 있는데, 즉 시장규제절차, 접속규제절차, 요금규제절차, 특별남용규제절차, 보편적 서비스보장을 위한 규제절차이며, 그 밖에 다른 행정청(연방카르텔청)과의 협력에 의한 규제절차도 동시에 살펴 볼 수 있다.

(1) 시장규제절차

최근 일련의 EU-지침(2002년의 제 지침)[4]으로부터 알 수 있는 우선적인 규제의 목적은 보다 유연하고도 엄격하게 필요성의 원칙에 입각한 부문별 특별규제와 일반경쟁법의 수단을 사용하는 것이다. 이러한 목적을

---

4) 기본틀지침(framework Directive 2002/21/EC), 허가지침(authorisation Directive 2002/20/EC), 상호접속지침(access Directive 2002/19/EC), 보편적 서비스지침 (universal Directive 2002/22/EC), 정보보호지침(data protection Directive 2002/58 /EC).

위해 다단계절차가 TKG 제9조부터 제15조까지 도입되었고, 이것은 결정적으로 유럽집행위원회에 의해 조종, 통제된다. 이에 따르면 규제청은 TKG 제10조에 따라 시장확정절차와 이와 연결된 시장분석절차에 기초하여 TKG 제123조 1항 1문에 따라 연방카르텔청의 동의하에 당해 시장에 유효경쟁이 존재하는 지와 따라서 시장규제를 받아야 하는 지를 결정한다.

이에 반해 당해 시장에 유효경쟁이 존재하고 부문별 특별 규제로부터 벗어나게 되면 원칙적으로 일반경쟁법의 적용을 받게 된다.

시장을 확정하는 것뿐만 아니라, 시장분석의 결과 즉, 몇몇 기업들이 시장지배력을 행사하는지를 확정하는 것과 이와 관련된 규제처분은 국내 차원 뿐 아니라 유럽전체의 차원에서 복잡한 심의 절차의 표결과 통제에 놓이게 된다. 그 규제처분에 따라 관련 기업은 일정한 법적인 의무를 진다.

시장분석은 규제처분을 위한 근거가 되며, 이것을 통해 규제청은 시장권력을 행사하는 기업에게 일정한 법적 의무를 부과하거나, 이를 통해 그러한 의무들이 변경, 유지, 철회되기도 한다(TKG 제13조 제1항 1문). 시장확정과 시장분석은 정기적으로 그리고 필요시에 다시 검사된다 (TKG 제14조).

(2) 접속규제절차

전기통신망과 전기통신서비스 및 그 공동사용을 위한 접속의 규제를 통해 경쟁이 지속적으로 보장될 수 있다. 이러한 경쟁의 보장은 전기통신서비스의 상호작동가능성과 소비자의 이익보호를 목적으로 한다.

TKG는 '접속(Zugang)'을 "다른 기업체를 위해 일정한 조건 하에서 통신서비스를 공급하기 위한 시설 또는 서비스의 준비"라고 정의한다(TKG 제3조 32호). 공동 사용(Zusammenschaltung)하는 경우는 접속의 특별한 경우인데, 이러한 경우는 공공의 통신망 운영자들 사이에 생겨난다(TKG 제3조 34호).

원칙적으로 공공의 통신망을 운영하는 모든 자는 TKG 제16조에 따라 다른 공공 통신망 운영자들에게 신청이 있는 경우, 공동사용 할 수 있도록 해야 하고 이를 통해 이용자의 통신, 전기통신서비스의 제공 및 그 상호작동가능성을 유럽공동체 전체에 걸쳐 보장할 의무를 진다.

추가적으로 최종사용자에 대한 접속을 통제하는(부분망운영자) 기업은 시장지배력이 존재하는 것과는 무관하게 이러한 방식으로 서비스의 끝과 끝 연결을 보장하기 위해 특별한 접속규정을 정해야 한다(TKG 제18조).

이러한 목적을 위해 규제청은 부문망운영자에게 공동사용을 위해 필요한 경우에는 이용자의 통신과 서비스제공 및 그 상호작동가능성을 보장하기 위해 의무를 지우거나 그 밖의 접속의무를 부과할 수 있다. 시장지배력을 가진 공공 통신망 운영자(시장지배적 사업자)에 대하여 규제청은 일정한 접속의무부과, TKG 제21조에 의한 수요에 따른 번들링금지 및 TKG 제19조에 따른 동등하게 대우해야 할 의무와 TKG 제20조에 따른 투명성의무를 부과할 수 있다. 관련당사자가 계약으로 우선적 접속, 공동사용합의를 하지 않은 경우에는 규제청은 당사자의 신청에 의해 TKG 제25조에 의한 접속을 명령한다.

(3) 요금규제절차

요금규제의 목적은 "시장지배력을 가진 기업이 가격정책적 수단을 통해 경쟁자에 대한 남용적 약탈, 방해 또는 차별을 저지하는 것"이다(TKG 제27조 1항). 규제청은 요금규제수단이 전체적으로 서로 조정되도록 유의해야 한다(소위 '일관성의 요청', 광범위한 조정, 정보제공의무를 통해 심의의결위원회와 관련부서들에게 확보되어야 한다(TKG 제27조 2항 및 제132조 4항 1문).

TKG 제28조 1항으로부터 요금청구와 요금합의 시에 경쟁제한방지법(GWB) 제18조 4항에 근거한 시장지배적 사업자에 의한 일반적인 남용행위금지가 도출된다. 실무상 남용적 저해행위로 추정할 수 있는 것으로는

TKG 제28조상의 가격덤핑, 가격/비용할인, 부당한 번들링을 들 수 있다.

공공통신망의 시장지배적 사업자의 접속서비스에 대한 요금은 원칙적으로 사전에 허가를 받아야 한다(사전적 규제, TKG 제30조 1항 1문).

이에 반해 TKG 제21조에 따라 부과된 것이 아닌 접속서비스에 대한 요금과 시장지배적 기업자의 접속서비스에 대한 요구의 정산과 관련한 요금, 시장지배력이 없는 부문망사업자가 자신에게 부과된 접속서비스, 공동사용서비스에 대해 요구한 요금 등은 사후요금규제에 해당한다(각 TKG 제30조 2항 2문~4항 1문). 또한 규제청은 요금규제절차의 준비를 위해 전체적으로 광범위한 정보수집권과 명령권을 행사한다는 것이다(TKG 제29조).

(4) 특별남용 규제절차

특별 남용감독규제로는 통신서비스, 보편적 서비스제공, 통신에 기초한 서비스 등의 제공자 및 공공통신망에서의 시장지배적 사업자 등은 그 지위를 남용해서는 안 된다는 것을 들 수 있다.

여기서 남용이 있는 경우란, '다른 사업자가 직접 혹은 간접적으로 부당하게 방해를 받거나 자신의 경쟁수단이 실질적으로 정당한 사유 없이 현저히 침해당하는 경우'를 말한다.

TKG 제42조 4항에 따르면 자신의 권리가 침해당했다고 주장하는 모든 통신서비스제공자는 규제청에 남용심사를 청구할 수 있다.

규제청은 당사자의 신청 또는 직권으로 시장지배적 지위의 약탈적 남용을 막기 위해 결정을 내린다. 통상 4개월 후에 내려지는 이러한 결정은 관련 사업자에 대해 일정한 행위의무를 부과하거나 거절할 수 있고 또한 계약을 전부 혹은 일부 효력이 없는 것으로 선언할 수 있다. 나아가 규제청은, 사업자가 귀책사유와 관계없이 규제청의 남용처분을 위반하거나 고의 또는 과실로 TKG 규정을 위반한 것으로 인해 취득한 경제적 이득의 환수(Vorteilabschöpfung)를 명할 수 있다(TKG 제43조).

(5) 보편적 서비스 보장을 위한 규제절차

보편적 서비스규제를 위해 규제청은 보편적 서비스가 제공되지 못하게 될 관련시장을 우선, 내용적으로 또한 지역적으로 확정한다(TKG 제81조 제1항). 이러한 확정은 질적, 양적으로 모두 공표되어서, 모든 사업자가 자발적으로 공표 후 1개월 이내에 보상없이 보편적 서비스를 제공할 의사가 있다면 먼저 밝히도록 요구한다. 통신사업자가 시장지배적 사업자의 경우에는 이러한 보편적 서비스가 적은 비용의 부담으로 달성될 수 있는 경우에 장기적으로 오히려 자신에게 유리하게 작용할 수 있기 때문에 이러한 상황을 예정한 것이다. 하지만 첫 단계에서의 자발적 지원자가 없는 경우에는 두 번째 단계로서 규제청은 보편적 서비스의 공급이 이루어지지 않는 시장에서 지배적 지위를 가진 사업자들 가운데 몇몇의 사업자를 지정하여 보편적 서비스 제공의무를 부과할 수 있다(TKG 제81조 제2항, 제3항). 보편적 서비스를 제공하는 사업자가 이로 인하여 손실을 입은 것을 입증하는 경우에는 손실보전금이 제공된다(TKG 제82조 제1항). 두 번째 단계에 의한 보편적 서비스제공의무를 지는 사업자들이 제82조에 의한 손실보전을 청구할 수 있다고 주장하는 경우에는 규제청은 적정하다고 판명된 사업자 중 가장 적은 손실보전액을 요구하는 자를 보편적 역무 제공자로 선정할 수 있으며, 여러 사업자가 선정되는 경우에는 보편적 서비스의 내용을 분담하거나 지역적으로 분배할 수 있다(TKG 제81조 3항). 이러한 보편적 서비스제공을 위한 규제절차의 범위는 공중전화서비스, 전화번호 안내서비스, 전화번호부의 마련 및 긴급통화를 무료로 할 수 있는 공중전화박스를 사용할 수 있도록 하는 것으로서 보편적 서비스 제공사업자에 대한 적극적 규제조치를 취하는 것이라고 할 수 있다(TKG 제78조, 79조).

(6) 다른 행정청(연방카르텔청)과의 협력에 따른 규제절차

TKG 제123조 1항에 의하면 연방카르텔청과의 협력에 관한 규정을 두고 있는데, 이러한 협력에 의한 규제절차는 이른바 다단계 행정행위(행정절차)의 일종으로 볼 수 있다. 규제청은 시장확정(TKG 제10조), 시장분석(TKG 제11조), 기회균등적 경쟁을 해하는 경우의 주파수배분절차에서 참가로부터 신청인을 배제하는 경우(TKG 제61조 3항) 및 주파수거래의 경우 경쟁을 왜곡할 우려가 있는 경우(TKG 제62조 2항)에는 연방카르텔청의 합의(Einvernehmen) 하에 결정을 내린다. 연방카르텔청은 결국 그 밖의 통신규제법상 특수한 시장확정의 요건과 시장분석을 판단함에 있어 이와 더불어 규제청을 통해 TKG 제14조에 따라 그것의 정기적인 검사를 하는 데 관여하게 된다.

접속규제절차, 요금규제절차, 그 밖에 사업자선정절차, 사업자예비선정절차, 회선임대절차, 특별남용감독규제절차에 있어서 의무부과를 함에 있어 규제청이 결정을 늦추는 경우, 규제청은 연방카르텔청에게 TKG 제123조 1항 2문에 따라 절차가 종료되기 전 적절한 시기에 의견표명의 기회를 부여해야 한다. 연방카르텔청의 의견표명을 위해서 규제청은 일반적으로 결정초안을 전달하여야 한다.

역으로 연방카르텔청은 통신 영역의 일정한 절차에서 GWB 제19조와 유럽공동체조약 제82조에 따라 시장지배적 지위남용을 이유로, GWB 제20조 1항과 2항에 따른 차별금지 및 부당한 방해금지 그리고 GWB 제40조 2항에 따른 합병통제의 주된 심사절차에서 TKG 제123조 1항 3문에 따라 규제청에게 의견을 제출할 기회를 부여해야 한다. 이렇게 양 기관은 법질서의 통일성을 위해 양 당사자의 임무수행이 제대로 이루어질 수 있도록 각자의 관찰내용과 확인한 내용을 서로에게 알려주어야 한다(TKG 제123조 1항 5문).

Ⅲ. 규제절차와 관련된 TKG의 규정

독일 통신법상 규제의 큰 틀을 규제의 내용과 절차에 따라 분류해 보면 다음과 같은 구조를 취하고 있음을 알 수 있다.

1. 진입규제

- 면허절차
- 면허 취소
- 면허 수수료

2. 요금규제

- 규제기준
- 공표
- 요금승인과 규제
- 행정명령

3. 망개방/접속규제

- 남용행위 관리
- 망접속 허가
- 망 접속료규제

4. 이용자 보호

- 손해배상 청구, 서비스 중지
- 이용자보호규정

5. 주파수 규제

- 주파수 대역지정
- 주파수 사용계획
- 주파수 할당
- 주파수 사용료, 분담금
- 감독, 취소명령

6. 공도사용

- 교통로유지 보수, 사용
- 손해배상청구

7. 송신장비남용규제

8. 정보보호

- 통신비밀
- 공안당국의 정보요청
- 의무의 통제 및 이행독촉

9. 규제기관

- 감독, 권한
- 심판절차
- 구제방법 (법적 조치의 효력)
- 벌금과 범칙금

Ⅳ. 시사점

독일에서 일반적인 경쟁규제정책은 연방중앙정부부처인 연방재경부와 조직상 그에 소속된 독립관청으로서 연방카르텔청(Bundeskartellamt), 그리고 독립자문기관인 독점규제위원회(Monopolkommission)가 담당하고 있다. 연방카르텔청과 독점규제위원회는 조직상으로 연방재경부 산하에 소속되어 있지만, 업무수행 측면에서는 철저하게 독립성이 보장된다. 이 가운데 공정거래업무에 관한 집행절차를 이행하는 기관은 연방카르텔청이고, 위 3가지의 기관들은 기능상 독립되고 상호통제의 형식으로 서로 밀접한 관련을 맺고 있다. 또한 각 주(Länder)마다 경제부가 있으며 주정부의 경제부 또는 다른 부처에 하부 단위로 카르텔청이 존재하고 있다. 여기서 각 주의 카르텔청은 그 주 내에서만 효력을 갖는 경쟁제한행위에 관한 규제를 담당하는데, 그러한 행위 가운데서도 합병 등 특정한 경쟁제한행위에 관한 규제는 연방카르텔청의 권한으로 되어 있다. 독일은 연방국가를 택하고 있어서 각 지방정부에서의 규제절차와 중앙정부사이의 규제절차의 차이가 있다는 점에서 일단 우리법제와의 근본적인 차이가 있다는 점에 유의할 필요가 있겠다.

독일에서 공정경쟁과 관련한 법제도로서 '경쟁제한방지법(GWB)[5]'이 있다. 이 법은 1957년에 제정되어 이후로 10차례에 걸쳐 개정되어 시행되고 있는데, 최근 경쟁제한방지법 개정의 주요목적은 EU경쟁법을 EU회원국으로서의 독일 경쟁법에 적극적으로 반영하고 불공정행위의 방지와 경쟁보호를 강화하는 데 있다. 이것은 유럽연합이 1993년 출범한 이래 통신시장에서도 이러한 경쟁의 원칙이 일반적으로 강화되어 적용되는 것이 오늘날의 추세라는 점이다.

예컨대 통신산업에서의 규제에 관한 독일의 1996년 통신법 제정에 의해 기존의 우편전기통신부를 폐지하기에 이르렀고 전기통신 및 우편과 관련된 정책과 규제는 1998년 1월 1일 이후로 연방재경부에 신설된 전기통신우편규제청이 담당하게 되었다. 여기서 규제청의 대표 및 부대표 2인은 자문위원회의 추천을 받아 연방정부가 지명하며 독일연방공화국 수상이 임명한다. 또한 사업허가의 수가 제한됨으로 인한 사업허가절차, 보편적 서비스 의무의 부과, 요금규제 및 망개정규정 그리고 상호접속 등 이외의 경우에는 연방재경부의 확인을 필요로 하게 된 점을 특징으로 들 수 있다.

통신서비스 산업의 공정경쟁제도를 마련하기 위해 법적인 토대로서 독일의 헌법규정인 기본법(GG) 제87조 f의 제1항에서 "연방은, 연방상원의 동의에 의해 제정되는 연방법률에 따라, 체신과 전기통신의 영역에서 빈틈없이 전국적으로 적절하고 충분한 역무 제공을 보장한다"고 규정하고, 동조 제2항은 "제1항의 규정에 의한 역무 제공은 사경제적 활동으로서, 특별재산에 기해 설립된 기업 및 다른 사적 사업자들에 의해 수행된다. 체신과 전기통신의 영역에서의 고권적 임무는 연방 행정부에 의해 집행된다"고 규정하고 있다. 다시 말해 연방정부는 전기통신사업을 자유화하고 민영화하지만 여전히 통신역무의 제공에 관한 책임을 진다는 것을 의미한다(이른바, 보장행정의 원리: Gewährleistungsverwaltung).

이용약관에 관한 규제로서 일반약관과 이용요금약관으로 나누어 보면, 일반약관에 대하여 규제청은 사업면허를 받는 모든 통신사업자의 이용약

---

5) Gesetz gegen Wettweberbsbeschränkungen.

관이 기준에 부합하지 않으면 무효선언을 할 수 있으며, 무효선언의 기준
은 유럽공동체지침과 권고를 따르게 된다. 이 때 규제청이 이용약관을 사
전에 심사할 수 있도록, 통신사업자는 제정 또는 개정된 이용약관을 규제
청에게 미리 제출해야 하고 규제청은 이용약관이 제출된 이후 4주 이내에
인가여부를 결정해야 하기 때문에 이용약관에 대한 신속한 심사가 이루
어진다는 점을 알 수 있다. 이용요금약관에 대한 규제기준은 통신법 제31
조 이하에 규정되어 있다. 이용요금의 책정의 기본원칙은 효율적인 통신
서비스의 제공에 소요되는 비용에 근거해야 한다는 것으로 시장지배적
지위에 근거하여 할증요금을 부과하거나, 다른 통신사업자의 경쟁가능성
을 방해하기 위해 할인요금을 부과하거나, 동일한 또는 유사한 통신서비
스를 제공함에 있어서 특정한 이용자와 여타 이용자를 차별하여 이용요
금을 부여하는 것은 금지된다.

　이상과 같이 EU의 통신시장의 자유화에 부합하도록 정책을 수립하고
있는 오늘날 독일 통신법에서의 제 규제집행절차의 일반적인 내용들을
살펴보았다. EU의 자유화 과정을 보면 집행위원회가 각 회원국에 정책의
투명성, 공평성, 비차별성 등을 요구하고, 독일도 이에 대응하고 있다. 그
럼에도 불구하고 독일에서는 EU는 통신시장 자유화와 관련한 규제집행
절차에 있어서 앞으로 해결해야 할 과제들이 많이 남아 있다. 예를 들면,
독립 규제기관의 특별 규제권한부여의 제문제, 번호 이동성의 실시, 상호
접속 관련제도 및 요금 설정, 보편적 서비스의 제공, 인터넷 및 통신·방
송 융합 서비스 규제 문제 등이다. 이렇게 볼 때 독일 통신시장의 자유화
의 추세하에서 규제집행절차는 우리에게 시사하는 바가 있다. 특히, 전술
한 바와 같은 과제들은 우리가 직면하고 있는 과제라는 점에서 더욱 그러
하다. 앞서 언급한 바와 같이 독일에서의 통신법상의 제반 규제절차들이
통신시장의 자유화의 진전과 더불어 위의 과제들을 어떻게 해결해 나가
는지를 주목할 필요가 있으며 앞으로도 지속적인 연구가 필요할 것이라
고 생각된다.

제2장

전기통신사업법상
행정제재와 불복절차

제1절 전기통신사업법상
과징금 제도의 문제점 및 개선방안[*]

Ⅰ. 들어가는 말

과징금의 본질 및 기능영역은 행정의 실효성확보수단이다. 따라서 과징금을 포함하여 실효성확보수단에 대한 논의에 있어서는 그 전제인 행정상 의무의 성격 및 특수성이 충분히 고려되어야만 타당한 결론이 도출될 수 있음은 당연하다. 그러한 점에서 본다면 전기통신사업법상의 과징금에 관한 논의에 있어서도 역시 과징금제도의 일반적 성격 및 특성과 아울러, 전기통신사업법상의 과징금 부과대상인 의무의 성격 및 특성, 특히 그 공익성에 관한 고려가 충분히 행해져야 할 것으로 생각된다.

그러한 점에서 전기통신사업법상의 과징금의 의의 및 성격규명을 위한 논의에 있어서는 과징금제도라는 고정적이고 일의적인 틀이 중요한 것이 아니라, 전기통신사업법이 추구하는 행정목적을 실효적으로 확보할 수 있도록, 즉 운용목적에 맞도록 과징금을 제도화하고 재단하는 것이 필요하고 중요한 것이라 할 것이다.

과징금에 관한 종래의 논의들은 주로 과징금의 본질 및 성격에 관한 일반적 논의를 전제로 행해져 왔고, 그러한 이유에서 주로 ⅰ)법적 근거의 문제, ⅱ)행정벌과의 관계, ⅲ)부과기준이나 절차 등 법논리적인 논의에 집중되었

---

* 조성규(전북대 교수).

다. 물론 이들 모두 중요한 법적 문제로서, 실효성확보수단의 본질인 행정의 강제력은 본질적 효력이 아니라 법에 의해 부여된 힘으로, 법적 근거를 필요로 한다는 점에서 법적 근거 등의 문제는 중요한 문제일 수밖에 없다.

그러나 전기통신사업법상의 과징금에 대한 이해를 위해서는 한발 더 진전된 논의, 즉 전기통신사업의 제 특성, 특히 공익성 등이 고려된 논의가 필요하다고 본다. 공익성 등을 포함한 전기통신사업의 제 특성은 행정목적의 방향성을 제시하는 것이며, 이로부터 실효성확보수단으로서의 과징금제도의 방향성이 주어질 것이기 때문이다. 과징금부과주체와 사업자의 양면적 관계가 아닌, ─ 물론 상대적 차이라고 하더라도 ─ 과징금부과주체와 사업자 그리고 여기에 직결된 공익과 다원적 관계를 구축하는 통신사업의 특성으로부터 통신법상 과징금은 분명 일반적 과징금제도와는 다른 특수성을 가질 수밖에 없을 것이며, 그러한 특수성이 논의의 출발점이라 할 것이다.

II. 과징금제도의 일반론

1. 과징금의 의의 및 본질

1) 과징금의 의의

과징금은 종래 행정법상의 의무위반에 대한 실효성확보수단으로서 전통적으로 인정되어온 행정강제 및 행정벌이나 영업에 대한 취소·정지처분 등 불이익처분과는 다른 새로운 실효성확보수단의 하나로 행정법학상 자리잡고 있다. 그럼에도 불구하고 그 정확한 법적 의의 및 개념에 대해서는 확실한 견해의 일치를 보지 못하고 있으며,[1] 실정법상으로도 그 유형이 다양하게 규정되고 있다.

다만 학설상으로, 과징금이란 전통적 의무이행확보수단에 대하여 새로운 실효성확보수단의 일종으로서, 행정법상의 의무위반에 대하여 행정청이 그 의무자에게 부과·징수하는 금전적 제재를 본질로 한다는 점에 대해서는 일반적으로 받아들여지고 있다.[2]

이러한 과징금은 본래는 주로 경제법상의 의무위반행위로 인한 불법적인 이익을 박탈하기 위하여 그 이익액에 따라 과하여지는 일종의 행정제재금의 성격을 가진 것이었다. 그러나 법제도의 발전과 더불어 불법이익의 환수를 본질로 하는 본래의 과징금법제에 대하여, 내용적으로 변형된 형태의 과징금제도가 다수 법률에서 채택되어 오히려 과징금제도의 일반적 형태를 이루고 있다.[3] 일반적으로 변형된 과징금이란, 사업정지를 명할 일정한 위법사유가 있음에도 불구하고 공익의 보호 등을 이유로 그 사업 자체는 계속하게 하고 그에 따른 이익을 사업정지에 갈음하여 박탈하

---

1) 이는 다른 행정법이론과 달리 과징금제도는 현재 우리나라와 일본을 제외한 다른 외국의 입법례에서는 그 예를 찾기 힘든 독특한 제도라는 점에서도 기인한다. 과징금의 개념에 대해서는, 경제법상의 의무에 위반한 자가 당해 위반행위로 경제적 이익을 얻을 것이 예정되어 있는 경우에 그 의무위반행위로 인한 불법이익을 환수하기 위하여 과하는 일종의 행정제재금, 행정법령상 의무불이행 또는 의무위반이 있는 때에 행정청이 그 의무자에 대하여 부과·징수하는 금전적 제재, 국가가 그 사법권 또는 행정권에 의하여 국민에게 부과·징수하는 금전부담으로서 조세 이외의 것 등으로 다양하게 정의되고 있다(박영도·박수헌, 『과징금제도의 현황과 개선방향』, 법제연구원, 1993. 29~30면 참조; 이상철, 『과징금법제연구－입법례를 중심으로－』, 법제처, 1997. 12, 460면 이하 참조).
2) 김동희, 『행정법 I』, 박영사, 2006, 437면; 홍정선,『행정법원론(상)』, 박영사, 2006, 564면 등.
3) 그러한 이유에서 과징금개념과 관련하여 최협의의 과징금을, 행정청이 일정한 행정법령상의 의무이행을 강제하기 위한 목적으로 그 의무위반자에 대하여 영업정지적 처분에 갈음하여 부과하는 금전제재를 말하는 것으로 파악하는 입장도 있다(이상철, 『과징금법제연구－입법례를 중심으로－』, 법제처, 1997. 12, 460면).

는 내용의 행정제재금을 말한다.[4]

2) 과징금의 유형

과징금을 넓게 이해하는 경우, 행정의 실효성확보를 목적으로 행정법
상의 의무위반자에 대하여 행정청이 부과하는 금전제재를 포괄한다는 점
에서 실정법상의 과징금은 다양한 형태로 유형화가 가능하다.

(1) 2분법적 분류

학계의 일반적인 분류로, 과징금을 불법적인 경제적 이익에 대한 환수
를 본질로 하는 본래적 의미의 과징금(전형적 과징금)과, 인·허가사업 등
에 있어서 의무위반을 이유로 당해 사업을 정지하여야 할 경우 공익 등을
이유로 당해 사업 자체는 계속하게 하되 그에 따른 이익을 박탈하는 행정
제재금으로서의 변형된 과징금으로 분류한다.[5][6]

---

4) 여객자동차운수사업법상의 과징금은 법령위반을 이유로 한 사업정지처분의
사유가 발생한 경우, 사업정지처분이 이용자에게 심히 불편을 주거나 공익을
해할 우려가 있는 때에는 사업정지처분에 갈음하여 5천만 원 이하의 과징금처
분을 할 수 있도록 규정함으로써(법 제79조), 과징금과 공익적 사업과의 관련
성을 직접 고려하고 있다. 즉 자동차운수사업은 일반공중의 일상생활이 이 사
업에 크게 의존하고 있는 사업으로서, 당해 사업자가 의무를 위반한 경우 사업
면허를 취소 또는 정지한다면 일반공중의 교통수요를 충족시킬 수 없게 되고,
또 형사처벌로서의 벌금을 부과하게 되면 사업자를 전과자로 만들기 때문에
이러한 불편과 문제점을 해소하기 위해서 고안된 제도가 과징금제도라 할 수
있는바, 이는 당해 법령을 위반한 사례가 있더라도 사업의 공익성상 사업은
계속시키면서 일정기간 당해 사업으로부터 생기는 수익을 박탈하는 제도이며,
변형된 과징금제도의 전형이라 할 수 있다(배영길, 「과징금제도에 관한 연구」
『공법학연구』 제3권 제2호(2002. 3), 254면).
5) 김동희, 『행정법 I』, 박영사, 2006, 437면 이하; 박윤흔, 『행정법강의(상)』, 박
영사, 2004, 667면 이하 등.
6) 일반적으로는 부당이득환수적 성격의 것을 과징금의 일반적 모형으로 보는데

이에 대해 기본적으로 2분법적 분류에 따르면서, 본래적 의미의 과징금을 법령위반행위에 따른 부당이득을 환수하는 성격의 과징금과 부당이득을 환수하는 성격과 행정제재의 성격을 갖는 과징금[7]으로 세분하고, 변형된 과징금을 사업의 정지에 갈음하는 과징금과 사업의 정지와 선택관계에 놓이는 과징금으로 세분하는 입장도 있다.[8]

(2) 3분법적 분류

2분법적 분류에 더하여, 그 제도적 성격이 과징금과 유사한 — 수질환경보전법, 대기환경보전법, 축산법 등의 — '부과금'제도를 제3의 과징금 유형으로 포함시키는 분류법이다.[9] 헌법재판소도 기본적으로 그러한 입장인 것으로 보인다.[10]

비해, 일부 견해는 소위 변형된 과징금을 과징금에 대한 일반적 입법모형이며 일반적 과징금으로 보아야 한다는 입장도 있다(김홍대, 「과징금제도의 의의와 법적 성격」, 『법조』, 제51권 제12호(2002. 12), 20면). 이에 따르면 최초로 규정된 독점규제법상의 부당이득환수적 성격의 과징금은 이를 그대로 계승하는 법률을 찾아보기 어려우며 오히려 소위 변형된 과징금이 우리나라 과징금법제의 대부분을 차지하고 있으므로, 이를 일반적 과징금으로 부르는 것이 적절하다고 주장한다.

7) "부당지원행위에 대한 과징금은 부당지원행위 억지라는 행정목적을 실현하기 위한 행정상 제재금으로서의 기본적 성격에 부당이득환수적 요소도 부가되어 있는 것"(대법원 2004. 3. 12 선고 2001두7220 판결).

8) 박균성, 『행정법론(상)』, 박영사, 2006, 446면 이하; 최영찬, 「과징금제도에 관한 연구」, 『법제』, 제527호(2001. 11), 3면 이하.

9) 박영도·박수헌, 『과징금제도의 현황과 개선방향』, 법제연구원, 1993. 60면.

10) "각종 법률에 등장하고 있는 과징금 제도를 유형에 따라 분류하면, 첫째, 행정상 의무이행확보수단으로서 특히 경제법상의 의무위반행위로 얻은 불법적인 이익 자체를 박탈하기 위하여 부과되는 유형의 과징금이 있는바, 독점규제및공정거래에관한법률이나 금융실명거래및비밀보장에관한법률에서 그 예를 찾아볼 수 있고, 이는 부당 또는 불법의 이득을 환수 내지 박탈한다는 측면과 위반행위자에 대한 제재로서의 측면을 함께 가지고 있다고 말할 수 있으며, 둘째, 다수 국민이 이용하는 사업이나 국가 및 사회에 중대한 영향을 미치는 사업을 시행하는 자가 행정법규에 위반하였을 경우 그 위반자에 대하여 허가

이에 대해서는, 부과금이 행정법상의 의무위반에 대한 금전적 제재로서의 성질을 갖기는 하지만, 부과금의 경우에는 국고수입으로 귀속되는 것이 아니라 당해 특정된 행정법상의 의무이행을 전체적으로 확보하기 위한 목적으로 그 사용목적이 제한되는 점에서 과징금과 다르므로, 양자는 별개의 제도로 구별하여야 한다는 반론이 있다.11)

(3) 다원론적 분류

전통적인 2분법적 또는 3분법적 분류에 대하여, 실정법상 이미 다양한 유형의 과징금유형이 등장하고 있다는 점에서 과징금유형을 보다 세분화하는 견해이다. 이에 따르면, 과징금은 ⅰ)행정상 의무위반자에 대하여 영업정지처분제도를 마련하지 않고 일의적으로 과징금을 부과하는 유형(부

취소·영업정지처분을 하면 오히려 국민에게 불편과 생활의 어려움을 줄 수 있으므로, 이러한 허가취소·영업정지처분과 선택적으로 또는 이에 갈음하여 부과되는 과징금으로서, 여객자동차운수사업법 제79조, 석유사업법 제14조, 주차장법 제24조, 건설산업기본법 제82조 등이 그 예이고, 이 유형에 속하는 과징금은 일정한 행정법규를 위반한 자가 사업정지처분의 대상이 될 때 이에 갈음하여 행정기관이 그 불이익처분을 면제하는 대신 일정 금액의 납부를 명한다는 측면에서 일종의 속죄금으로서의 성격도 가진다고 볼 것이며, 셋째, 법령에서 과징금이라는 용어를 사용하고 있지 않더라도 그 제도적 취지·성격 등에 비추어 과징금과 유사한 제도를 규정하고 있는 경우로서, 대표적인 예는, 일정한 오염물질을 배출한 사업자에 대하여 배출한 오염물질의 종류, 배출기간, 배출량 등을 산정기준으로 하여 배출부과금을 부과하는 제도인데, 현행법상 이를 규정하고 있는 법률로는 수질환경보전법 제19조, 대기환경보전법 제19조 등이 있고, 위 부과금은 과징금과 그 명칭이 다르기는 하지만 성격상 유사하며, 일정한 행정법규를 위반한 자에 대하여 그 위반행위로 야기한 사회적 해악의 정도에 비례하여 일정한 금전의 부담을 명하고 있다는 데 그 특색이 있다(헌재 2001. 5. 31 선고 99헌가18,99헌바71·111,2000헌바51·64·65·85,2001헌바2(병합) 전원재판부)."

11) 유지태, 『행정법신론』, 신영사, 2004. 312면. 이러한 견해에 대해서는 국민건강보험법이나 도시철도법의 경우에는 과징금의 용도를 특정하는 경우도 있으므로, 그러한 지적은 타당하지 않다는 비판이 있다(홍정선, 『행정법원론(상)』, 박영사, 2006, 565면).

당이득환수적 과징금), ii)행정상 의무위반자에 대하여 영업정지처분에 갈음하여 또는 선택적으로 과징금을 부과하는 유형(영업정지대체적 과징금), iii)행정상 의무위반자에 대하여 시정명령과 선택적으로 과징금을 부과하는 유형(시정명령대체적 과징금), iv)행정상 의무위반 자격자에 대하여 자격정지처분과 선택적으로 과징금을 부과하는 유형(자격정지대체적 과징금), ⅴ)피해가격 과징금, ⅵ)부당이득환수적 과징금과 마찬가지로 일의적으로 과징금의 성질과 같은 금전납부의무를 부과하되, 그 명칭은 "부과금"으로 되어 있는 유형(부과금)으로 구분할 수 있다고 본다.12)

(4) 시사점

과징금의 유형화와 관련하여 어떠한 형태의 유형화가 가장 타당한지에 대해서는 특별한 논의가치는 없다고 생각된다. 특히 다원론적 유형화의 경우, 실정법상의 과징금 규정형태에 관한 문언상의 구분 이외에 특별히 유형화의 법적 의미 및 가치가 있는지는 의문이다. 그러한 유형화 간에 특별한 법리적 차이가 존재한다고 보이지는 않으며, 다만 그러한 규정형식의 차이는 과징금 제도의 본질적 문제가 아닌, 당해 과징금제도가 추구하는 행정목적상의 차이로부터 비롯된 것이라고 할 것이다.

다만 그러한 다양한 유형화를 통해 시사될 수 있는 점은, 특정 행정영역 내지 행정목적을 위한 과징금제도를 이해함에 있어서는 과징금제도의 본질로부터 비롯되는 내재적인 한계원리보다는, 과징금제도를 통해서 도모하고자 하는 행정영역의 특성 및 행정목적에 대한 고려가 중요하다는 점이라 할 것이다.

---

12) 이에 관한 상세한 내용은 이상철, 『과징금법제연구—입법례를 중심으로—』, 법제처, 1997. 12, 460면 이하 참조.

3) 과징금의 본질

과징금제도에 대한 논의에 있어 중요한 것은 과징금의 본질을 어떻게 파악할 것인가라고 할 수 있다. 과징금의 본질을 단순히 부당이득의 박탈로 볼 것인지[13] 아니면 행정상 제재적 요소를 가진 것으로 볼 것인지로부터 과징금제도에 대한 논의방향이 상이해질 수 있기 때문이다.[14]

이에 대해서 우리나라 학설의 일반적 입장은 적어도 과징금은 행정의 실효성확보를 목적으로 하는 제재적 수단의 성격을 갖는다는 점에 대해서는 대부분 일치해 있는 것으로 보인다.[15]

우리나라 실무의 입장 역시 과징금은 단순히 부당이득에 대한 환수적 의미가 중심적인 것이 아니며 행정상의 제재가 과징금의 기본적 성격이

---

13) 일본의 경우, 독점금지법에 규정된 과징금의 본질과 관련하여, 기본적으로 과징금제도는 부당한 이득을 박탈하는 제도로 파악되고 있었으며, 그 이유는 카르텔에 대한 대응조치로서 독점금지법상 과징금 외에 형벌이 규정되어 있는 점 및 헌법이 금지하는 이중처벌의 문제와 관련이 있는 것으로 보고 있다. 물론 이러한 견해에 대해 위법한 카르텔에 대한 억제효과를 강화하기 위해서는 과징금제도가 단순한 부당이득의 박탈을 넘어 행정제재적 요소도 가져야 한다는 견해도 많이 제시되고 있다고 한다(課徵金に關する獨禁法改正問題懇談會 報告書, 1990. 12. 21, 公正取引特報 第989號 등: 배영길, 「과징금제도에 관한 연구」, 『공법학연구』, 제3권 제2호(2002. 3), 254면에서 재인용).

14) 과징금의 법적 성격에 대한 논의에 있어서는, 전통적으로 전형적 과징금의 법적 성격에 대하여는 부당이득세설, 과태료설, 행정제재금설 등이, 변형된 과징금에 대해서는 부당이득세설, 행정제재금설, 과태료설, 속죄금설 및 금전적 제재설 등이 대립하였으나 오늘날의 경우는 부당이득환수적 성격과 행정제재적 성격을 동시에 갖는다는 견해(겸유설)가 일반적인 것으로 보인다(이에 관한 상세한 내용은 신봉기, 「경제규제입법에 있어서 과징금제도의 내용과 문제점」 『단국대 법학논총』, 제18집(1992. 10), 173면 이하; 이상철, 『과징금법제 연구』, 법제연구총서 4, (1997. 12.); 채우석, 「과징금제도에 관한 일고찰」『토지공법연구』, 제22집(2004. 7) 등 참조).

15) 김동희, 『행정법 I』, 박영사, 2006, 437면; 홍정선, 『행정법원론(상)』, 박영사, 2006, 564면; 유지태, 『행정법신론』, 신영사, 2004. 309쪽; 배영길, 「과징금제도에 관한 연구」 『공법학연구』, 제3권 제2호(2002. 3), 248면 등.

라고 보고 있다.[16] 특히 변형된 과징금의 경우에는 속죄금으로서의 성격
도 아울러 가진다고 보기도 하지만,[17] 이는 사업정지처분 등 불이익처분
을 '면제'하는 대신 과징금의 납부를 면한다는 점에서 일면 타당성이 있
을 수 있으나, 본래 속죄금이란 형사처벌을 면하기 위한 수단으로서 사용
된 것임을 고려하면, 행정의 실효성 확보를 목적으로 하는 금전적 제재로
서 행정처분의 본질을 갖는 과징금을 속죄금으로 파악하는 것은 다소 무
리한 것이라 할 것이다. 즉 과징금 제도가 속죄금적인 성격을 가지는 것
으로 이해되는 것은 소위 변형된 과징금제도의 운용과정에서 수반되는
면제적 측면을 강조한 것일뿐, 결코 과징금제도 그 자체의 입법취지를 제
대로 이해한 것은 아니라고 할 것이다.[18]

동시에 변형된 과징금제도에 있어서는 영업이익의 환수는 과징금제도
의 도입에 따른 부수적 효과이며 실제 영업이익의 산정이 불가능하므로

---

16) "구 독점규제및공정거래에관한법률 제24조의2에 의한 부당내부거래에 대한
    과징금은 그 취지와 기능, 부과의 주체와 절차 등을 종합할 때 부당내부거래
    억지라는 행정목적을 실현하기 위하여 그 위반행위에 대하여 제재를 가하는
    행정상의 제재금으로서의 기본적 성격에 부당이득환수적 요소도 부가되어 있
    는 것이라 할 것"(헌법재판소 2003. 7. 24 2001헌가25 전원재판부 결정).
    "부당지원행위에 대한 과징금은 부당지원행위 억지라는 행정목적을 실현하기
    위한 행정상 제재금으로서의 기본적 성격에 부당이득환수적 요소도 부가되어
    있는 것"(대법원 2004. 3. 12 선고 2001두7220 판결).
17) "허가취소·영업정지처분과 선택적으로 또는 이에 갈음하여 부과되는 과징금
    으로서, 여객자동차운수사업법 제79조 , 석유사업법 제14조, 주차장법 제24조,
    건설산업기본법 제82조 등이 그 예이고, 이 유형에 속하는 과징금은 일정한
    행정법규를 위반한 자가 사업정지처분의 대상이 될 때 이에 갈음하여 행정기
    관이 그 불이익처분을 면제하는 대신 일정 금액의 납부를 명한다는 측면에서
    일종의 속죄금으로서의 성격도 가진다고 볼 것"(헌재 2001. 5. 31 선고 99헌가
    18,99헌바71·111,2000헌바51·64·65·85,2001헌바2(병합) 전원재판부).
18) 김호정, 「새로운 행정제재수단으로서의 과징금제도」『외법논집』, 제9집(2000.
    12), 326면; 박영도·박수헌, 『과징금제도의 현황과 개선방향』, 법제연구원,
    1993. 40면; 배영길, 「과징금제도에 관한 연구」『공법학연구』, 제3권 제2호
    (2002. 3), 248면 참조.

변형된 과징금제도의 핵심적 내용은 아니다.[19]

따라서 과징금의 목적이 행정의 실효성확보이고, 그 본질을 행정제재적 성격의 것으로 본다면 － 이중처벌과 관련한 문제점을 제외한다면 － 과징금의 부과한도 등 과징금제도의 운용에 관한 논의에 있어 이를 굳이 불법적인 이득 부분에 한정하여야 할 필연성은 없다고 할 것이므로, 행정법규의 실효성을 확보하기 위해 필요한 경우 그 제재적 성격을 강화하는 것도 가능할 것이다.

이는 다른 인·허가사업에 비해 공익성이 큰 통신사업에 있어서의 과징금제도에 대하여 시사하는 바가 크다고 볼 수 있다.

특히 현실적인 관점에서 볼 때도, 실제로 행정법규 위반이 적발되는 건수는 그 위반 건수에 비하여 극히 드물 뿐만 아니라, 설령 법규 위반이 있는 경우에도 모든 경우에 과징금을 부과할 수 있는 것은 아니라는 점에서 과징금 부과금액을 부당이득에 한정하는 것은 행정의 실효성확보라는 목적에도 충실히 기여하기는 어렵다고 할 것이다.[20]

2. 과징금 제도와 관련한 법적 문제

1) 이중처벌의 문제

(1) 형사벌(벌금) 및 질서벌(과태료)과의 구별

과징금의 기본적 성격을 제재로 볼 때, 과징금은 금전상의 제재라는 점에서 일단 외형상 형사벌로서의 벌금이나 행정질서벌로서의 과태료 등과 유사하며, 특히 행정법상 실효성확보를 위한 수단이라는 점에서는 과태료

---

19) 김홍대, 「과징금제도의 의의와 법적 성격」, 『법조』, 제51권 제12호(2002. 12), 21면.

20) 배영길, 「과징금제도에 관한 연구」, 『공법학연구』, 제3권 제2호(2002. 3), 248면 참조

와 다를 바 없다.

그러나 과징금은 행정법상의 의무위반을 이유로 부과되는 것이라는 점에서 형사벌과 다르며, 행정상 의무위반에 대한 제재이더라도 이는 성질상 처벌이 아닌 금전적 불이익의 부과, 즉 행정처분이라는 점에서 행정질서벌과도 구별된다.[21][22]

(2) 병과의 가능성

과징금은 본질상 형사벌 및 행정벌과 구별되는 것이므로, 따라서 과징금의 부과와 행정벌 또는 형사벌의 부과는 법논리상 양립할 수 있다.[23]

---

21) "행정권에는 행정목적 실현을 위하여 행정법규 위반자에 대한 제재의 권한도 포함되어 있으므로, '제재를 통한 억지'는 행정규제의 본원적 기능이라 볼 수 있는 것이고, 따라서 어떤 행정제재의 기능이 오로지 제재(및 이에 결부된 억지)에 있다고 하여 이를 헌법 제13조 제1항에서 말하는 국가형벌권의 행사로서의 '처벌'에 해당한다고 할 수 없는바, 구 독점규제및공정거래에관한법률 제24조의2에 의한 부당내부거래에 대한 과징금은 그 취지와 기능, 부과의 주체와 절차 등을 종합할 때 부당내부거래 억지라는 행정목적을 실현하기 위하여 그 위반행위에 대하여 제재를 가하는 행정상의 제재금으로서의 기본적 성격에 부당이득환수적 요소도 부가되어 있는 것이라 할 것이고, 이를 두고 헌법 제13조 제1항에서 금지하는 국가형벌권 행사로서의 '처벌'에 해당한다고는 할 수 없으므로…"(헌재 2003. 7. 24 선고 2001헌가25 전원재판부).
22) 따라서 부과주체에 있어서도 과징금은 행정청인데 비해, 과태료는 원칙적으로 법원이며, 불복근거 역시 과징금은 행정쟁송법인데 비해, 과태료는 비송사건절차법에 의한다.
23) "공정거래법에서 형사처벌과 아울러 과징금의 병과를 예정하고 있더라도 이중처벌금지원칙에 위반된다고 볼 수 없으며, 이 과징금 부과처분에 대하여 공정력과 집행력을 인정한다고 하여 이를 확정판결 전의 형벌집행과 같은 것으로 보아 무죄추정의 원칙에 위반된다고도 할 수 없다."(헌재 2003. 7. 24 선고 2001헌가25 전원재판부).
"헌법 제13조 제1항이 정한 '이중처벌금지의 원칙'은 동일한 범죄행위에 대하여 국가가 형벌권을 거듭 행사할 수 없도록 함으로써 국민의 기본권 특히 신체의 자유를 보장하기 위한 것이므로, 그 '처벌'은 원칙으로 범죄에 대한 국가의 형벌권 실행으로서의 과벌을 의미하는 것이고, 국가가 행하는 일체의 제재나 불이익처분이 모두 그에 포함된다고 할 수는 없다."(헌재 1994. 6. 30 선고

(3) 과징금제도의 개선방향성

과징금과 다른 벌의 병과가 법리상 가능하다고 하더라도, 그러나 실제적 측면에서는 과징금과 벌금·과태료는 금전적 제재라는 점에서 동일하므로 양자를 함께 부과하는 것은 실질적으로 이중처벌의 성질을 가질 수 있다.[24]

따라서 이중처벌 내지는 과잉부담의 문제를 피하기 위해서는 관계법령에서 원칙적으로 과징금 또는 벌금 등은 선택적으로 부과하도록 입법적 조치를 두는 것이 가장 바람직할 것이지만,[25] 벌칙특례조항의 수용 여부에 대해서는 학설상의 대립 자체가 첨예한 동시에 최근의 입법경향은 오

92헌바38).

24) 직접 과징금에 대한 것은 아니지만 헌법재판소는 "행정질서벌로서의 과태료는 행정상 의무의 위반에 대하여 국가가 일반통치권에 기하여 과하는 제재로서 형벌(특히 행정형벌)과 목적·기능이 중복되는 면이 없지 않으므로, 동일한 행위를 대상으로 하여 형벌을 부과하면서 아울러 행정질서벌로서의 과태료까지 부과한다면 그것은 이중처벌금지의 기본정신에 배치되어 국가 입법권의 남용으로 인정될 여지가 있음을 부정할 수 없다(헌재 1994. 6. 30 선고 92헌바38)" 고 판시하고 있다.

25) 김동희, 『행정법 I』, 박영사, 2006, 439면. 현행법상 그러한 규정례는 다수 발견되는데, 여객자동차운수사업법은 "제85조의 과태료규정을 적용함에 있어서 제79조의 규정에 의하여 과징금을 부과받은 자에 대하여는 당해 위반행위에 대하여 과태료를 부과할 수 없다"(법 제86조)고 하여 과징금과 과태료에 대한 선택적 관계를 명시적으로 규정하고 있으며, 화물자동차운수사업법(제51조), 식품위생법(제80조) 등도 마찬가지이다.
다만 현대 행정이 다양화되고 과징금의 유형이 확대됨에 따라 과징금의 전제가 되는 행정법규 및 의무의 성격 등에 의해 경우에 따라서는 과징금과 행정벌의 병과가 필요한 경우도 있을 수 있다는 점에서 획일적으로 논의될 문제는 아니라고 본다. 종래 구 석유사업법은 이중처벌의 문제를 해결하기 위해 입법적으로 과징금을 부과할 수 있는 범법행위에 대해서는 산업자원부장관의 고발이 있어야 형사처벌을 할 수 있도록 하고, 과징금을 납부한 자에 대해서는 고발을 할 수 없도록 하는 특례조항을 두어, 동일한 위반행위에 대해서는 과징금과 벌금을 선택적으로 과하도록 하고 있었다(법 제31조 참조). 그러나 1994. 12. 석유사업법의 전면개정시 그러한 특례조항은 삭제되었으며, 그 이후 석유사업법을 대체한 현행 석유 및 석유대체연료사업법도 마찬가지이다.

히려 벌칙적용의 특례조항을 두지 않는 추세로 보인다.[26]

그 결과 현행 법제상으로 이중처벌의 문제를 피하기 위해서는, 적어도 과징금의 부과요건에 관하여 명시적인 법적 근거가 있어야 하는 것은 물론, 과잉금지원칙의 관점에서 과징금을 부과하여야 할 합리적인 근거가 있어야 할 것이다. 동시에 과징금의 부과에 있어서도, 위반자의 의무위반의 정도나 취득 이익의 크기에 상응하게 산정되어야 하며, 그 산정기준이나 부과절차 등이 적정하고 투명하게 규정되는 등 법제도적 정비가 뒷받침되어야 할 것이다.[27]

2) 부과기준의 문제

(1) 일반적 부과기준

과징금의 부과기준은 과징금의 유형 및 법적 성질에 따라 상이하다. 가령 일종의 부당이득세라면 위법한 영업활동기간의 수입으로 예상되는 불법 또는 부당이득의 정도가 고려되어야 하는 반면, 법령위반 행위에 대한 제재적 성격이 강조되는 경우 부당이득 정도보다는 오히려 법령위반행위에 대한 가벌성의 경중이 고려되어야 한다.

이러한 문제는 과징금액의 결정에 있어 재량권의 행사 여부에 대한 문제에 있어서도 마찬가지로 등장하게 된다.

---

26) 김호정, 「새로운 행정제재수단으로서의 과징금제도」, 「외법논집」, 제9집(2000. 12), 340면 참조.

27) "과징금은 형사처벌이나 행정벌과는 그 성격을 달리하는 것이기는 하나, 위반자에 대하여 금전지급채무를 부담시킨다는 측면에서 실질적으로는 제재로서의 성격을 가지고 있으므로, 그 부과요건에 관하여 법률상 명시적인 근거가 있어야 하는 것은 물론, 헌법상 과잉금지의 원칙과 관련하여 과징금을 부과하여야 할 합리적인 근거가 있어야 하고, 위반자의 의무위반의 정도나 취득한 이익의 크기에 상응하여 과징금을 산정하며, 그 산정기준 및 부과절차 등도 적정하게 규정되어야 할 것이다(헌재 2001. 5. 31 선고 99헌가18,99헌바71·111,2000헌바51·64·65·85,2001헌바2(병합) 전원재판부)."

다만 우리나라의 과징금제도는 행정제재적 측면과 부당이득환수적 측면을 모두 가지고 있다는 점에서 과징금의 부과기준으로는 두 측면이 모두 고려되어야 할 것이며, 실정법들도 대부분 그러한 입장에 있는 것으로 보인다.

현실적으로 실정법들은 대부분, 법률에서 과징금 부과처분의 근거와 한도액을 직접 규정하면서 그 위반행위의 종별 및 정도에 따른 구체적인 부과금액은 대통령령인 시행령(별표)에 위임하여 규정하는 것이 보통이다. 따라서 이 경우 법률의 입법취지나 성격 등의 면에 있어서 상호 유사성이 큰 법률 상호간에 있어서는 과징금의 상한액 등 구체적 제도내용이 상호균형을 유지해야 할 것이나,[28] 실제적으로는 이들 법률규정 상호간의 균형이 상실되고 있다고 지적된다.[29]

따라서 부과기준의 정비를 통해 합리적이고 균형적인 과징금의 부과가 가능하도록 하여야 할 필요가 있다.

(2) 전기통신사업법의 경우

전기통신사업법은 과징금의 유형을 불공정거래행위 등과 관련된 금지행위에 대한 과징금(법 제37조의2)과 사업정지에 갈음하는 소위 변형된

---

28) 법제처의 '법령입안심사기준'에 따르면 과징금액의 결정과 관련하여서는 다음 원칙을 따르도록 규정하고 있다. 즉 법률에서 과징금 부과처분의 근거를 규정하면서 그 위반행위의 종별과 정도에 따른 과징금의 부과액 등은 시행령에 위임하는 것이 보통인데, 이에 따라 시행령에서 그 금액을 정할 때에는 다음 사항에 유의하도록 한다. 첫째, 시행령 또는 시행규칙에서 따로 영업정지사유인 위반행위의 종별과 정도를 구체적으로 열거한 경우에는 그 열거한 사유에 한하여 과징금을 부과하는 규정을 두고, 영업정지사유로 열거되지 아니한 행위에 대하여 과징금을 부과하는 규정을 두어서는 아니된다. 둘째, 같은 법령에서 같은 업종 또는 대상에 대하여는 영업정지기관과 과징금 금액 사이에 형평이 유지되도록 한다(법제처, 법령입안심사기준).

29) 박영도·박수헌, 『과징금제도의 현황과 개선방향』, 법제연구원, 1993. 126~127면.

과징금(법 제64조)으로 이원화하여 규정하고 있다.

다만 전기통신사업법 역시 과징금에 관한 통상적인 법체계와 마찬가지로, 과징금 부과처분의 근거와 한도액은 법률에서 직접 규정하는 반면, 그 위반행위의 종별과 그에 대한 구체적 부과금액 등은 대통령령에 위임하는 형태를 따르고 있다(법 제37조의2 제1항 및 제2항, 제64조 제1항 및 제2항 참조).

이와 더불어 통신위원회는 법령상의 근거는 없지만, 금지행위에 대한 과징금 산정기준(2000. 6. 26.)을 제정하여 구체적인 과징금산정의 기준이 되는 매출액의 산정방법 및 과징금 산정기준 등을 정하여 운영하고 있다고 한다.[30]

① 금지행위에 대한 과징금

통신위원회는 법령상의 일정한 금지행위(법 제36조의3 제1항 및 제36조의4 제1항 내지 제6항의 규정행위)를 위반한 행위가 있는 경우에는 당해 전기통신사업자에게 대통령령이 정하는 매출액[31]의 100분의 3 이하에 해당하는 금액의 과징금을 부과할 수 있다. 다만, 매출액이 없거나 매출액의 산정이 곤란한 경우로서 대통령령이 정하는 때에는 10억 원 이하의

---

30) 이호영, 「전기통신사업법상 금지행위에 대한 과징금제도의 개선」, 『전기통신사업법의 경쟁법적 연구 및 개선방안』, KT경영연구소, 2006. 12, 266면. 이에 따르면 통신위원회는 2006년 3월 전기통신사업법 개정으로 이동통신 단말기보조금이 일부 허용됨에 따라 2006. 4. 17. 이동통신 단말기보조금 조항 위반행위에 대한 과징금 산정기준을 기타의 금지행위 위반에 대한 과징금 산정기준과 별도로 제정하여 운영하고 있다고 한다.

31) '대통령령이 정하는 매출액'이라 함은 당해 전기통신사업자의 금지행위와 관련된 전기통신역무의 직전 3개 사업연도의 연평균 매출액을 말한다. 다만, 당해 사업연도 초일 현재 사업을 개시한지 3년이 되지 아니하는 경우에는 그 사업개시후 직전 사업연도 말일까지의 매출액을 연평균 매출액으로 환산한 금액을, 당해 사업연도에 사업을 개시한 경우에는 사업개시일부터 위반행위일까지의 매출액을 연매출액으로 환산한 금액을 말한다(동법시행령 제13조의2 제1항).

과징금을 부과할 수 있다(법 제37조의2 제1항).

이 경우 위반행위의 종별 및 그에 대한 과징금 부과상한액은 시행령 [별표2]가 구체적으로 규정하고 있으며, 통신위원회가 과징금을 부과함에 있어서는 ⅰ)위반행위의 내용 및 정도, ⅱ)위반행위의 기간 및 횟수. ⅲ)위반행위로 인하여 취득한 이익의 규모, ⅳ)위반 사업자의 금지행위와 관련된 전기통신역무의 매출액을 참작하여야 한다(법 제37조의 2 제2항32)).

② 사업정지에 갈음하는 과징금

정보통신부장관은 전기통신사업자가 법령상의 위반사유(법 제15조 제1항 각호 또는 제28조 제1항 및 제2항 각호)에 해당하여 사업의 정지를 명하여야 하는 경우로서 그 사업의 정지가 당해 사업의 이용자 등에게 심한 불편을 주거나 기타 공익을 해할 우려가 있는 경우에는 그 사업정지처분에 갈음하여 대통령령이 정하는 바에 따라 산출한 매출액33)의 100분의 3 이하에 해당하는 금액의 과징금을 부과할 수 있다. 다만, 매출액이 없거나 매출액의 산정이 곤란한 경우로서 대통령령이 정하는 경우에는 10억원 이하의 과징금을 부과할 수 있다(법 제64조 제1항).

이 경우 위반행위의 종별 및 그에 대한 과징금의 금액은 금지행위위반의 경우와 마찬가지로 시행령 별표3에서 구체적으로 정하고 있으며, 정보통신부장관이 사업정지에 갈음하는 과징금의 금액을 정함에 있어서는 전기통신사업의 제공역무의 특수성, 위반행위의 정도 및 횟수 등을 참작하

---

32) 종래는 동법시행령 제13조 제2항이 규정하였으나, 과징금 부과기준의 법적 중요성에 따라 2007.3.29 법개정을 통해 규정형식을 상향 조정하였다.

33) '대통령령이 정하는 바에 따라 산출한 매출액'이라 함은 당해 전기통신사업자의 전기통신역무의 직전 3개 사업연도의 연평균 매출액을 말한다. 다만, 당해 사업연도 초일 현재 사업을 개시한지 3년이 되지 아니하는 경우에는 그 사업개시후 직전 사업연도 말일까지의 매출액을 연평균 매출액으로 환산한 금액을 말하며, 당해 사업연도에 사업을 개시한 경우에는 사업개시일부터 위반행위일까지의 매출액을 연매출액으로 환산한 금액을 말한다(동법시행령 제20조 제1항).

여야 한다(동법시행령 제21조 제2항).

3) 과징금 부과절차

과징금처분은 특히 행정상 불이익한 제재적 처분인 점에서 절차적 보장이 요청된다. 불이익처분에 있어 가장 핵심적인 절차는 고지(notice)와 청문(hearing)이며, 이는 행정주체가 사인에 대하여 행정처분을 행할 경우 미리 그 취지를 상대방에게 고지함으로써, 상대방에게 의견을 개진하고 변명할 수 있는 기회를 보장하여야 한다는 절차적 요청에 기초한 것이다.[34]

종래 우리나라 실무는 이러한 절차적 보장과 관련하여, 헌법재판소[35]는 청문절차의 헌법적 원리성 또는 일반법원칙성을 인정하는 입장이었으나, 이에 대해 대법원은 청문절차의 일반원칙성을 부인하는 입장이었다.[36]

다만 현행법상으로는 1996년 행정절차법(법률 제5241호)의 제정·공포를 통해, 모든 불이익처분의 절차에 대해서는 행정절차에 관한 일반법으로서 행정절차법이 적용되게 된 결과, 청문제도의 일반법원칙성에 대한 논의는 무의미해졌으며, 특별한 규정이 없는 한 과징금부과 처분은 불이

---

34) 배영길, 「과징금제도에 관한 연구」『공법학연구』, 제3권 제2호(2002. 3), 257면.

35) "(형사소추를 받은 변호사에 대하여) 법무부장관의 일방적 명령에 의하여 변호사 업무를 정지시키는 것은 당해 변호사가 자기에게 유리한 사실을 진술하거나 필요한 증거를 제출할 수 있는 청문의 기회가 보장되지 아니하여 적법절차를 존중하지 아니한 것이 된다."(헌재 1990. 11. 19 선고 90헌가48 결정).

36) "청문을 포함한 당사자의 의견청취절차 없이 어떤 행정처분을 한 경우에도 관계법령에서 당사자의 의견청취절차를 시행하도록 규정하지 않고 있는 경우에는 그 행정처분이 위법하게 되는 것은 아니라 할 것이다."(대법원 1994. 8. 9 선고 94누3414 판결). 이와 관련하여, 훈령이 정한 청문절차에 관한 이전의 대법원 1984. 9. 11, 82누166 판결에 대해서는, 청문의 일반법원칙성의 인정여부에 관련하여 논란이 있었다.

익처분으로서 행정절차법의 규정에 따라 진행되어야 한다.

이와 관련하여, 과징금이 수명자의 입장에서는 벌금보다 과중하며, 궁극적으로는 제재적 성격을 갖는다는 점에서 형사절차에 따르는 절차적 보장이 필요하다는 입장이 주장되기도 한다. 그러나 과징금부과처분은 본질적으로 형사벌과 구별되는 동시에, 실효성확보수단인 점에서 형사절차에 의하는 경우 과징금을 통해 달성하고자 하는 행정목적이 사법권에 선취되는 결과가 될 수 있다.

따라서 충분한 행정절차의 보장 및 과징금부과처분에 대한 사법적 구제의 보장으로도 족하다고 생각된다.

4) 절차적 하자와 과징금부과처분의 효력

일반적으로 절차적 하자의 효력은 내용상의 하자와 마찬가지로 독자적 위법사유로 된다는 보는 것이 학설과 판례의 입장이다. 그러한 점에서는 과징금부과처분도 마찬가지라고 할 것이나, 다만 특히 문제될 수 있는 것은, 과징금부과처분의 경우에는 과징금 부과를 위해 사전에 위반행위 유형 및 정도 등에 대한 조사가 필요할 수밖에 없다는 점에서 행정조사의 하자와 처분의 효력에 관한 문제가 제기될 수 있을 것이다.

즉 하자의 승계문제가 제기되는바, 원칙적으로 행정조사의 하자는 이를 기초로 한 행정결정에 승계된다고 본다. 행정조사가 반드시 어떠한 행정결정에 필수적으로 요구되는 것이 아니고 단지 예비적인 작용이라도 마찬가지이다.[37] 이러한 요청은 절차의 적법성보장이라는 관점에서도 당연하다.[38]

---

37) 홍정선, 『행정법원론(상)』, 박영사, 2006, 562면.
38) 김동희, 『행정법론 I 』, 박영사, 2006, 457면.

5) 과징금 처분기준의 규범형식의 문제

(1) 과징금 처분기준의 규정형식

법률·조례나 법규명령 등의 집행을 위하여 행정기관은 행정처분의 기준을 설정하는 것이 보통이며, 그러한 행정처분기준에는 재량권행사에 있어 통일성을 기하기 위한 재량행사의 기준·준칙의 제시가 포함된다.

일반적으로 행정처분기준에 관한 규범형식은 법률에서 처분의 상한을 정하되, 구체적인 재량처분의 기준은 법규명령이나 행정규칙 등 행정입법, 즉 행정권의 명령의 형식으로 규정하는 것이 보통이다. 다만 오늘날에는 보다 신중한 재량권의 행사를 위하여 대통령령 형식인 시행령 또는 부령의 형식인 시행규칙에서 구체적인 처분기준을 정하는 것이 일반화되어 있으며, 이러한 규율태도는 과징금처분기준에 있어서도 마찬가지이다.[39]

(2) 과징금 처분기준의 법적 성격

과징금 처분기준을 포함하여 행정처분, 특히 제재적 행정처분의 기준이 법규명령의 형식으로 규정된 경우, 그 법적 성질에 관하여는 학설상 논란이 있으며 그 형식에 따라 법규성을 인정하는 것이 다수설의 입장인데 반해, 판례는 부정적인 입장이다. 즉 판례는 부령형식에 의한 제재적 사무처리의 기준과 관련하여, 이들 규정이 비록 부령의 형식으로 되어있으나, 규정의 성질과 내용은 행정사무의 처리기준을 규정한 것에 불과하므로, 그것은 행정규칙에 불과하고 대외적으로 국민과 법원을 구속하는 것은 아니라고 본다.[40]

판례의 이러한 입장은 제재적 사무처리기준을 규정하고 있는 다른 부령에 대해서도 마찬가지로 견지되고 있으며, 이미 판례상으로 확립된 입

---

39) 배영길, 「과징금제도에 관한 연구」『공법학연구』, 제3권 제2호(2002. 3), 263면.
40) 대법원 1984. 2. 28. 선고 83누551 판결.

장으로 보인다.41)

그러나 규율의 형식이 아닌 내용적 고려를 중심으로 하는 판례의 기본
적 입장과 달리, 제재적 사무처리기준을 정한 대통령령의 경우에는 그 법
규성을 인정하는 것이 판례의 입장이다.42) 다만 시행령에 대해서는 법규
성은 인정하면서도 시행령이 정하고 있는 과징금의 數額은 정액이 아니
라 최고액이라고 함으로써 그 구속력은 신축적인 것으로 보고 있다.43)

(3) 소 결

과징금 처분기준의 법적 성질에 관해서는 여기서 상론할 문제는 아니
나, 적어도 ⅰ)대통령령이나 부령이나 모두 헌법상으로 규정된 법규명령

---

41) 구 자동차운수사업법, 공중위생관리법, 식품위생법, 의료법, 풍속영업의규제에
    관한법률, 도로교통법 등의 시행규칙에 대해서도 동일한 입장을 견지하고 있
    다. 대법원 1991. 11. 8. 선고 91누4973 판결; 대법원 1995. 10. 17. 선고 94누
    14148 판결; 대법원 1996. 9. 6. 선고 96누914 판결; 대법원 1996. 2. 23. 선고
    96누16318 판결; 대법원 1994. 4. 12. 선고 94누651 판결; 대법원 1997. 5. 30.
    선고 96누5773 판결 등 참조.

42) "당해 처분의 기준이 된 주택건설촉진법시행령 제10조의3 제1항 [별표 1]은
    주택건설촉진법 제7조 제2항의 위임규정에 터잡은 규정형식상 대통령령이므
    로 그 성질이 부령인 시행규칙이나 또는 지방자치단체의 규칙과 같이 통상적
    으로 행정조직 내부에 있어서의 행정명령에 지나지 않는 것이 아니라 대외적
    으로 국민이나 법원을 구속하는 힘이 있는 법규명령에 해당한다."(대법원
    1997. 12. 26. 선고 97누15418 판결).

43) "구 청소년보호법(1999. 2. 5. 법률 제5817호로 개정되기 전의 것) 제49조 제1
    항, 제2항에 따른 같은법시행령(1999. 6. 30. 대통령령 제16461호로 개정되기
    전의 것) 제40조 [별표 6]의 위반행위의종별에따른과징금처분기준은 법규명
    령이기는 하나 모법의 위임규정의 내용과 취지 및 헌법상의 과잉금지의 원칙
    과 평등의 원칙 등에 비추어 같은 유형의 위반행위라 하더라도 그 규모나 기
    간·사회적 비난 정도·위반행위로 인하여 다른 법률에 의하여 처벌받은 다른
    사정·행위자의 개인적 사정 및 위반행위로 얻은 불법이익의 규모 등 여러 요
    소를 종합적으로 고려하여 사안에 따라 적정한 과징금의 액수를 정하여야 할
    것이므로 그 수액은 정액이 아니라 최고한도액이다."(대법원 2001. 3. 9. 선고
    99두5207 판결).

으로서(헌법 제75조 및 제95조), 양자간에 법논리상 아무런 법적 차이가 존재하지 않는다는 점, ⅱ)집행명령과의 관계에서 볼 때 행정규칙의 전속적 규율사항이 존재한다고 볼 수 없다는 점 등을 고려할 때, 대법원이 양자를 구별하여 법적 성격을 달리 취급하고 있는 것은 타당하다고 보기 어렵다.

물론 판결은 기본적으로 법원리의 정립이 아닌, 국민의 권리구제라는 구체적 타당성의 고려를 목적으로 하는 점에서 판례의 결론적 입장에 대해 수긍할 바가 없는 것은 아니나, 구체적 타당성을 고려하는 경우에도 적어도 법논리적 관점에서는 법규성의 인정을 전제로 구체적 규범통제의 방식을 취하는 것이 正道라고 보여진다.

따라서 과징금처분기준을 포함하여 제재적 처분기준을 정한 부령의 법적 성질을 행정규칙으로 보아 대외적 구속력을 부인하는 판례의 입장은, 재량권의 행사와 관련한 행정의 권한을 침해하는 것인 동시에, 헌법상의 법규명령 체계에 대한 법리적 도전이 될 수 있다는 점에서 재고를 요한다 할 것이다.

Ⅲ. 전기통신사업법상의 과징금 제도

전기통신사업법상의 과징금제도에 대해서도 과징금제도 일반에 관해서 논의된 문제들이 대부분 그대로 적용될 수 있을 것이다. 다만 과징금이 행정의 실효성확보수단이라는 점에서 볼 때, 과징금의 전제가 되는 통신사업과 관련한 행정상의 의무는 여타 다른 사업과 비교하여 그 공익성의 정도가 상당히 클 수밖에 없다는 점에서 특수성이 논의될 수 있는바, 그러한 특수성을 중심으로 전기통신사업법상의 과징금제도를 검토하기로 한다.

1. 전기통신사업법상의 과징금의 법적 성격 및 부과체계

1) 과징금의 법적 성격

(1) 사업정지에 갈음하는 과징금

전기통신사업법상의 과징금제도가 이원적 형태로 되어 있음은 앞서 본 바와 같다. 이 중 법 제64조에 의한, 즉 사업정지사유가 발생한 경우에 사업정지에 갈음하여 부과할 수 있는 과징금의 성격은 소위 변형된 과징금에 해당한다는 데에 異論이 없다고 할 것이다.

동법 제64조에 의한 과징금은 법령위반을 이유로 한 사업정지처분의 사유가 발생한 경우, 사업의 정지가 당해 사업의 이용자 등에게 심한 불편을 주거나 기타 공익을 해할 우려가 있는 때에는 그 사업정지처분에 갈음하여 대통령령이 정하는 바에 따라 산출한 매출액의 100분의 3 이하에 해당하는 금액의 과징금을 부과할 수 있도록 규정하고 있는바(법 제64조 제1항), 과징금과 공익적 사업과의 관련성을 직접 고려하고 있다. 즉 전기통신사업은 일반 공중의 일상생활이 이 사업에 크게 의존하고 있는 사업으로서, 당해 사업자의 의무위반을 이유로 사업면허를 취소 또는 정지한다면 일반 공중의 통신수요를 충족시킬 수 없게 된다는 공익상의 문제점을 해소하기 위해 과징금이 도입된 것으로, 이는 당해 법령을 위반한 사례가 있더라도 사업의 공익성상 사업은 계속 유지시키면서 일정기간 당해 사업으로부터 생기는 수익을 박탈하는 제도로서, 변형된 과징금제도의 전형이라 할 수 있다.

그 결과 이 유형의 과징금에 있어서는 행정의 실효성확보를 위한 제재적 처분으로서의 성격이 강조된다고 할 것이며, 이는 실정법령상으로도, 정보통신부장관이 사업정지에 갈음하는 과징금의 금액을 정함에 있어서는 전기통신사업의 제공역무의 특수성, 위반행위의 정도 및 횟수 등을 참작하도록 하고 있는 점(동법시행령 제21조 제2항)에서도 분명하다.

따라서 변형된 과징금에 있어서는 첫째, 그 부과대상이 공익산업에 한정되어야 하며, 그 특수성, 즉 공익성을 이유로 하여 사업정지에 갈음한다는 제재적 성격을 충분히 고려되어야 한다. 따라서 단순히 불법적인 경제적 이익의 환수라는 이익조정적 논의에서 벗어나야할 필요성이 크다. 둘째, 사업정지에 갈음하는 제재적 처분의 성격상 이중처벌의 위험 존재할 수 있으므로, 변형된 과징금의 부과 여부는 전적으로 행정청의 재량에 맡기는 것보다는 그 대상을 한정적으로 열거하는 것이 바람직할 것이다. 셋째, 변형된 과징금에 있어서는 단순히 불법적 이익의 환수가 아닌, 제재적 성격이 강조되는 한 불이익처분절차에 대한 절차적 보장이 특별히 요구된다.

(2) 금지행위위반에 대한 과징금

이에 반해 법 제37조의2가 정하고 있는, 금지행위 위반 또는 통신단말장치 구입비용의 지원금지 위반에 대한 과징금의 법적 성격의 판단은 용이하지 않은바, 이를 위해서는 당해 과징금제도의 구체적 내용을 살펴보아야 할 것이다.

우선적으로 과징금 산정방법과 관련하여, 동법은 이들 과징금을 산정함에 있어서는 ⅰ) 위반행위의 내용 및 정도, ⅱ) 위반행위의 기간 및 횟수, ⅲ) 위반행위로 인하여 취득한 이익의 규모, ⅳ) 위반 사업자의 금지행위와 관련된 전기통신역무의 매출액을 참작하도록 규정하고 있다(동법 제37조의2 제2항). 동시에 통신위원회의 '금지행위에 대한 과징금 산정기준'은 당해 통신사업자의 '금지행위와 관련된 전기통신역무의 매출액'(산정기준 제2조)을 기준으로 역진체감비율제에 따라 산정하는 방식을 취하고 있고, '통신단말장치 구입비용의 지원금지 등 위반행위에 대한 과징금 산정기준'은 위반행위가 직·간접적으로 영향을 준 관련매출액(동기준 제

4조)에 위반행위 내용 및 정도에 따른 부과기준율을 곱하여 산정하도록 규정하고 있다(동 기준 제5조).[44]

동시에 금지행위 등의 위반에 대해서는 과징금부과처분 외에, 금지행위의 중지 등 일정한 조치를 명하는 것이 가능하도록 하고 있는바(법 제37조), 이 역시 단순히 부당이득의 발생이라는 문제 외에 일정한 행정목적적 고려의 필요성을 반증하는 것이라 할 것이다.

즉 실정법령의 태도를 기준으로 할 때, 우선, 위반행위가 존재하는 경우에 부당한 이득이 발생하였다는 전제 하에서 그 일정비율에 상당하는 금액을 기준으로 하되, 위반행위의 내용 및 정도, 횟수 등을 의무적으로 참작하도록 하고 있다는 점에서, 그리고, 과징금 외에 일정한 조치명령이 별도로 허용된다는 점에서 그 법적 성격은 단순히 부당이득의 환수적 성격이라기보다는 행정목적 실현을 위한 제재적 성격을 동시에 가지는 것으로 보아야 할 것이다.

이러한 결론은 실정법령의 해석을 넘어, 법정책적으로도 요구된다고 할 것인바, 전술한 바와 같이, 오늘날에는 과징금의 획일적 유형화에 특별한 의미를 두기는 곤란하며, 개별법상의 과징금제도에 대한 이해는 결국 과징금의 본질, 즉 행정의 실효성확보를 위한 제재수단이라는 점에서 과징금의 전제인 행정영역의 특성에 대한 고려가 불가피하다고 할 것이다.

그런 점에서 본다면, 통신사업의 공익성, 통신시장의 특성 및 유효경쟁을 조성·촉진하고자 하는 통신법의 목적 등을 고려할 때, 불공정경쟁행위 등 금지행위에 위반한 행위에 대한 과징금을 단순히 부당이득의 환수적 의미에 그치는 것으로 보는 것은 지나치게 소극적인 것으로 타당치 않으며, 통신사업의 공익성 실현을 위한 보다 적극적인 제재적 수단으로 이해하는 것이 타당하다고 생각된다.

---

44) 이호영, 「전기통신사업법상 금지행위에 대한 과징금제도의 개선」 『전기통신사업법의 경쟁법적 연구 및 개선방안』, KT경영연구소, 2006. 12, 267면.

2) 과징금의 본질 – 사후적 제재?

과징금의 본질과 관련하여서는 부당이득의 환수로 보든 아니든 전통적으로 제재, 그것도 사후적 처벌적 성격이 강조되는 것으로 보인다. 그러한 점에서 과징금의 법적 문제 역시 과거의 의무위반에 대해서 가해지는 제재로서의 행정벌과의 비교가 중요한 문제로 나타나고 있다.

그러나 과징금 제도가 다양화되면서 획일적이고 정형적인 과징금제도의 틀이 무의미해진 상황에서 적어도 통신법의 영역에서 과징금의 본질을 사후적 제재적 수단으로서 파악하는 것이 타당하고 바람직한 것인지는 의문이다.

통신시장의 특수성은 다양하게 나타나지만 적어도 공익성이라는 관점에서만 보더라도 사업자의 위반행위로 인하여 바람직한 공익실현의 상황이 파괴되었다면, 그러한 상황을 초래한 사업자에 대한 사후적 제재보다는 바람직한 공익실현의 상황을 재건하는 것이 보다 우선적이며 바람직한 행정목적이라고 보는 것이 타당하지 않나 생각된다. 달리 말하면 전기통신사업법상의 과징금이 가지는 제재적 의미는 과거의 의무위반에 대한 것보다는 장래에 대한 실효성확보수단, 즉 이행확보적 의미가 강조되는 것이 바람직하다고 할 것이다.

이러한 관점은 통신법과 굳이 연결하지 않더라도, 과징금의 법적 성격이 행정처분인 점에서도 역시 사후적 제재 내지 처벌과의 연계성은 한계를 가질 수밖에 없다고 생각된다.

따라서 전기통신사업법상의 과징금은 기본적으로 제재적 의미를 갖는다 하더라도 그 의미는 행정벌에 비해 보다 행정목적 실현을 중시할 수 있는 방향으로의 법제도적 여건의 마련이 필요하다고 할 것이다.

3) 이중처벌 문제

과징금제도와 관련한 이중처벌에 관한 논의는 전기통신사업법상의 과징금에 대해서도 마찬가지이다. 따라서 실정법상의 특별한 입법적 조치가 없는 한 과징금과 형사벌 또는 과태료는 병과될 수 있는바, 현행 전기통신사업법은 이러한 문제에 대해서는 특례적 규정을 두고 있지 않다.

다만 과태료와 관련하여서는 과태료의 부과사유와 과징금의 부과사유를 별도로 구분하여 규정함으로써 실질적으로 양자가 병과되는 일은 없도록 하고 있는 것으로 보인다(법 제37조의2, 제64조 및 제78조 참조).

이에 비해 일반적 과징금제도와 달리, 전기통신사업법상 발생할 수 있는 특수한 이중처벌의 문제가 독점규제및공정거래에관한법률과의 관할권 문제이다. 즉 통신시장이 경쟁화되면서 통신법과 독점규제법이 규제영역이 중복될 수 있게 되었고, 그 결과 양 관할기관간의 관할권 충돌의 문제가 발생하면서 과징금과 관련하여 이중부과의 우려가 존재한다. 이를 방지하기 위해 전기통신사업법은 적어도 금지행위 등에 대한 과징금부과와 관련하여서는 전기통신사업법의 우선적 적용을 명시적으로 규정하고 있다.[45]

다만 이러한 입법적 조치를 통하여도 금지행위에 대한 과징금과 관련하여 전기통신사업법의 우선적 권한이 명백하게 해결된 것이라고는 볼 수 없는바, 현행법은 명시적으로 과징금을 부과한 경우에 한해서 독점규제및공정거래에관한법률에 의한 이중부과를 금지하고 있는 것이므로, 과징금이 부과되지 않은 경우에 대한 관할권의 충돌문제는 여전히 남아 있

---

45) 전기통신사업법 제37조의3 (다른 법률과의 관계) 전기통신사업자의 제36조의3 제1항 각 호의 규정에 따른 행위 또는 제36조의4제1항 내지 제6항의 규정을 위반한 행위에 대하여 제37조의 규정에 의한 조치 또는 제37조의2의 규정에 의한 과징금의 부과를 한 경우에는 그 사업자의 동일한 행위에 대하여 동일한 사유로 독점규제및공정거래에관한법률에 의한 시정조치 또는 과징금의 부과를 할 수 없다.

는 것이라고 할 것이다.

4) 부과체계

(1) 과징금 부과의 재량여부

현행 전기통신사업법은 과징금의 부과와 관련하여, 동법 제37조의2는 통신위원회가, 제64조는 정보통신부장관으로 부과주체를 달리하고 있을 뿐, 양자 모두 법률상 과징금의 상한액을 규정한 이외에는 특별히 과징금 부과 여부의 판단기준에 대해서는 아무런 규정을 두고 있지 않다.[46]

이는 독점규제법을 포함하여 과징금을 규정하고 있는 다른 법제와 크게 다르지 않은 규율방식인바, 우리나라 판례는 일관되게 공정거래위원회는 법위반행위에 대하여 과징금 부과 여부 및 과징금 수액의 결정에 대하여 재량을 가지고 있다고 보고 있으며,[47] 그러한 재량권의 부여는 법리적으로 문제가 없다고 본다.[48]

---

46) 다만 전술한 바와 같이, 통신위원회가 부과하는 과징금에 대해서는 과징금 부과시 참작사유를 종래 시행령에서 법률로 상향입법하였으나(법 제37조의2 제2항), 이 글 작성 이후의 법개정이므로 여기서는 고려되지 않았다.

47) "구 독점규제및공정거래에관한법률(1999. 2. 5. 법률 제5813호로 개정되기 전의 것) 제6조, 제17조, 제22조, 제24조의2, 제28조, 제31조의2, 제34조의2 등 각 규정을 종합하여 보면, 공정거래위원회는 같은 법 위반행위에 대하여 과징금을 부과할 것인지 여부와 만일 과징금을 부과한다면 일정한 범위 안에서 과징금의 부과액수를 얼마로 정할 것인지에 관하여 재량을 가지고 있다 할 것이므로, 공정거래위원회의 같은 법 위반행위자에 대한 과징금 부과처분은 재량행위라 할 것이다."(대법원 2002. 9. 24. 선고 2000두1713 판결).

48) "법관에게 과징금에 관한 결정권한을 부여한다든지, 과징금 부과절차에 있어 사법적 요소들을 강화한다든지 하면 법치주의적 자유보장이라는 점에서 장점이 있겠으나, 공정거래법에서 행정기관인 공정거래위원회로 하여금 과징금을 부과하여 제재할 수 있도록 한 것은 부당내부거래를 비롯한 다양한 불공정 경제행위가 시장에 미치는 부정적 효과 등에 관한 사실수집과 평가는 이에 대한 전문적 지식과 경험을 갖춘 기관이 담당하는 것이 보다 바람직하다는 정책적

따라서 전기통신사업법상의 과징금 부과처분에 있어서도 과징금의 부과 여부 및 그 수액의 산정은 원칙적으로 통신위원회 또는 정보통신부 장관의 재량에 속한다고 할 것이다.49)50) 이는 변형된 과징금의 경우에도 마찬가지인바, 과징금을 부과할 것인지 사업정지처분을 내릴 것인지는 통상 행정청의 재량에 속한다.51)

여기서 과징금 부과와 관련하여 가지는 재량권은 무제한의 것이 아니며, 재량의 한계를 준수하여야 하는 것으로 재량의 일탈·남용이 있는 경우에는 위법한 처분이 됨은 물론이다.52)

(2) 과징금의 산정기준

과징금의 산정과 관련하여 전기통신사업법은 오직 그 상한액에 관해

결단에 입각한 것이라 할 것이고, 과징금의 부과 여부 및 그 액수의 결정권자인 위원회는 합의제 행정기관으로서 그 구성에 있어 일정한 정도의 독립성이 보장되어 있고, 과징금 부과절차에서는 통지, 의견진술의 기회 부여 등을 통하여 당사자의 절차적 참여권을 인정하고 있으며, 행정소송을 통한 사법적 사후심사가 보장되어 있으므로, 이러한 점들을 종합적으로 고려할 때 과징금 부과절차에 있어 적법절차원칙에 위반되거나 사법권을 법원에 둔 권력분립의 원칙에 위반된다고 볼 수 없다(헌재 2003. 7. 24 선고 2001헌가25 결정).

49) "행정청이 그 사업정지처분에 갈음하여 과징금을 부과하지 아니하고 곧바로 사업정지처분을 하였다고 하여 재량권을 남용하거나 그 범위를 일탈한 것이라고 할 수 없다."(대법원 1995. 2. 14 선고 94누10085 판결).

50) 다만 엄밀하게 말한다면, 법 제64조가 규정하는 사업정지에 갈음하는 과징금의 경우 '사업정지가 당해 사업의 이용자 등에게 심하게 불편을 주거나 기타 공익을 해할 우려가 있는 경우' 사업정지에 갈음하여 과징금을 부과하도록 하고 있으므로, 과징금 부과여부는 법률요건의 문제로서 재량이 아닌 판단여지에 해당하는 것으로 보아야 할 것이나, 재량이나 판단여지 모두 실제 기능적 측면에서는 큰 차이가 없으며, 우리나라 판례는 재량과 판단여지를 엄밀하게 구별하지 않는다는 점에서 널리 재량이라고 표현하기로 한다.

51) 박균성, 『행정법론(상)』, 박영사, 2006, 447면.

52) "과징금 부과의 재량행사에 있어서 사실오인, 비례·평등의 원칙위배, 당해 행위의 목적위반이나 동기의 부정 등의 사유가 있다면 이는 재량권의 일탈·남용으로서 위법하다."(대법원 2002. 9. 24. 선고 2000두1713 판결).

서, "대통령령이 정하는 매출액의 100분의 3 이하에 해당하는 금액(매출액이 없거나 매출액의 산정이 곤란한 경우로서 대통령령이 정하는 때에는 10억 원 이하)"(법 제37조의2 제1항), "대통령령이 정하는 바에 따라 산출한 매출액의 100분의 3 이하에 해당하는 금액(매출액이 없거나 매출액의 산정이 곤란한 경우로서 대통령령이 정하는 경우에는 10억 원 이하)"(법 제64조)의 과징금을 부과할 수 있다고 규정하고 있을 뿐이며, 동법시행령에서 과징금을 부과하는 위반행위의 종별과 그에 대한 과징금 부과상한액을 규정하는 동시에(동법시행령 별표2 및 별표3), 과징금 산정시 참작사유를 각기 규정하고 있다((구)동법시행령 제13조 제2항, 제21조 제2항).

이러한 법령상의 규정에도 불구하고 과징금 산정의 전문성, 기술성의 결과, 실제로 과징금 수액의 구체적인 산정기준 및 방법은 통신위원회가 명시적인 법령상의 근거없이 제정한 산정기준('금지행위에 대한 과징금 산정기준')에서 규정하고 있다고 한다. 즉 동 산정기준은 과징금산정 기준매출액을 산정하는 방법을 규정하고(동 기준 제5조 및 제6조), 이 매출액을 10억 원, 100억 원, 1,000억 원, 1조 원 단위로 구분하여 10억 원 미만의 경우에는 시행령 별표2의 각 위반행위 종별 과징금부과 상한비율을 곱한 금액을, 10억 원 이상의 경우에는 단위별로 시행령 별표2의 각 위반행위 종별 과징금부과 상한비율에 계속 역진체감비율(1/10, 1/5, 1/3, 1/2)을 곱한 비율을 곱하여 합산한 금액을 기준으로 과징금을 산정·부과하도록 규정하고 있다.[53]

그나마 사업정지처분에 갈음하는 과징금의 경우에는 별도의 세부기준조차 없으며, '금지행위에 대한 과징금 산정기준'을 준용하고 있다고 한다.

---

53) 이호영, 「전기통신사업법상 금지행위에 대한 과징금제도의 개선」, 『전기통신사업법의 경쟁법적 연구 및 개선방안』, KT경영연구소, 2006. 12, 267면. 산정기준에 대한 보다 상세한 내용은 같은 글 7면 이하 참조.

2. 전기통신사업법상의 과징금 제도의 문제점 및 개선방안

1) 과징금제도의 전향적 이해

과징금이 가지는 행정의 실효성 확보수단으로서의 의미를 강조한다면 (달리 말하면, 과징금의 존재의의에서 본다면), 속죄적·처벌적 의미의 사후적 제재성의 강조보다는 장래에 대한 이행확보의 의미를 강조할 필요가 있다고 생각된다. 특히 통신사업의 성격상 전통적 행정벌체계는 실효성확보수단으로서 적절치 않을 수 있음을 고려할 때 더욱 그러하다.

따라서 과징금에 있어 본질적으로 부당이득의 환수적 의미를 완전히 배제할 수는 없겠지만, 적어도 과징금의 운용에 있어 부당이득의 환수적 의미를 지나치게 강조하는 것은 바람직하지 않다. 그러한 점에서 부과액수도 부당이득이나 매출액에 의존시키는 것은 타당치 않다. 왜냐하면 부당이득의 환수는 과거에 대한 제재적 의미가 강하며, 장래에 대한 실효성확보로는 그 효과가 미약하기 때문이다. 이는 결국 위반행위에 적발되더라도 부당이득만 환수당하면 된다는 도덕적 해이를 불러올 소지가 있으며, 따라서 공익적 측면을 강화하기 위해서는 행정제재수단의 일반적 위하력을 강조할 필요성이 크다.

이러한 요청은 특히 통신사업 등 공익적 사업의 경우 적정한 가격에서 충분하고 보편적인 서비스의 제공이 생존배려적 차원에서 법적 의무로서 요구된다는 점에서(가령, 보편적 역무제공 의무) 위반을 전제로 한 사후적 제재보다는 사전적 이행확보가 훨씬 중요할 수밖에 없다는 점에서 더욱 그러하다. 즉 통신법의 특수성상 과징금의 본질 내지 목적의 변화가 필요함을 의미한다.

다만, 이러한 요청은 과징금 처분의 적재적소성 및 합리적 필요성의 충

족, 그리고 이와 더불어 부과기준 및 절차의 합리성·투명성 등 제도적
정비를 전제로 하는 것이어야 함은 물론이다. 따라서 단순히 행정편의적
이거나 의무위반자에 대한 온정주의적 관점에서의 과징금의 무분별한 확
대는 경계되어야 할 것이다.

2) 과징금 규제체계의 문제점과 개선방안

(1) 법적 근거의 문제

현행 전기통신사업법상 과징금에 대한 규제체계는 전술한 바와 같이,
법률은 과징금의 상한만을 규정하고 있을 뿐이고, 법률의 위임을 받은 시
행령에서 위반행위의 종별 및 과징금 부과상한액과 참작사유를 규정하고
있으나, 이 역시 개괄적인 것이어서, 결국 과징금 산정을 위한 구체적인
기준들은 법령상 근거 없이 제정된 통신위원회의 내부적 지침에 불과한
산정기준을 통해 대부분 규정되고 있다.

행정법의 기본적 대명제인 법치행정의 원리는 행정권의 발동에는 법
률상의 근거를 요한다는 법률유보의 원칙을 포함하며, 현대 행정에 있어
법률유보의 범위에 대해서는 논란이 있으나, 적어도 국민의 권리·의무
에 관하여 중요한 사항은 법률상의 근거를 요한다는 점에 대해서는 의문
이 없다.[54]

---

54) "오늘날 법률유보원칙은 단순히 행정작용이 법률에 근거를 두기만 하면 충분
한 것이 아니라, 국가공동체와 그 구성원에게 기본적이고도 중요한 의미를 갖
는 영역, 특히 국민의 기본권실현과 관련된 영역에 있어서는 국민의 대표자인
입법자가 그 본질적 사항에 대해서 스스로 결정하여야 한다는 요구까지 내포
하고 있다(의회유보원칙)."(헌재 1999. 5. 27. 선고 98헌바70 결정).
"'입법권은 국회에 속한다'는 우리 헌법 제40조의 의미는 적어도 국민의 권리
와 의무의 형성에 관한 사항을 비롯하여 국가의 통치조직과 작용에 관한 기본
적이고 본질적인 사항은 반드시 국회가 정하여야 한다는 것이다."(헌재 1998.
5. 28 선고 96헌가1 결정).

물론 법률에 의한 직접 규정이 아니더라도 동법시행령은 법률에 의해 수권된 위임명령으로서 법규성의 갖는 결과, 법률유보의 원칙상 특별한 문제가 없으나, 법령상 아무런 근거가 없는 과징금 산정기준은 본질적으로 외부적 구속력이 없는 행정규칙에 불과한 것으로 과징금 산정의 법적 근거로서 기능할 수는 없다.55)

따라서 세부적이고 기술적인 구체적 사항을 제외하고는 과징금산정에 중요한 의미를 갖는 기준들은 적어도 법규명령을 통해 규율되어야 하며, 사업자의 권리·의무에 직접 영향을 주는 규율들은 직접 법률 또는 적어도 위임명령56)을 통하여 규정되어야 할 것이다.

그 결과, 예컨대, 과징금 산정 시 참작사유나 가중 또는 감경의 한도 등 과징금부과에 관한 재량권의 한계를 설정하는 사항들은 적어도 시행령을 통해 규정하는 것이 바람직하다.57)

---

55) "공정거래위원회는 같은 법에서 정한 과징금의 구체적인 부과액수의 산정을 위하여 내부적으로 '과징금산정방법및부과지침'(이하 '지침'이라 한다)을 제정하여 시행하고 있으므로, 위 지침이 비록 공정거래위원회 내부의 사무처리준칙에 불과한 것이라고 하더라도 이는 같은 법에서 정한 금액의 범위 내에서 적정한 과징금 선정기준을 마련하기 위하여 제정된 것임에 비추어 공정거래위원회로서는 과징금액을 산출함에 있어서 위 지침상의 기준 및 같은 법에서 정한 참작사유를 고려한 적절한 액수로 정하여야 할 것이고, 이러한 과징금 부과의 재량행사에 있어서 사실오인, 비례·평등의 원칙위배, 당해 행위의 목적위반이나 동기의 부정 등의 사유가 있다면 이는 재량권의 일탈·남용으로서 위법하다."(대법원 2002. 9. 24. 선고 2000두1713 판결).
직접 통신법에 관한 판례는 아니지만 사무처리에 관한 내부지침에 대한 판례의 입장은 일관되게 확고한 결과, 통신위원회의 산정기준에 대해서도 판례에 의한 법리상의 적용은 동일할 것으로 보인다.
56) 다만 전술한 바와 같이, 우리나라 판례는 법규명령형식이더라도 사무처리기준을 정한 부령에 대해서는 그 법적 성질을 행정규칙으로 보는 것이 확립된 입장이므로, 과징금의 법적 근거로서의 위임명령의 형태는 적어도 대통령령, 즉 시행령의 형식을 취하여야 할 것이다.
57) 이호영, 「전기통신사업법상 금지행위에 대한 과징금제도의 개선」『전기통신사업법의 경쟁법적 연구 및 개선방안』, KT경영연구소, 2006. 12, 270면 참조. 다만 이 글에 의하면, - 현행법상 시행령에 규정되어 있는 - 전기통신사업자별

(2) 재량권통제의 문제

일부 견해에 따르면, 현행 전기통신사업법령 및 산정기준 등은 내용적으로 사업자에게 중대한 재산적 침해를 가져오는 과징금의 산정에 관한 재량권행사를 적절히 통제하기에 매우 불충분하다는 점을 지적하며, 독점규제법상의 산정기준의 예에 따라 산정기준을 구체화하여 재량권통제를 강화할 것을 주장한다.[58]

물론 이러한 주장의 취지가 재량의 자의적 행사를 방지함으로써 투명하고 공정한 과징금 집행체계를 수립하고자 하는 것임은 짐작할 수 있으나, 그 취지는 별론으로 그러한 주장은 법논리적으로는 물론 내용적으로도 재고할 필요가 있다고 생각된다.

우선 법체계적으로, 산정기준의 세분화, 구체화를 통한 재량권에 대한 법적 통제는 불가능하다. 학설상으로는 물론 판례상으로도 그러한 산정기준의 법적 성격은 외부적 구속력이 없는 행정규칙, 즉 재량준칙으로 취급될 것인바, 행정규칙에 의한 재량권의 적절한 통제를 기대하기는 곤란하다. 결국 이는 전술한 법적 근거의 문제로서 귀결되는 것으로, 규범체계의 상향화를 필요로 하는 것이다.

반면 규범형식을 상향화하여 재량권에 대한 통제를 강화하는 것이 반드시 타당한 것인지도 내용적으로 검토되어야 할 문제이다. 만약 법률 자체에서 규율밀도를 강화한다면 이는 이미 재량권행사의 통제가 아니라, 재량 자체의 축소라고 할 것이므로 특별한 문제가 없다고 할 것이나, 반면 법률이 부여한 재량을 법규명령을 통하여 재량행사기준을 지나치게 세분화하는 경우에는 오히려 법률이 재량을 부여한 취지에 반하여 지나

과징금부과한도를 달리하는 것과 같이 사업자의 권리·의무에 직접적으로 중대한 영향을 미치는 사항은 법률에 근거를 두는 것이 바람직하다고 하고 있으나. 법률의 수권에 의한 위임명령인한 법률유보의 의의는 충족된 것으로 볼 수 있으며, 반드시 의회유보의 대상인지는 의문이다.

58) 이호영, 「전기통신사업법상 금지행위에 대한 과징금제도의 개선」『전기통신사업법의 경쟁법적 연구 및 개선방안』, KT경영연구소, 2006. 12, 270면.

치게 재량행사를 제한함으로써 당해 법규명령이 위법한 것이 될 수 있기 때문이다.[59]

달리 말하면, 재량의 문제는 당해 행정영역의 특성상, 행정에 의한 자율적 판단 내지 선택가능성을 부여할 필요성에 대한 판단문제로서, 그러한 필요성이 존재하는 영역에 대해서는 법령상 재량을 부여하고, 그러한 재량행사는 재량의 일탈·남용이라는 고유한 법리를 통해 적절하게 통제하는 것을 본질로 한다. 그럼에도 불구하고 재량을 부여한 후에 그러한 재량의 통제를 위해 다시 입법적 기준을 강화한다는 것은 재량의 본질에 합당한 것이 아니라고 할 것이다.

재량은 법령상의 재량의 부여를 전제로 재량의 행사에 관한 그 자체로서의 통제원리, 즉 일탈·남용의 법리를 통해 통제되는 것인바, 규율밀도의 강화가 재량권에 대한 적절한 통제인지는 재고의 여지가 있다고 할 것이다. 따라서 결국 이 문제는 재량권행사의 통제문제라기 보다는 과징금 부과에 대한 재량의 부여 자체의 문제로 귀결되는 것으로 볼 것이다.

(3) 과징금 부과대상의 적정성

전술한 재량문제와도 연관되는 것으로, 현행 법제상 과징금은 법 제36조의3이 정한 금지행위 또는 법36조의4가 정한 통신단말장치 구입비용의 지원금지 등에 위반한 행위가 있는 경우(법 제37조의2) 또는 법률상의 사업정지사유가 발생하여 사업정지를 명하여야 하는 경우 그 사업정지가 공익상의 문제가 있는 경우(법 제64조)에 부과할 수 있다.

후자는 물론 전자의 경우도 단순히 부당이득 환수적 의미를 넘어 행정

---

59) 직접 시행령에 대해서 판단한 것은 아니지만, 청소년보호법상의 과징금과 관련하여, 대통령령인 시행령이 정한 과징금의 수액을 정액이 아니라 최고액이라고 함으로써, 당해 시행령에 대해 신축적 구속력을 인정하고 있는 판례의 입장(대법원 2001. 3. 9. 선고 99두5207 판결)도 결국의 재량권에 대한 적절한 통제를 위한 것이었음을 고려한다면, 법령을 통한 기준강화가 반드시 재량권 통제에 유리한 것만은 아니라는 점을 보여주는 것이라 할 것이다.

제재적 의미가 포함되는 것으로 보는바, 현행법제가 행정목적 달성을 위해 과징금에 의한 제재가 적정하고 합리적인 경우들을 부과대상으로 하고 있는지에 대해서는 면밀한 검토가 필요하다고 보인다.

특히 전자의 경우, 금지행위의 개념 자체가 상당히 포괄적이고 추상적인바, 과징금부과대상 자체가 불명확하며, 후자의 경우 '이용자 등에 대한 심한 불편' 또는 '공익을 해할 우려' 등 추상적인 불확정개념을 사용함으로써 과징금부과처분이 자의적으로 흐를 수 있는 소지를 제공하고 있다.[60]

따라서 과징금의 부당이득환수적 성격과 행정제재적 성격 및 통신사업의 특수성 등을 종합적으로 고려하여, 행정목적 달성을 위해 과징금이 필요한 영역 및 부과대상을 보다 구체화하는 것이 바람직할 것이다.

3) 과징금 산정기준 – 과징금 부과상한액의 차등문제

현행 전기통신사업법시행령은 각 위반행위의 종별 및 과징금부과 상한액을 규정하면서 전기통신사업의 구분에 따라 기간통신사업자·별정통신사업자 및 부가통신사업자에 대한 과징금의 상한액을 차등하여 규정하고 있으며, 이에 나아가 기간통신사업자 중 시장지배적 기간통신사업자를 특히 구분하여 일반적 기간통신사업자에 비하여 과징금 상한액을 가중하여 규정하고 있다.

이러한 입법태도에 대하여 일부 견해는, 법적 근거상으로는 물론 정책적 합리성의 관점에서도 문제가 있다고 지적하고 있다. 그러한 입장에 의하면, 모법인 전기통신사업법은 오직 '위반행위의 종별과 그에 대한 과징

---

60) 같은 맥락에서, 김홍대, 「과징금제도의 의의와 법적 성격」, 『법조』, 제51권 제12호(2002. 12), 32면에서는 공익이라는 기준은 공익목적달성 그 자체가 행정청의 업무이기 때문에 해석 여하에 따라서는 제한의 의미가 없는 공백규정이 될 가능성을 염려하고 있다.

금 부과상한액 기타 필요한 사항'만을 시행령에서 정하도록 규정하고 있을 뿐이고(법 제37조의2 제2항, 제64조 제2항), 시장지배적 기간사업자 등에 대한 과징금 가중에 대해서는 아무런 명시적 근거를 찾을 수 없음을 지적하면서, 사업자의 권리·의무에 직접적으로 중대한 영향을 주는 그러한 사항은 법률에 직접 명확한 근거를 두어야 한다고 본다. 동시에 정책적 측면에서도 가중적 부과는 부당이득환수의 측면에서도, 행정제재벌적 측면에서도 이해하기 어려운 것으로 헌법상 비례의 원칙 또는 자기책임의 원칙에 위반될 여지가 크다고 보고 있다.[61]

그러나 전기통신사업법시행령은 법률의 수권에 기한 위임명령으로서, 위반행위의 종별과 그에 따른 과징금 상한액과 관련하여서는 사업자의 권리와 의무에 관한 사항을 규정할 수 있는 것으로, 명시적으로 '차등부과'를 위임하지 아니하였다고 하여 구체적 위임에 법리에 반하는 것이라 볼 수는 없을 것이다. 동시에 과징금 산정이 전문적이고 기술적인 행정영역이라는 점을 고려한다면 행정입법에 의한 차등적 규율의 필요성이 한층 더 긍정될 수 있을 것이다.

한편 시장지배적 기간통신사업자 등에 대한 차등적 부과는 정책적으로도 합리성을 갖는다고 할 것이다. 여러 번 언급된 바와 같이, 오늘날 과징금제도는 부당이득의 환수 또는 행정제재벌 등 획일적이고 고정적인 논리로써 유형화할 수 없을 정도로 실정법상 이미 다양화되어 있다. 따라서 과징금에 대한 이해 역시 당해 행정영역 및 행정법규가 추구하는 취지나 목적에 상응하게 설명되어야 하는바, 현대 통신법의 추구하는 주된 경향의 하나가 유효경쟁의 창출임을 고려한다면, 시장지배적 사업자 및 역무별로 과징금 상한액을 차등화하는 것도 충분히 합리적이라고 할 수 있다.

이러한 부과상한액의 차등에 대해서 비판적인 입장에서는, 과징금의 본질이 제재이며, 제재는 본질적으로 위반행위에 대한 평가이어야 하는데,

---

61) 이호영, 「전기통신사업법상 금지행위에 대한 과징금제도의 개선」 『전기통신사업법의 경쟁법적 연구 및 개선방안』, KT경영연구소, 2006. 12, 273면.

시장지배적 사업자에 대한 차등부과는 행위가 아닌 행위자에 대한 평가인 점에서 문제를 지적하기도 한다. 그러나 차등부과는 시장지배적 사업자라는 신분 자체에 기인한 것이 아니라, 시장지배적 사업자가 통신시장에 미치는 영향에 대한 평가, 즉 행위에 대한 평가를 본질로 하는 것으로 보아야 하며, 단지 신분에 기인한 차등이라고 볼 수는 없다고 할 것이다.

따라서 과징금 부과상한액의 차등은 유효경쟁을 조성·촉진하려는 통신법의 특수한 목적을 반영한 것으로, 법리적으로는 물론 정책적으로도 특별한 문제는 없다고 보아도 무방하다고 생각된다.[62]

4) 과징금 부과절차의 문제점과 개선방안

과징금은 행정상 의무위반에 대한 금전적 제재로서, 국민의 재산권을 침해하는 불이익처분인바, 이에 대한 절차적 보장의 필요성은 당연하다. 특히 과징금이 단순한 부당이득환수적 성격에 그치지 않고 일반적으로 행정제재적 성격까지 가진다는 점을 고려하면, 실체법적 기준이 헌법상 비례원칙 등에 부합하여야 함은 물론, 절차적으로도 적법절차의 원칙에 부합하여야 한다. 그러나 현행 전기통신사업법상 과징금 부과절차는 공정성과 객관성을 확보하기 위한 절차적 보장은 매우 미흡하다고 평가된다.[63]

그러나 부과절차와 관련하여 전기통신사업법상 특별한 절차적 규정을

---

62) 다만, 앞의 글이 지적하고 있는바와 같이, 과징금 상한액의 차등에 있어 시장지배적 기간통신사업자의 개념이 명확하지 않다는 것은 문제라고 할 것이다. 현행 법령상으로는 법 제34조 제3항 제2호에 의해 상호접속의무를 부담하는 기간통신사업자를 과징금부과에 있어 시장지배적 기간통신사업자로 보고 있으나, 상호접속의무를 위한 사업자기준과 과징금의 차등부과를 위한 사업자의 범위 사이에 직접적 연관성이 없다는 지적은 타당하다고 생각한다.

63) 이호영, 「전기통신사업법상 금지행위에 대한 과징금제도의 개선」, 『전기통신사업법의 경쟁법적 연구 및 개선방안』, KT경영연구소, 2006. 12, 274면.

두고 있지 않더라도, 과징금이 불이익처분인 이상 일반법인 행정절차법의 규율을 받게 되는 결과, 과징금부과처분에 대한 절차적 보장은 행정절차법에 의하여 일정 정도로 보장된다고 할 것이다.

그럼에도 현행법상 절차적 문제점으로 특별히 지적될 수 있는 것이 과징금 부과주체에 관한 것으로, 금지행위에 대한 과징금에 있어 부과주체는 통신위원회로 되어 있다. 그러나 현행법상 통신위원회의 구성이라는 측면에서 현행 전기통신기본법의 규정은 직무상 독립성을 보장하기 위한 고려가 미흡하며,64) 공정성을 담보하기 위하여 요구되는 조사기능과 심판기능의 분리가 이루어져 있지 않다는 점 등이 지적되고 있다.65)

따라서 행정절차법에 의한 일반적 절차적 보장 외에, 통신법상의 과징금제도의 본질 및 의의에 합당하도록 개별법에 의한 절차적 보장을 강화하는 노력이 필요하며, 이는 적어도 준사법적 기관으로서 공정거래위원회에 준하는 정도일 것이 요구된다.66)

---

64) 통신위원회는 정보통신부 소속기관으로 설치되어 있으며, 위원장을 포함한 위원은 정보통신부장관의 제청으로 대통령이 임명 또는 위촉하도록 하고(전기통신기본법시행령 제26조), 위원 중 1인만 상임으로 하도록 규정하고 있다(법 제37조 제2항). 이에 비해 공정거래위원회는 국무총리소속하에 설치되어 있고, 위원장과 부위원장을 포함한 9인의 위원 중 5인을 상위위원으로 하고, 위원장과 부위원장은 국무총리의 제청으로 대통령이 임명하고, 다른 위원은 위원장의 제청으로 대통령이 임명한다.

65) 이호영, 「전기통신사업법상 금지행위에 대한 과징금제도의 개선」『전기통신사업법의 경쟁법적 연구 및 개선방안』, KT경영연구소, 2006. 12, 275면.

66) 독점규제법상 과징금 부과절차는 현실적으로 전기통신사업법상의 과징금 부과절차에 비해 훨씬 더 많은 절차적 보장장치를 갖추었음에도 불구하고, 독점규제법상 과징금 부과절차에 대해 헌법재판소는 5대 4의 합헌결정을 내리기는 하였으나 이에 대해 4명이나 위헌의견이 있었음은 통신법상의 과징금 부과절차에 대해 시사하는 바가 크다고 할 것이다. "공정거래위원회는 행정적 전문성과 사법절차적 엄격성을 함께 가져야 하며 그 규제절차는 당연히 '준사법절차'로서의 내용을 가져야 하고, 특히 과징금은 당해 기업에게 사활적 이해를 가진 제재가 될 수 있을 뿐만 아니라 경제 전반에도 중요한 영향을 미칠 수 있는 것임을 생각할 때, 그 부과절차는 적법절차의 원칙상 적어도 재판절차에

5) 과징금처분에 대한 불복절차의 문제점 및 개선방안

현행 전기통신사업법상 과징금 부과처분에 대한 불복에 대해서는 아무런 별도의 규정을 두고 있지 않은바, 따라서 과징금 처분에 대한 불복은 전적으로 일반행정쟁송제도에 의한다. 즉 과징금 부과처분은 본질적으로 행정처분에 해당하므로, 처분에 대한 행정심판 또는 행정소송의 형태로서 다툴 수 있다.

이와 관련하여 통신위원회운영규정은 금지행위에 대한 과징금부과처분에 대하여 아무런 법적 근거없이 이의신청절차를 규정하고 있다. 그러한 이러한 절차는 특별한 법적 의미는 없는 것이며, 본질적으로 처분청에 대한 이의신청은 특별한 법적 근거를 필요로 하는 것은 아닌 점에서 특별히 불복절차로서 의미를 갖는 것은 아니다.

그러나 전기통신사업이 가지는 공익성 및 전문성·기술성을 고려한다면, 통신법상의 과징금처분을 일반적 행정처분과 동일하게 일반쟁송절차에 맡기는 것이 바람직한지에 대해서는 재고의 여지가 있다고 할 것이며, 당사자의 권리구제의 효율성이라는 측면에서도 문제가 있을 수 있다.

따라서 통신시장의 전문성, 기술성을 고려할 때, 행정심판전치주의를 도입하되, — 통신위원회의 전문성 및 절차적 보장의 제고를 전제로 — 통신위원회에 의한 특별행정심판을 거쳐 행정소송을 제기하도록 하는 방안을 모색할 필요가 있을 것이다. 행정심판전치주의를 도입하는 경우에는 행정소송 역시 신속한 권리구제를 위해 고등법원을 1심으로 하는 것

상응하게 조사기관과 심판기관이 분리되어야 하고, 심판관의 전문성과 독립성이 보장되어야 하며, 증거조사와 변론이 충분히 보장되어야 하고, 심판관의 신분이 철저하게 보장되어야만 할 것인데도, 현행 제도는 이러한 점에서 매우 미흡하므로 적법절차의 원칙에 위배된다."(헌재 2003. 7. 24. 2001헌가25 전원재판부결정 중 재판관 한대현, 재판관 권성, 재판관 주선회의 반대의견).

이 바람직할 것이다.

이와 더불어, 조세와 과징금은 그 법적 본질이 엄연히 다름에도 불이익처분으로서의 과징금을 조세와 동일하게 국세체납처분의 예에 의해 징수하도록 하고 있는 현행법의 규정 역시 문제가 있는바, 실효적인 권익구제가 가능하도록 개선하는 것이 필요한 것이다.

Ⅳ. 맺는말

과징금의 출발 자체가 그러하듯 과징금논의에 있어서는 경제법적 관점이 본질적으로 중요하며, 그 결과 부당이득의 환수라는 법적 논리가 강하게 지배하여 왔다. 그러나 현행 법제에서는 경제법적 이외의 영역에도 과징금제도가 확대되었고, 다양한 형태로 유형화되고 있다. 이는 결국 명확한 실체는 모르더라도 무언가 과징금의 유용성을 반증하는 것인 동시에, 다른 한편으로는 과징금에 대한 법적 이해에 있어 전통적인 획일적이고 고정적인 이해는 한계에 부딪쳤음을 의미한다고 하겠다.

따라서 과징금의 현대적 이해에 있어서는 과징금을 규정한 개별법의 취지나 목적, 개별 행정영역의 특수성 등에 대한 고려가 불가피하다고 할 것이다.

그러한 점에서 그렇다면 통신시장은 어떠한가? 우선적으로 공익성이 매우 중요한 특성이며, 통신법을 관통하는 주요한 법원리가 된다고 할 것이다. 그러나 이를 차치하더라도 통신시장은 종래 독점적 구조에서 유효경쟁을 지향하는 구조로 전환중인 형성중인 시장이다. 그렇다면 통신법에서의 과징금제도 역시 본질적으로 금전적 경제적인 관점이 중요하다 하더라도 이를 일반적 경쟁시장에서와 동일한 시각에서 보는 것은 무리할 뿐더러 합리적이지도 않다.

따라서 통신시장에 대해서는 아직 공행정적 규제의 필요성이 크다고 할 것이며, 과징금 역시 그러한 맥락에서 적극적 행정목적의 규제적 수단으로 이해하는 것이 필요하다고 본다.

다만 다른 한편에서는 과징금의 확대 및 전향적 이해에 대한 우려의 시각에도 유의할 필요가 있다. 특히 변형된 과징금은 의무위반행위가 있어도 그 사업에 대한 일반공중의 의존도 등 공익상의 이유로 직접 사업에 대한 정지 등을 행할 수 없기 때문에 차선책으로 행해지는 것이다. 따라서 그러한 측면에 대한 충분한 고려없이 사업정지 등으로 생기는 상대방과의 마찰 등을 피하기 위한 행정편의적인 생각이나, 또는 의무이행이나 법의 실효성보다는 의무불이행자의 입장만을 지나치게 고려하는 온정주의적 생각에서 과징금제도가 안이하게 확대되어서는 안 될 것이라는 우려로 결론을 대신하고자 한다.

<토 론 문>

전기통신사업법상
과징금 제도의 문제점 및 개선방안*

1. 과징금의 본질 또는 법적 성격에 대하여

조성규 교수님은 과징금의 본질 또는 법적 성격에 관하여 부당이득 환수적 요소와 제재적 요소 가운데 제재적 요소가 중심적인 것이라고 설명하시면서 학설과 판례도 같은 입장이라고 하고 계십니다. 그러면서 전기통신사업법상의 과징금은 통신사업의 공익성 실현을 위하여 보다 적극적인 제재적 수단으로 이해하여야 하고 나아가 사후적 처벌적 성격이 강조되는 제재보다는 장래에 대한 실효성 확보수단, 즉 이행확보적 의미가 강조되는 것이 바람직하다고 하고 계십니다. 또한 전기통신사업법상 과징금의 운용에 있어 부당이득의 환수적 의미를 지나치게 강조하는 것은 바람직하지 않다고 하십니다.

이러한 접근에 대하여 저는 몇 가지 의문을 제기하고자 합니다.

첫째, 과징금의 기본적 성격을 제재로 볼 때 과징금이 동일한 금전적 제재의 속성을 갖는 형사벌로서의 벌금이나 행정질서벌로서의 과태료와 구별하여 독자성을 갖는다고 볼 근거가 충분한 것인가 하는 의문입니다.

---

* 홍대식(서강대 교수).

과징금은 행정법상의 의무위반을 이유로 부과되는 것이라는 점에서, 즉 부과대상행위가 다르다는 점에서 형사벌과 구별하는 견해를 취하고 계시나 실제로는 동일한 행정법상 금지행위를 요건으로 하여 과징금과 벌금이 병과되는 경우가 적지 않습니다. 또한 과징금은 과태료와 달리 행정처분이고 부과 및 불복절차가 다르다는 점에서 과태료와 구별하고 계시나, 이러한 차이는 본질적인 차이라고 보기는 어렵다고 생각합니다.

둘째, 행정상의 제재가 과징금의 기본적 성격이라고 판단한 판례로 공정거래법상 부당지원행위에 대하여 부과되는 과징금의 법적 성격에 관한 판례를 들고 계신데, 공정거래법상 과징금의 법적 성격은 일의적으로 판단하기 어렵고 부과대상 행위의 유형이나 내용에 따라 개별적으로 판단하여 결정하여야 할 문제입니다. 공정거래법상 금지행위의 주종을 이루는 시장지배적 지위 남용행위, 부당한 공동행위의 경우에는 판례 역시 부당이득 환수적 성격이 위주라고 판단하고 있고(대법원 2004. 10. 27. 선고 2002두6842 판결 등) 공정거래위원회 역시 같은 입장에서 부당이득 환수적 요소의 대리변수로서 관련 매출액을 과징금 산정의 기초로 삼고 있습니다. 부당지원행위의 경우에는 지원주체에게 과징금이 부과되는 특성상 부당이득을 의제적, 추상적으로밖에 상정할 수 없는 본질적 한계 때문에 헌법재판소에서 이 제도를 합헌으로 결정하면서 부득이하게 행정상의제재금으로서의 기본적 성격에 부당이득 환수적 요소도 부가되어 있다고 판단한 것으로 볼 수 있습니다. 여기서는 오히려 과징금의 독자성 유지를 위하여 필수적인 요소인 부당이득 환수적 요소가 부당지원행위에 대한 과징금에서도 배제될수 없음을 강조할 필요가 있습니다.

셋째, 제재를 사후적 처벌적 성격으로만 이해하고 장래에 대한 이행확보적 성격과 구별하고 계신데, 제재의 기능을 그렇게 제한하여 볼 필요는 없다고 생각합니다. 제재는 넓게 보아 위반행위에 대한 억제(deterrence) 수단의 하나로서 법경제학적으로 볼 때 사회구성원의 행위를 통제하는 방법은 제재의 방법뿐만 아니라 가격의 방법도 있습니다. 가격의 방법은 위반행위로 인하여 얻은 경제적 이익을 환수하는 방법이라고 할 수 있습니다. 여기서 억제는 당해 행위자의 위반행위의 반복을 방지하기 위한 특별억제와 다른 잠재적 위반행위자에 대한 사례를 형성하는 일반억제의 기능을 모두 수행하는 것이므로, 반드시 과거지향적이지만은 않습니다. 사후적 처벌적 성격을 갖는 것은 응보 또는 보복의 기능도 수행하는 형사벌의 속성이라고 생각합니다.

2. 통신산업의 공익성 실현과 과징금의 관계에 관하여

전기통신사업법상의 과징금에 대한 논의에 있어서 전기통신사업법상의 의무의 성격 및 특성에 관한 고려가 충분히 행해져야 한다는 점에 대하여는 전적으로 공감합니다(1면). 다만 전기통신사업법상 과징금이 금지행위에 대하여 부과되는 전형적 과징금과 사업정지에 갈음하는 이른바 변형된 과징금으로 나누어지고 있는데, 이를 구별하지 않고 양자에 대하여 모두 통신산업의 공익성에 관한 고려를 강조하는 데 대하여는 이견이 있습니다.

먼저 통신산업의 공익성의 내용과 그러한 가치가 금지행위에 대한 판단기준에 반영될 수 있는지 여부는 개별적으로 검토될 필요가 있습니다. 통신산업의 공익성이 무엇을 내용으로 할 것인지는 논란이 있을 수 있지만 통신상의 비밀 보호, 전문적·기술적 고려, 보편적 역무로서의 통신 서비스의 공급과 같은 것을 들 수 있을 것입니다. 그런데, 과징금 부과대상이 되는 금지행위(법 제36조의3 제1항, 제36조의4 제1항 내지 제6항)의 경우 반드시 그와 같은 공익적 가치와 연결되지 않는 경우가 적지 않습니다. 법 제36조의3에 규정되어 있는 금지행위의 경우 위법성 요건으로 공정경쟁저해성 또는 이용자이익저해성을 규정하고 있는데, 이는 통신산업에 고유한 공익적 가치라기보다는 경쟁법 또는 소비자보호법에서 보호하는 경쟁 또는 소비자보호의 가치가 통신산업에 투영된 것에 불과합니다. 따라서, 금지행위에 대하여 부과되는 과징금에 대하여는 통신산업의 공익적 성격이 지나치게 강조되어 통신위원회에게 폭넓은 재량이 허용되는 제재적 성격의 과징금 부과가 정당화되는 것은 바람직하지 않다고 생각합니다.

또한 금지행위에 대한 과징금은 그 금지행위가 공정경쟁 또는 경쟁촉진을 목적으로 하는 행위 유형이든 소비자 보호를 목적으로 하는 행위 유형이든 원칙적으로 부당이득 환수적 성격의 과징금에서 전제가 되는 경제적 이익을 상정할 수 있으므로, 부당이득 환수적 성격의 측면에서 과징금 액수를 산정하는 것이 바람직하다고 생각합니다. 그런 점에서 조성규 교수님이 부당이득의 환수적 의미를 지나치게 강조하여 부과액수를 부당이득이나 매출액에 의존시키는 것은 타당하지 않다고 하신 주장에는 찬성하기 어렵습니다. 저는 오히려 통신위원회가 2006. 4. 17. 단말기보조금 과징금 산정기준을 제정하면서 원칙적으로 관련 매출액을 기준으로 과징금을 산정하는 방향으로 선회한 것이 더 바람직하다고 생각합니다.

아울러 조성규 교수님은 통신시장은 종래 독점적 구조에서 유효경쟁을 지향하는 구조로 전환중인 형성중인 시장이므로 통신법에서의 과징금 제도는 일반적 경쟁시장에서와 동일한 시각에서 보는 것은 무리하다고 하신 부분(25면)에 대하여는 한시적으로는 타당한 주장이라고 생각합니다. 금지행위는 경쟁과 소비자보호라는 가치와 관련된 사후적, 행태적 규제에 해당하므로 공정거래위원회가 규제하는 금지행위와 행위 유형으로서는 중복될 가능성이 있지만 통신시장에서 발생하는 특유한 행위 유형으로서 경쟁제한성 외에 통신정책적 재량고려요소들을 비교형량하여 판단하여야 할 행위 유형들이 있다고 생각되기 때문입니다. 다만 통신법에서 이러한 행위 유형을 설정하여 통신사업자를 규제할 경우에는 중복적인 규제의 창설로 사업자나 이용자에게 부담을 주는 방향이 아니라 시장친화적, 경쟁친화적 방향으로 이루어져야 하므로, 일반법과 특별법의 관계와 같은 법 적용의 우선순위 원칙의 정립과 함께 경쟁 보호의 관점에서의 심사와 관련하여 공정거래위원회와의 협력체제를 구축할 필요가 있을 것입니다.

3. 전기통신사업법상 과징금의 부과체계에 관하여

조성규 교수님은 법에서 과징금 판단기준에 관하여 아무런 규정을 두고 있지 않은 부과체계가 공정거래법을 포함하여 다른 법제와 크게 다르지 않고 문제가 없다고 보고 계시나(16, 17면), 이에 대하여도 이견이 있습니다.

첫째, 공정거래법은 전기통신사업법과 다르게 법에서 과징금 부과시 반드시 참작하여야 할 사유를 규정하고 있습니다. 즉 공정거래법 제55조의3 제1항은 과징금을 부과함에 있어 참작하여야 할 의무적 참작사유로 위반행위의 내용 및 정도, 위반행위의 기간 및 횟수, 위반행위로 인하여 취득한 이익의 규모 등 세 가지를 열거하고 있습니다. 이러한 참작요소는 공정거래위원회가 과징금 부과 여부를 결정할 때 반드시 참작하여야 할 재량고려요소로서 처분기준을 형성할 뿐만 아니라 공정거래위원회의 재량 행사의 적정성을 통제하는 심사기준이 됩니다. 이에 반하여 전기통신사업법에는 이에 상응하는 아무런 규정이 없습니다.

둘째, 전기통신사업법 제37조의2 제2항에서 시행령에 위임한 사항도 위반행위의 종별, 과징금부과상한액, 기타 필요한 사항으로 열거되어 있어 과징금 산정기준에 관하여 명시적인 위임 근거 규정을 두고 있지 않은데, 시행령 제13조 제2항에서는 통신위원회가 과징금 부과시 반드시 참작하여야 할 사유를 정하고 있습니다. 그러나 이는 국민의 권리와 의무를 제한하는 과징금 부과처분을 함에 있어 고려하여야 할 사유이자 통신위원회의 재량권 행사 및 통제 기준으로서 법률에 규정하여야 할 사항이라고 할 것입니다. 또한 현재 통신위원회가 운영하고 있는 과징금 산정기준은 법령에 아무런 위임 근거 규정이 없는 상태에서 내부규칙으로 제정되어 있는데, 적어도 법에 과징금 부과기준을 시행령에 위임할 수 있는 근거 규정을 두고 시행령에서는 대강의 내용을 정한 후 다시 행정규칙으로 구체적인 부과기준을 정할 수 있는 근거 규정을 두는 것이 과징금 부과의 투명성 및 예측가능성을 제고하는 방안이 될 것입니다.

제2절 통신위원회 裁定의
법적 성격과 불복방법*

I. 서 론

통신위원회는 통신사업자가 공정하게 경쟁할 수 있는 환경을 조성하고, 통신서비스 이용자의 권익을 보호하며, 각종 통신서비스에 대한 분쟁을 해결하기 위하여 전기통신기본법 제37조에 의하여 정보통신부에 설치된 행정위원회이다.

통신위원회는 공정한 경쟁환경의 조성과 통신 서비스 이용자의 보호를 목표로 전기통신기본법 개정에 의해 1992년에 설립되었는데, 그 후 전기통신기본법 개정을 통해 그 위상·조직·기능 등이 강화되기는 하였지만, 기본적으로는 (현행법에 의하면) 조직상 정보통신부내에 설치된 기관으로서, 독립성의 측면에서도 미국의 FCC와는 많은 차이를 가지고 있는 한국적인 기관이자 제도라고 할 수 있다.[1]

현행 전기통신기본법상[2]의 통신위원회의 업무는 크게 심의·의결 업

---

* 정호경(한양대 교수).
1) 통신위원회의 기능과 위상에 관해서 유지태 교수는 이는 기본적으로 정치적 내지 정책적 문제와 연관되어 있음을 인정하면서도, 장기적으로는 통신위원회가 조직상으로 정보통신부로부터 독립되어야 한다고 한다. 유지태, 「통신위원회의 발전방향」, 『한국헌법학의 현황과 과제(금랑 김철수교수 정년기념논문집)』, 박영사, 1998, 1107~1141면.

무와 재정 업무로 나눌 수 있다. 통신위원회는 통신시장에서의 공정한 경쟁촉진 및 강화를 위하여 공정한 경쟁에 관한 각종 기준(고시), 금지행위에 대한 정보통신부장관의 시정조치 등과 같은 기본법 제40조 각호에 규정된 사항을 심의·의결하고, 사업자에 대한 이용자의 손해배상신청, 사업자간 손해배상분쟁, 상호접속등 협정체결 또는 이행 등 사건에 대하여 재정을 행한다(기본법 제40조의 2).

이 글에서는 통신위원회의 기능 중 재정기능과 관련하여 그 법적 성격을 구명하고, 그에 대한 불복수단을 논의하고자 한다.

II. 재정의 의의와 법적 성격

통신위원회의 재정에 대한 행정쟁송 등의 불복수단을 고찰하기 위해서는 먼저 재정의 의의와 법적 성격이 규명되어야 한다.

1. 재정의 의의와 법적 효력

1) 재정의 의의

기본법은 제37조 제1항에서 "전기통신사업자간 또는 전기통신사업자와 이용자간 분쟁의 '裁定'을 하기 위하여 정보통신부에 통신위원회를 둔다."고 규정하고, 제40조의 2 제1항에서는 "전기통신사업자 또는 이용자는 다음 각호의 1의 사항에 관하여 당사자간 협의가 이루어지지 아니하거나 협의를 할 수 없는 경우에는 통신위원회에 裁定을 신청할 수 있다."고 규정하고 있다.

---

2) 이하 '기본법'이라 한다.

이러한 규정에 기반하고 있는 통신위원회의 재정이란 기본법 제40조의 2 제1항에 규정된 사항에 관하여, 즉 상호접속등 협정 또는 통신사업자 간·통신사업자와 이용자간 손해배상 및 실비보상에 관하여 협의가 이루어지지 아니하거나 협의를 할 수 없어 분쟁 당사자 일방이 통신위원회에 분쟁해결을 신청한 때에, 전문적인 통신위원회가 공정하고 신속하게 결정함으로써 신속하게 분쟁을 해결하는 전기통신기본법상의 제도라고 할 것이다.3)

2) 재정의 소송법적 효력

기본법상의 '재정'이란 용어는 미국법상의 arbitration을 번역한 것으로 보인다. arbitration이란 "분쟁의 양 당사자가 동의하는 한 명 이상의 중립적 제3자가 분쟁에 대하여 구속력 있는 결정을 내리는 분쟁해결방법"으로서,4) 우리나라 실정법상의 仲裁 내지 仲裁判定에 유사한 것이라 할 수 있다.

그러나 仲裁의 본질은 私的 裁判이라는 데 있으며,5) 중재법상 중재판정의 효력은 당사자 간에 법원의 확정판결과 같은 효력을 지니는데 반하여(중재법 제35조), 통신위원회는 기본적으로 행정기관으로서 당사자의 합의에 의해 선정된 중립적 제3자라 볼 수 없고, 통신위원회의 '재정'의 효력에 관해서도 기본법 규정에 의하면 재정의 결과에 대하여 당사자가 동의할 경우 당사자 간의 합의의 효력만 인정하고 있으므로, 통신위원회의 재정을 중재법상의 중재판정과 비교하기는 어렵다고 생각한다. 즉 기본법상의 '재정'이라는 용어는 기본법에 규정하고 있는 재정대상 사안에

---

3) 이러한 정의는 이상직, 『(통신위원회를 중심으로 본) 전기통신사업법론』, 진한도서, 1998, 245면의 정의를 참조.

4) Black's law dictionary, 7th. ed., 100면.

5) 이시윤, 『신민사소송법』, 박영사, 2005, 21면.

대한 통신위원회의 결정이라는 의미에 불과한 것으로 보이고, 재정이라는 용어 자체에 어떤 소송법적 효력이 부여되는 것은 아니라고 할 것이다.

재정의 법적 효력 문제는 좁게는 재정 자체의 법적 효력의 문제이지만, 널리 보면 재정에 대한 불복수단과 연관되어 있는 문제라 할 수 있다. 만약 중재법상의 중재와 같이 확정판결의 효력을 부여한다면, 재정에 대한 불복수단은 심히 축소될 수 있을 것이기 때문이다.

기본법 제40조의 2 제4항은 "통신위원회가 재정을 한 경우에 당해 재정의 내용에 대하여 재정문서의 정본이 당사자에게 송달된 날부터 60일 이내에 소송이 제기되지 아니하거나 소송이 취하된 때에는 당사자 간에 당해 재정의 내용과 동일한 합의가 성립된 것으로 본다."고 규정하고 있다. 즉 당사자 간에 재정내용에 관한 불복이 없는 경우에도 당사자 간의 합의의 효력만을 부여하고 있을 뿐, 별다른 소송법적 효력을 부여하지 않고 있다.

그러나 이에 대해 현행법상으로도 당사자가 재정에 불복하지 아니하면서도 재정을 이행하지 아니하는 경우에는 전기통신사업법[6] 제15조, 제28조, 제64조에 의하여 그 실효성을 담보할 필요가 있다는 주장이 있다.[7] 그러나 사업법 제15조, 제28조, 제64조는 각 사업허가의 취소·정지, 사업의 등록취소 및 폐지명령, 과징금의 부과 등에 관한 규정인 바, 각각의 사유속에 재정내용의 불이행에 관한 사유는 명시적으로 규정된 바가 없다. 그러므로 법치행정의 원칙에 입각해 볼 때, 재정내용의 이행을 확보하기 위하여 위와 같은 수단을 사용하는 것은 위법한 것으로 생각된다.

재정내용의 이행의 확보 문제는 근본적으로 입법으로 해결되어야 할 것인바, 그 핵심적 문제는 통신위원회의 재정 자체에 어떠한 법적 효력을 부여할 것인지의 문제일 것이다. 그러나 입법론 차원에서 재정에 대한 법적 효력의 강화 논의는 아래에서 논하는 바와 같은 심판기관의 중립성이

---

6) 이하 '사업법'이라 한다.

7) 이상직, 『(통신위원회를 중심으로 본) 전기통신사업법론』, 진한도서, 1998, 256면.

나 독립성·공정성과 같은 제반요소들과 비례해야 하는 것이므로, 이에 대해서는 보다 깊이 있는 검토가 필요하고, 여기에서는 상론하지 아니한 다.8)

2. 재정의 법적 성격

1) 準司法的 성격

현행법상 통신위원회의 기능에 대하여 어느 정도의 준사법적 성격을 인정할지 여부에 관하여는 여러 가지 견해가 있을 수 있지만, 적어도 사인사이의 분쟁해결을 목적으로 하는 재정작용과 관련해서는 이른바 준사법적 기능을 수행한다고 인정할 수 있을 것이다.9)10) 다시 말해서, 통

---

8) 참고로 헌재 1995. 5. 25. 선고 91헌가7 사건에서 헌법재판소는 "심의회의 배상결정은 신청인 동의한 때에는 민사소송법의 규정에 의한 재판상의 화해가 성립한 것으로 본다."고 규정하고 있는 국가배상법 제16조의 일부분에 대하여, (그 밖의 사유들과 더불어) 배상심의회의 제3자성·독립성, 심의절차의 공정성·신중성 등이 사법절차에 비하여 결여되어 있음에도 불구하고 재판상 화해의 효력을 인정하는 것은 재판청구권을 침해하는 것으로 과잉금지원칙에 위배된다고 결정하였다.

9) 同旨, 이상직,『(통신위원회를 중심으로 본) 전기통신사업법론』, 진한도서, 1998, 32~33면; 유지태,「통신위원회의 법적 지위」『저스티스』, 제31권 제2호 (1998. 6), 38~39면.

10) 사법의 본질과 관련해서는 성질설, 기관설, 형식설 등 여러 견해가 있지만, 대체적으로 사법을 법적 분쟁이 발생하는 경우 분쟁당사 중 일방 당사자의 청구에 따라 독립된 지위를 가진 기관이 제3자적 입장에서 무엇이 법인가를 선언함으로써 법을 유지하는 국가작용이라 정의할 수 있다. 홍성방, 『헌법 Ⅱ』, 현암사, 2000, 315~317면 참조.
이러한 사법의 정의에서 다시 핵심적 요소를 추출하면, 사법은 분쟁해결작용이며, 특히 독립된 지위를 가진 제3자에 의한 분쟁해결작용이라 할 수 있을 것이다. 여기서 '독립된 지위'란 무엇을 의미하는 것인가가 문제되는데, 통상 이는 법관의 인적, 물적 독립으로 설명되는데, 그 독립의 핵심은 권력분립의 역사가

신위원회의 재정은 '어느 정도' 독립된 합의제 기관에 의해 사인사이의 분쟁을 해결하는 작용을 한다는 점에서 준사법적 기능을 수행하고 있다고 말해도 무리가 없을 것이다. 그러나 이 글에서는 재정과 관련한 통신위원회의 준사법적 성격에 관해서 아래와 같은 이유로 더 이상의 상세한 논의는 하지 않을 것이다.

첫째, 우리나라 법제에서 준사법적 성격이 무엇을 의미하는지 여부가 아직 명확하지 아니하고, 통신위원회의 준사법기관적 성격 또는 재정의 준사법적 성격으로부터 재정의 효력에 관해 현행 실정법이 규정하고 있는 효력 이상의 것을 인정하기 어렵기 때문이다. 아직 조직법적 또는 기능적 측면에서 미국과 같은 독립위원회제도가 우리 법제에 완전히 정착되었다고 보기 어렵고, 통신위원회 또한 미국의 FCC와는 달리 기본적으로 조직법상 정보통신부에 설치된 기관의 하나라는 점에서, 통신위원회의 기능 및 재정의 효력에 관한 특별한 실정법적 규정이 없는 한 실정법 규정을 넘어서는 다른 특별한 효력을 준사법적 성격으로부터 도출하는 것은 우리나라 일반행정법 이론과의 정합성을 보장하기 어렵기 때문이다.

둘째, 현행의 통신위원회의 기능 중 재정작용이 준사법적 작용인가의 논의를 통해서 새로운 발전적 결론이 도출되는 것은 아니라고 생각하기 때문이다. 물론 통신위원회 재정의 준사법적 성격을 인정함으로써 기관의 독립성 문제나 재정절차의 중립성 및 공정성과 관련한 절차개선의 필요성을 추출할 수도 있을 것이다. 그러나 오늘날 행정절차 또한 사법절차 못지않게 중시되고, 특히 영미법계의 절차중심의 행정법 사고가 그 영향력을 얻게 되면서, 아직 개념범주가 명확하지 않은 '준사법적'이라는 성격규정에 입각하지 않더라도, 행정절차의 강화라는 관점에서 충분

말해주듯이 바로 행정권으로부터의 독립이며, 나아가 입법권으로부터의 독립을 말하는 것이라 할 수 있다. 즉 사법은 정책을 수립, 집행하는 기관으로부터 독립된 기관에 의해, 또 이해관계가 연루되지 아니한 제 3자에 의해 법적 분쟁을 공정하게 해결하는 것을 그 핵심적 요소로 하고 있다고 할 수 있다.

히 필요한 정도의 독립성과 절차적 보완을 달성할 수 있기 때문이다. 더욱이 우리나라 헌법은 다른 나라와 달리 제107조 제3항에서 "행정심판의 절차는 법률로 정하되, 사법절차가 준용되어야 한다."고 규정하고 있으므로, 재정의 행정처분 내지 재결적 성격으로부터도 적어도 현재 시점에서 필요한 정도의 제도구성과 절차적 원리에 관해 필요한 기준은 추출할 수 있다고 생각하기 때문이다.

2) 행정처분 및 재결로서의 성격

통신위원회의 재정이 비록 준사법적 성격을 지닌다고 하더라도, 이를 현행법상 법원의 재판과 같은 것으로 보기는 어렵다. 현행법상 통신위원회는 기본적으로 정보통신부에 속해있는 행정기관이라는 점과 위원의 구성방법이라는 측면을 살펴볼 때 독립성과 중립성을 핵심으로 하는 사법기관에 비교하기는 어려우며,11) 위에서 본 바와 같이 재정의 효력 측면에서도 법원의 판결의 속성으로서의 형식적 확정력·기판력·집행력 같은 것은 부여되지 아니하고, 중재법상의 중재판정과 같은 효력이 부여된다고 볼 근거도 현행법에는 전혀 발견되지 않기 때문이다.

또한 재정의 대상 사안들의 통신법적 특성과 이와 연결된 재정제도의 취지 등을 고려하면 재정을 아무런 법적 효력이 없는 단순한 권고적 효력을 가지는 제도로 보기도 어렵다.

그렇다면 이러한 통신위원회의 재정은 행정법의 차원에서 볼 때는 "행정청이 법 아래서 구체적 사실에 관한 법집행으로서 행하는 권력적 단독

---

11) 통신위원회는 정보통신부 내의 기관이며(기본법 제37조 제1항), 위원장 및 위원은 대통령령이 정하는 바에 따라 대통령이 임명 또는 위촉하는데(같은 조 제3항), 동법 시행령은 위원장 및 위원은 정보통신부장관의 제청으로 대통령이 임명 또는 위촉하도록 규정하고 있으므로(시행령 제26조) 기관구성의 측면에서도 독립기관이라기보다는 행정기관의 성격이 강하다고 할 것이다.

행위인 공법행위"인 강학상의 행정행위로서,12) 실정법상으로는 "행정청이 행하는 구체적 사실에 관한 법집행으로서의 공권력의 행사 또는 그 거부와 기타 이에 준하는 행정작용"으로 정의되는(행정소송법 제2조) '처분'에 해당한다고 할 것이다.13)14) 예를 들어 상호접속의 협정이 체결되지 않아 일방 당사자가 통신위원회에 재정을 신청한 경우에, 통신위원회가 이에 대해 재정결정을 하면 재정결정의 상대방은 당연히 재정의 효력에 의해 상호접속의무를 진다. 상호접속의무는 통신망에 있어서 상호접속이 가지는 특수성에 근거하여 법률이 부과한 의무인바,15) 이에 관한 통신위원회의 재정은 법률에 규정된 이러한 추상적 의무를 개별적 사안에서 확정하여 구체적 의무를 당사자에게 부과하는 행위라고 할 것이다.

한편, 행정심판법은 행정청의 처분에 대한 행정청내의 불복절차로서 행정심판제도를 일반적으로 두고 있고, 이러한 행정심판의 결과인 '재결'은 행정소송법 제2조 제1호에서 "행정청이 행하는 구체적 사실에 관한 법집행으로서의 공권력의 행사 또는 그 거부와 기타 이에 준하는 행정작용"과 더불어 행정소송, 특히 항고소송의 대상인 '처분등'에 해당하는 것으로 규정되어 있다. 이러한 재결은 기본적으로 "행정청의 처분 또는 부작위"(행정심판법 제3조 제1항)와 관련된 행정법상의 분쟁에 대한에 대한 행정청의 결정인 반면에, 통신위원회의 재정은 애초에 분쟁의 원인으로서의 "행정청의 처분 또는 부작위"가 전제되지 아니한 것으로 재정 자체가 최초의 행정청의 처분이라는 점에서 엄격한 의미에서 행정심판의 결과인 재결과는 구분된다고 할 것이다.

---

12) 김동희, 『행정법 I』, 박영사, 2005, 228면.

13) 同旨, 이원우, 「통신시장의 공법적 규제의 구조와 문제점」 『행정법연구』, 제11호(2004 상반기), 86면.

14) 이러한 행정법상의 처분을 미국의 분류법에 따라 order와 adjudication으로 구분한다면, 통신위원회의 재정은 후자에 해당할 것이다.

15) 이원우, 「통신시장의 공법적 규제의 구조와 문제점」 『행정법연구』, 제11호(2004 상반기), 86면.

그러나 행정심판이 자기통제와 권리구제의 관점에서 행정청, 특히 상
대적 독립성과 신중한 결정을 담보하기 위해 합의제 행정기관인 행정심
판위원회에서 이루어지는 분쟁해결절차라는 점을 생각한다면, 통신위원
회의 재정 또한 중립성·전문성과 신중성의 관점에서 행정조직 내부에
설치된 합의제 행정기관에 의한 분쟁에 대한 심판작용 내지 그 결과물이
라는 점에서 행정심판의 재결과 유사한 성격도 함께 가진다고 할 것이다.
이러한 특별한 성격을 가지는 통신위원회의 재정제도를 설치한 이유를
찾아본다면, 위에서 말한 바와 같이 통신산업의 특성에 상응하는 전문성
과 정보통신부와 비교할 때 상대적인 위원의 중립성, 합의제 기관의 신중
성 및 일반법원에 비하여 저렴한 비용과 간편한 절차, 그리고 신속한 권
리구제 등을 열거할 수 있을 것이다.

이 글에서는 기본적으로 재정의 법적 성격과 그에 대한 불복방법을 논
하고자 하므로, 이하에서는 그와 관련하여 재정과 행정심판의 관계, 재정
에 대한 불복방법을 중심으로 검토하고자 한다.

Ⅲ. 재정에 대한 불복수단

재정에 대한 불복과 관련하여 기본법에서는 제40조의 2 제4항에 "통신
위원회가 재정을 한 경우에 당해 재정의 내용에 대하여 재정문서의 정본
이 당사자에게 송달된 날부터 60일 이내에 소송이 제기되지 아니하거나
소송이 취하된 때에는 당사자간에 당해 재정의 내용과 동일한 합의가 성
립된 것으로 본다."고 규정하고, 제5항에서 "통신위원회의 재정중 당사자
가 지급하거나 수령하여야 할 금액에 대하여 불복이 있는 자는 재정문서
의 송달을 받은 날부터 60일 이내에 소송으로 그 금액의 증감을 청구할
수 있다."고 규정하며, 제6항에서 "제5항의 규정에 의한 소송에 있어서는
다른 당사자를 피고로 한다."고 규정하고 있다. 그러나 재정에 대한 불복

수단과 관련하여 위 조항들의 규정만으로는 다음과 같은 의문이 남는다.

첫째, 기본법상 관련규정이 없어도 재정에 대한 이의신청 또는 행정심판이 가능한가?

둘째, 기본법 제40조의 2 제4항, 제5항, 제6항에서 재정에 대한 불복수단으로서 규정하는 소송은 행정소송을 의미하는가? 민사소송을 의미하는가?

셋째, 재정을 법원에 의한 권리구제에 앞선 필요적 전치절차로 해석할 여지는 없는가?

넷째, 재정신청과 동시에 법원에 소송을 제기할 수 있는가? 가능하다면 재정신청과 동시에 소송을 제기하거나 재정절차 진행 중에 소송을 제기한 경우 재정절차는 어떻게 해야 하는가?

다섯째, 재정에 대한 불복으로 행정소송을 제기한다고 할 때 그 심급은 어떻게 하는 것이 적당할 것인가?

이하에서 위에서 제기한 문제들을 차례로 논하기로 한다.

1. 이의신청과 행정심판

1) 이의신청

앞에서 통신위원회의 재정은 부분적으로 재결의 성격도 갖지만 기본적으로 강학상의 행정행위 내지 행정청의 1차적인 처분에 해당함을 언급하였다. 그렇다면 이러한 재정에 대한 불복수단으로서 이의신청이 가능할 것인가가 문제된다.

행정처분 특히 국민의 권익을 침해하는 행정처분을 처분청 또는 그 감독청이 스스로 심사하는 제도가 각 법령이 정하는 바에 의하여 다양한 형태로 규정되어 있는 바, 이러한 절차는 행정심판 외에 이의신청 · 심사청구 · 소청 · 재심청구 · 재심사청구 · 적부심사청구 등 다양한 이름으로 불리고 있다.16) 한편 행정심판법상의 행정심판은 이러한 이의신청제도에 대하여 보완적 또는 순차적 관계에서 권리구제기능을 수행해 왔다. 즉, 행정청의 처분에 대하여 이의신청 등의 불복절차를 규정하는 개별법상의 규정이 있으면, 이의신청이 행정심판을 대체해서,17) 또는 법의 규정에 따라 순차적으로 진행되지만,18) 통신위원회의 재정과 관련해서는 관련법률에 별도의 이의신청절차를 규정하고 있지 아니하므로, 적어도 법적으로는 이의신청을 제기할 방법이 없다고 할 것이다.19)

---

16) 김용진, 「이의신청등과 행정심판」『법제』, 제504호(1999. 12), 18면.

17) 행정심판법은 제3조 제1항에서 행정청의 처분 또는 부작위에 대하여 "다른 법률에 특별한 규정"이 있는 경우를 제외하고는 행정심판법에 의하여 행정심판을 제기할 수 있도록 규정하고 있으므로, 개별법에서 이의신청제도를 마련하고 그에 대한 불복수단으로 명시적으로 소송을 규정하고 있는 경우에는 이의신청은 행정심판을 대체하는 제도라고 평가할 수 있을 것이다.

18) 이의신청과 행정심판의 관계가 대체적인 것인지, 순차적인 것인지와 관련하여 개별법률에 명확한 규정이 없는 경우에, 1998년 행정소송법 개정전 행정심판전치주의가 적용되던 시절에 법원은 소의 적법 요건으로서 행정심판전치주의의 요건의 충족을 너그럽게 인정하기 위하여 통상 이의신청을 거친 경우에는 별도로 일반적인 행정심판을 거칠 필요가 없는 것으로 해석해 왔다. 그러나 주지하다시피 현행 행정소송법은 개별법률이 행정심판전치주의를 규정하고 있는 예외적인 경우를 제외하고는 행정심판의 경유를 임의적 절차로 변경하였으므로, 행정심판을 청구할 권리의 보장이라는 점에서 개정전의 판례와 달리 해석할 필요가 있다고 생각한다. 즉, 법령이 명시적으로 이의신청의 불복제도를 행정소송으로 규정하지 않는 한, 일반적인 행정심판청구는 허용된다고 해석해야 할 것이다. 同旨, 김용진, 「이의신청등과 행정심판」『법제』, 제504호(1999. 12), 19~21면.

19) 그러나 실무상으로는 법령의 명시적인 근거없이 내규 등에 근거하여 처분청이 이해관계인의 신청에 따라 자신의 처분을 재심사하는 절차를 두고 이를 이의신청이라 부르기도 한다. 이러한 의미에서의 이의신청을 부정할 근거와 이유는 없다. 그러나 법령의 명시적인 근거가 없는 이러한 이의신청은 적어도 행정심판을 대체하는 기능은 가질 수 없다고 보아야 할 것이다. 왜냐하면 행정심판을 제기하는 것도 국민의 권리이므로, 법령의 명시적 근거가 없는 이의신청으로 인해 국민의 행정심판제기권이 배제된다고 볼 수는 없기 때문이다. 필자는

그러나 입법론으로 이의신청 제도를 마련할 필요가 있는가를 검토해 본다. 통신위원회는 통신업무와 관련된 전문성 및 인적 구성에서의 상대적인 독립성[20]에 터잡아 통신사업자간 또는 통신 사업자와 이용자 간에 발생하는 분쟁에 관하여 합의제의 방식으로 재정할 권한을 부여받은 위원회이므로, 독임제 행정청인 정보통신부 장관에 대한 이의신청으로 이러한 위원회의 결정을 변경하는 것은 그 취지에 맞지 않는다고 할 것이다. 또한 처분청인 통신위원회 자체에 대한 이의신청에 관해서는, 신중한 결정을 위해 애초 합의제기관인 통신위원회 제도를 마련하였는데, 동일한 기관이 자신의 결정에 대하여 다시 심판하는 것은 자기시정의 기회를 갖는다는 측면에서는 약간의 의미를 가질 수 있을지 모르나, 그에 비하여 이의신청 절차의 공정성이 현저히 떨어진다고 볼 수 있고, 동일한 기관이 동일한 사안에 대하여 다시 판단한다는 점에서 아울러 행정기관의 효율성 측면에서도 부정적이라고 생각한다. 즉 합의제 기관인 통신위원회의 설립취지를 생각한다면, 통신위원회 자체나 정보통신부 장관에 대한 이의신청 제도는 불필요하거나 행정의 효율성에 반하는 중복적인 제도로 생각한다.[21][22]

이와 같은 이의신청의 인용을 그 실질은 처분청에 의한 처분의 '직권취소'라고 본다.

20) 비상임위원의 상당수는 실제 정규직 공무원이 아닌 민간인이 위촉되고 있다.

21) 1996. 12. 30. 개정전 전기통신기본법이 아래와 같이 이의신청 절차를 규정하고 있었으나, 1996. 12. 30. 개정으로 이를 폐지하였다는 점도 이러한 결론을 보강한다고 할 것이다.
제40조 (통신위원회의 기능) ① 통신위원회는 다음 각호의 사항을 심의한다. 각호 생략.
② 통신위원회는 다음 각호의 사항을 의결한다.
1. 제19조의 규정에 의한 기간통신사업자간의 설비제공에 관한 재정.
2. 전기통신사업법 제35조의 규정에 의한 전기통신설비의 상호접속 또는 공동사용에 관한 재정.
3. 전기통신사업법 제67조의 규정에 의한 실비보상 또는 손해배상에 관한 재정.
4. 기타 다른 법률에 의하여 통신위원회의 의결사항으로 규정한 사항.
제42조 (이의의 신청) 제40조 제2항의 규정에 의한 통신위원회의 의결에 대하여 이의가 있는 자는 통신위원회에 이의를 신청할 수 있다. 다만, 통신위원회

2) 행정심판

통신위원회의 재정이 원칙적으로 행정처분에 해당하고 이에 대하여 관련 법률에 특별한 불복절차가 규정되어 있지 않다면, 행정심판법 제3조에 따라 일반적인 행정심판을 청구할 수 있는지가 문제된다.

행정심판법은 제3조 제1항에서 행정청의 처분 또는 부작위에 대하여 '다른 법률에 특별한 규정'이 있는 경우를 제외하고는 행정심판법에 의하여 행정심판을 제기할 수 있도록 규정하고 있으므로, 통신위원회의 재정이 행정심판의 대상으로서의 행정청의 처분으로 인정되는 한, 그에 대한 행정심판은 제3조 제1항에 의해 가능하다고 할 것이다. 그러나 행정심판법 제3조는 "다른 법률에 특별한 규정이 있는 경우"를 행정심판의 예외로 규정하고 있으므로, 이와 관련하여 기본법 제40조의 2 제4항의 규정, 즉

의 의결중 당사자가 지급하거나 수령하여야 할 금액의 증감에 관한 이의에 대하여는 그러하지 아니하다.

22) 그러나 동일한 합의제 기관인 공정거래위원회의 결정에 대하여는 독점규제 및 공정거래에 관한 법률에 의하면, 공정거래위원회의 처분에 대하여 불복이 있는 자는 그 처분의 통지를 받은 날부터 30일 이내에 그 사유를 갖추어 공정거래위원회에 이의신청을 할 수 있도록 규정하고 있다(법 제53조 제1항). 법률이 명시적으로 이의신청제도를 규정하고 있으므로 이의신청이 인정되는 것은 당연하다. 그러나 공정위원회의 경우에는 그 업무가 전원회의 관장사항과 소회의 관장사항으로 나누어져 있고, 많은 사건들이 소회의에서 결정되거나 신고사항이 소회의에도 회부되지 못하고 각하되는 반면에, 이의신청은 전원회의 관장사항으로 규정되어 있으므로(법 제53조), 회의에 회부되지 아니하거나 소회의에서 결정된 사항에 대한 자기통제의 기회 내지 전원회의에서의 권리구제의 기회를 부여한다는 측면에서 이의신청제도의 의의를 찾을 수 있을 것이다.
후술하겠지만, 통신위원회도 그 위원의 수를 늘리고, 사건의 성격에 따라(예를 들어 사업자간의 분쟁과 사업자와 이용자간의 분쟁을 달리하여) 별개의 전문적인 소위원회를 구성하여 그 소위원회로 하여금 재정을 담당하게 한다면, 전원회의에서의 자기시정의 기회 내지 권리구제라는 측면에서 이의신청 제도를 마련하는 것을 긍정적으로 볼 수 있을 것이다. 다만, 이 경우에도 합의제 위원회 제도의 성격상 정보통신부 장관에 대한 이의신청 제도는 부적합한 것으로 생각된다.

"통신위원회가 재정을 한 경우에 당해 재정의 내용에 대하여 재정문서의 정본이 당사자에게 송달된 날부터 60일 이내에 소송이 제기되지 아니하거나 소송이 취하된 때에는 당사자간에 당해 재정의 내용과 동일한 합의가 성립된 것으로 본다."는 규정이 일반적인 행정심판을 배제하는 특별한 규정으로 볼 수 있는지 여부가 문제된다.

행정심판의 주요한 기능은 행정의 자기통제기능과 국민의 권리구제기능이다.23) 행정심판은 행정의 입장에서는 자기통제의 기회로 볼 수 있지만, 국민의 입장에서는 행정심판을 통한 권리구제기회의 확보라는 성격을 가지므로, 법률에서 명시적으로 행정심판을 배제하는 규정을 두고 있지 않는 한 행정심판청구권을 배제하는 해석은 가급적 신중히 행해져야 할 것이다. 더욱이 행정심판전치주의가 폐지된 현행법제하에서는 국민은 행정심판과 소송 중에서 임의적으로 권리구제의 방법을 선택할 수 있으므로, 행정심판청구는 권리구제방법의 선택과 관련하여 국민에게 부여된 권리라고 이해할 수 있기 때문이다. 이러한 관점에서 볼 때 기본법 제40조의 2 제4항의 규정만으로 행정심판이 배제된다고 보기는 어렵다.

그러나 통신위원회의 설치이유와 기능 등을 함께 고려해 볼 때 법률의 명시적인 근거를 통해 재정에 대한 일반적인 행정심판청구를 배제하는 것은 가능하다고 생각한다. 통신위원회는 통신업의 특성에 걸맞은 전문성과 통신시장 규제에 관한 공정성을 담보하기 위해 통신관련 전문가가 참여하는 합의제 기관으로 설립되었고, 이러한 측면에 기초하여 사인간의 분쟁에 대한 해결권한인 재정권한이 부여되었다. 그런데 행정심판법에 의하면 국무총리 및 중앙행정기관의 장이 재결청이 되는 심판청구는 모두 국무총리 소속하에 속하는 국무총리행정심판위원회가 관할하도록 되어있고(법 제6조의 2 제2항), 국무총리행정심판위원회의 위원장은 법제처장이 되며(같은 조 3항), 상임위원을 제외한 위원은 행정심판위원회의 민간위원자격

---

23) 이에 관해 자세한 것은 박정훈, 「행정심판의 기능 - 권리구제기능과 자기통제기능의 조화」『행정법연구』, 제15호(2006, 상반기), 1~13면 참조.

이 있는 자 또는 법무부·행정자치부·여성부·기획예산처·국무조정
실·공정거래위원회·경찰청 소속의 1급 또는 1급에 상당하는 공무원 중
에서 국무총리가 위촉하거나 지명하는 자로 하도록 규정하고 있으므로(같
은 조 제5항, 같은 법 시행령 제4조, 제6조), 위원의 구성이라는 측면에서
볼 때 통신위원회의 설치이유와 재정권한 부여의 중요한 이유에 해당하는
전문성이라는 점을 제고할 수 없기 때문이다.[24]

2. 행정소송 또는 민사소송

기본법은 제40조의 2 제4항에서 "통신위원회가 재정을 한 경우에 당해
재정의 내용에 대하여 재정문서의 정본이 당사자에게 송달된 날부터 60
일 이내에 소송이 제기되지 아니하거나 소송이 취하된 때에는 당사자간
에 당해 재정의 내용과 동일한 합의가 성립된 것으로 본다."고 규정하고,
제5항에서 "통신위원회의 재정중 당사자가 지급하거나 수령하여야 할 금
액에 대하여 불복이 있는 자는 재정문서의 송달을 받은 날부터 60일 이내
에 소송으로 그 금액의 증감을 청구할 수 있다."고 규정하며, 제6항에서
"제5항의 규정에 의한 소송에 있어서는 다른 당사자를 피고로 한다."고
규정하고 있을 뿐, 그 소송이 행정소송인지 민사소송인지 여부 및 재정전
치주의의 적용여부 등에 관하여는 명시적으로 규정하고 있지 아니하다.

여기서는 먼저 기본법 제40조의 2에서 규정하는 각 소송이 행정소송인
지 또는 민사소송인지 여부를 검토하고, 이어서 통신위원회의 재정절차를
이러한 소송의 필요적 전치절차로 이해할 여지가 없는지 여부를 검토할 것

---

24) 각주 21)에서 언급한 바 있는 1996. 12. 30. 개정전 전기통신법은 각주 20)의
   이의신청에 관한 규정 외에 제43조로 '이의신청에 대한 불복' 규정을 두어, "제
   42조의 규정에 의한 이의신청에 관한 통신위원회의 의결에 대하여 불복이 있는
   자는 행정소송을 제기할 수 있다."고 규정하고 있었다. 현재에도 이러한 명문의
   규정을 두어 일반적인 행정심판제도를 배제하는 것은 가능하다고 할 것이다.

이다.

1) 기본법 제40조의 2 각 소송의 성질
─ 행정소송 또는 민사소송?

(1) 기본법 제40조의 2 제4항의 소송

앞에서 본 바와 같이 통신위원회의 재정은 행정법적 차원에서 강학상의 행정행위 내지 처분에 해당하는 것이다. 통신위원회가 행정기관이며 통신위원회의 재정이 행정처분으로서의 성격을 가지는 한, 그리고 합리적 이유를 가진 법률규정에 의하여 이를 명시적으로 금지하지 아니하는 한, 법치국가원리 내지 법치행정의 원칙상 재정에 대한 불복으로서의 행정소송은 마땅히 인정되어야 할 것이다.

기본법 제40조의 2 제4항은 "통신위원회가 재정을 한 경우에 당해 재정의 내용에 대하여 재정문서의 정본이 당사자에게 송달된 날부터 60일 이내에 소송이 제기되지 아니하거나 소송이 취하된 때에는 당사자간에 당해 재정의 내용과 동일한 합의가 성립된 것으로 본다."라고 규정하여 그 불복소송의 형태를 행정소송이라고 명시하고 있지는 않다. 그러나 이는 위 조항이 재정이 당사자 사이에 미치는 효과를 중심으로 규정한 것에 기인하는 것일 뿐,25) 재정에 대한 행정소송을 배제하는 규정으로 볼 수는 없다. 그러므로 위에서 말한 법치국가원리 내지 법치행정원칙상 위 조항은 재정에 대한 불복으로서의 행정소송, 특히 항고소송은 당연히 전제하고 있는 것으로 보아야 하고, 따라서 위 조항에서 언급된 소송은 재정결정 자체에 대한 불복소송, 즉 통신위원회를 피고로 하는 항고소송이라 해

---

25) 예를 들어 상호접속에 관한 재정결정은 상대방에게 재정결정의 효력에 따라 재정신청인에게 상호접속을 허용해야 할 공법상의 의무를 부과하는 것이므로, 기본법 제40조의 2 제4항은 이러한 재정결정이 당사자 사이에서 가지는 효력의 조건과 내용을 명시한 규정이라 보아야 할 것이다.

석해야 할 것이다. 같은 조 제6항에서 "제5항의 규정에 의한 소송에 있어서는 다른 당사자를 피고로 한다."고 규정하여, 금액에 불복하는 경우의 소송은 다른 당사자를 피고로 삼아야 한다는 점을 명시적으로 특별히 규정하고 있다는 점도, 위 제4항의 소송이 통신위원회를 피고로 하는 항고소송이라는 점을 뒷받침한다고 할 것이다.[26]

(2) 기본법 제40조의 2 제5항, 제6항의 소송

기본법 제40조의 2 제5항에서는 통신위원회의 재정중 "당사자가 지급하거나 수령하여야 할 금액에 대하여 불복이 있는 자는 … 소송으로 그 금액의 증감을 청구할 수 있다."고 규정하고, 이어서 제6항에서 "제5항의 규정에 의한 소송에 있어서는 다른 당사자를 피고로 한다."고 규정하고 있다.

이에 관하여 통신위원회의 재정의 대상이 기본적으로 통신사업자간 또는 사업자와 이용자 간의 계약이나 사법상의 법률관계로부터 발생하는 분쟁임을 고려하여, 위 제5항의 소송의 대상인 금액에 대한 불복의 법률관계는 행정청의 처분, 즉 통신위원회의 재정에 의해 형성된 것이 아니라 사법상의 계약관계나 사법규정에 의해 발생하는 것이라 보고, 위 소송은 행정소송이 아닌 민사소송으로 보아야 한다는 견해가 있을 수 있다.[27]

---

26) 다만 위에서 본 바와 같이 1996. 12. 30. 개정전 전기통신기본법은 통신위원회의 재정에 대하여 이의신청제도를 두고, 이의신청에 대한 불복의 방법으로 '행정소송'을 명시하고 있었다(각주 21, 24 참조). 그러나 위에서 본 바와 같이 이러한 개정내용은 행정재판과 민사재판권간의 재판권의 변경을 의미하는 것이 아니라, 재정결정의 당사자간의 효력에 관한 규정과 이의신청제도의 폐지와 이에 따른 불복방법에 관한 규정의 세분화로 이해해야 할 것이다.

27) 이 경우 동일한 실체관계에 관하여 행정소송과 민사소송이 병존할 수 있다는 결론에 대하여 의문이 생길 수 있다. 그러나 이는 기본적으로 사법관계로 분류되는 노사관계에서의 부당노동행위의 구제제도와 비교해 보면 이례적인 것이라고 할 수는 없는 것으로 법률의 규정 방식에 따라서 가능하다고 할 것이다. 부당노동행위에 대하여 근로자는 노사관계법에 기하여 노동위원회에 구제를 신청할 수 있는데, 이를 통해 구제받지 못한 경우에는 노동위원회의 결정에 대하여 행정소송으로서의 취소소송을 제기할 수 있음과 동시에 법원에 직접 민사소송으

그러나 결론적으로 기본법 제40조의 2 제5항의 금액에 대한 불복소송은 처분 등을 원인으로 하는 공법상의 법률관계에 관하여 법률관계의 당사자 일방을 상대로 소송을 제기하는 형식적 당사자소송이라 이해해야 할 것이다.[28] 형식적 당사자소송이란 행정청의 처분·재결이 원인이 되어 형성된 법률관계에 다툼이 있는 경우 그 원인이 되는 처분·재결 등의 효력을 직접 다투지 아니하고, 처분 등의 결과로서 형성된 법률관계에 대하여 그 법률관계의 한 쪽 당사자를 피고로 하여 제기하는 소송이다.[29] 기본법 제40조의 2 제5항에서 규정하는 소송이 형식적 당사자소송이라고 하기 위해서는 그 소송의 대상인 법률관계가 행정청의 처분·재결이 원인이 되어 형성된 법률관계일 것이 요구된다. 앞에서 통신위원회의 재정이 행정처분에 해당하고, 상호접속에 관한 재정결정의 상대방은 재정의 효력에 따라 다른 당사자에게 상호접속을 허용해야 할 공법상의 의무를 진다는 점을 지적하였다. 즉 위 제5항에서 규정하는 소송, 가령 예를 들어 상호접속에 관한 재정결정에 의해 발생한 상호접속의무에 필연적으로 수반되는 접속료 등에 관한 분쟁은, 행정청의 처분, 즉 통신위원회의 재정이 원인이 되어 형성된 법률관계이지만, 상호접속의무 자체가 아니라 다만 접속료 등의 금액에 관해서만 다툼이 있는 경우에는 통신위원회의 재정의 효력을 직접 다투지 아니하고, 법률관계의 당사자 일방을 피고로 하여 소송을 제기할 수 있도록 규정한 것이라 할 것이다. 위 제6항의 "제5항의 규정에 의한 소송에 있어서는 다른 당사자를 피고로 한다."는 규정은 이

로서 부당노동행위의 무효확인, 손해배상청구 등의 소송을 제기할 수도 있다. 대판 1996. 4. 23. 95다53120, "부당노동행위구제제도는 공법상의 권리구제절차로서 사용자와 근로자 사이의 사법상 법률관계에 직접 영향을 미치는 것은 아니므로, 근로자는 부당노동행위구제제도와 별도로 민사소송에 의하여 해고 등의 불이익처분이 부당노동행위에 해당함을 이유로 그 사법상 효력을 다툼으로써 권리구제를 구할 수 있다."

28) 同旨, 김남진, 『행정법 I』, 법문사, 2006, 759면; 이원우, 「통신시장의 공법적 규제의 구조와 문제점」 『행정법연구』, 제11호(2004 상반기), 86면.

29) 김남진, 『행정법 I』, 법문사, 2006, 757면.

러한 해석하에서만 그 의미를 가질 수 있는 조항이라 할 것이다. 왜냐하면 위 제5항의 소송을 민사소송이라고 한다면, 굳이 제6항과 같은 조항을 두지 않더라도 민사소송의 피고는 당연히 다른 당사자가 될 것이기 때문이다.

2) 필요적 재정전치주의의 적용 여부
－ 해석론과 입법론

현행법의 해석상 통신위원회의 재정 대상이 되는 분쟁에 대하여 법원에 소송을 제기하기 위해서는 반드시 재정을 거쳐야 한다고 해석할 여지는 없는 것으로 생각된다. 왜냐하면 위에서 통신위원회의 재정대상이 되는 기본법 제40조의 2 제1항 각호에 규정된 사안들이 기본적으로는 사인 간의 협약의 이행이나 손해배상의 문제일 뿐만 아니라, 위 조항 또한 "전기통신사업자 또는 이용자는 다음 각호의 1의 사항에 관하여 당사자간 협의가 이루어지지 아니하거나 협의를 할 수 없는 경우에는 통신위원회에 재정을 신청할 수 있다."고 규정하여, 재정의 신청을 당사자의 선택에 맡겨놓고 있기 때문이다.

그러나 입법론으로는 필요적 재정전치주의를 채택하는 것이 불필요하거나 불가능한 것만은 아니라고 생각된다. 가령 통신위원회의 재정의 대상 중 기본법 제40조의 2 제1항 제2호는 통신설비제공, 상호접속 또는 공동사용 등이나 정보제공에 관하여 기간통신사업자가 다른 사업자로부터 통신설비제공, 상호접속 또는 공동사용 등이나 정보제공에 관한 요청을 받은 날로부터 특별한 사유 없이 90일 이내에 협정을 체결하지 아니하거나 체결할 수 없는 경우에 통신사업자가 통신위원회에 재정을 신청할 수 있도록 규정하고 있다. 통상의 사법관계의 영역과 비교해 볼 때 통신업의 특수성에 기인하여 통신사업의 영역에서 상당한 정도로 사인의 계약자유가 제한되어 있다고 말할 수 있고, 따라서 사법원리의 대폭적 수정 적용이 문제되는 사안들이라 할 수 있다. 통신위원회는 이러한 사안에 대한 전문성에 기반하여 국가적 관점에서의 공정경쟁을 실현하기 위한 목적으로 설치·운영되는 기관이므로, 이러한 사안과 관련한 분쟁에 대해서는 적극적으로 통신위원회의 재정제도를 이용할 필요성이 인정된다고 말할 수 있다. 따라서 (상대적으로 일반 민사관계적 성격을 많이 가지는 통신사업자의 손해배상에 관한 사안 등과 구별하여) 입법자가 통신위원회의 전문성의 활용이라는 관점에서 통신시장의 정책과 밀접히 관련된 분쟁사안에 있어서 법원에 소송을 제기하기 전에 필요적으로 통신위원회의 재정을 거치도록 규정하는 것도 충분히 가능할 것이다.

　다만 이처럼 소송을 제기하기 전에 반드시 통신위원회의 재정절차를 거치도록 하는 필요적 재정전치주의를 입법하는 것은 국민의 입장에서는 법원에의 재판청구권을 제약하는 요소가 될 수도 있기 때문에, 이러한 필요적 재정전치주의를 적용하기 위해서는 사안이 가지는 통신업상의 특수성, 그에 관한 통신위원회의 전문성뿐만 아니라 분쟁해결기관으로서의 통신위원회의 상당한 정도의 독립성이 요구되고, 또 재정절차에 있어서도 당사자가 포기하지 않는 한 구술변론권을 보장하는 것과 같은 절차원칙의 수립과 보완이 수반되어야 할 것이다.30)31)

---

30) 절차의 공정성을 강화하는 한 방법으로서 미국의 행정법판사(administrative law judge) 제도의 도입도 고려해 볼 수 있을 것이다.
　　영국의 행정심판소(administrative tribunals)는 법원에 비하여 간편하고 신속한 권리구제를 도모하면서도, 공개심리(public hearing), 모든 당사자가 원하는 경우에는 변호사 또는 기타의 대리인에 의해 심판을 수행할 수 있는 법적대리권(legal representation), 원칙적인 구술심리(oral hearings)와 적절한 증거법칙 등을 절차의 주요원리로 채택하고 있으며, 당사자에게 결정의 이유제시요구권(a right to a reasoned decision)을 인정하고 있다. 자세한 것은 백종인, 「영국의 행정심판소 제도」『전북대 법학연구』, 제18집(1991), 12~18면 참조.

31) 상대적으로 통신시장의 정책적 문제와 더 깊은 관련성을 갖는 재정대상 사안만을 전문적으로 다루기 위한 (법률가와 전문가가 함께 참여하는) 소위원회를 통신위원회내에 구성할 수도 있을 것이다.

3. 재정과 법원재판과의 관계

1) 재정과 법원재판의 동시제기 가능성

비록 私法원리의 수정 적용이 문제된다고 할지라도, 통신위원회의 재정의 대상이 되는 사안들은 기본적으로 통신사업자간 또는 사업자와 이용자간의 계약이나 사법상의 법률관계로부터 발생하는 분쟁임을 고려한다면, 입법자가 개별법률에서 명시적으로 금지하지 아니하는 한 통신사업자나 이용자는 기본법 제40조의 2의 재정신청대상에 해당하는 분쟁에 관하여도 민사소송을 제기할 수 있을 것이다.

그렇다면 통신사업자나 이용자는 통신위원회에 재정을 신청함과 동시에 법원에 민사소송을 제기할 수 있다고 볼 것인지 또는 오로지 둘 중 하나만을 선택할 수 있다고 할 것인지가 문제된다. 헌법 제27조는 모든 국민에게 재판청구권을 기본권으로 보장하고 있다는 점에서 합리적이고 명백한 근거에 의한 개별법률의 규정없이 재판청구권을 제약하는 해석을 하기는 어렵다고 할 것이다. 기본법 제40조의 2 제1항은 통신사업자 또는 이용자가 통신위원회에 재정을 신청할 수 있다고 규정하고 있을 뿐, 재정을 신청한 경우에는 민사소송을 제기할 수 없다든가, 또는 반대로 민사소송을 제기한 경우에는 재정을 신청할 수 없다고 규정하고 있지는 아니하므로, 헌법 제27조의 재판청구권과 기본법 제40조의 2의 규정을 종합적으로 고려해 볼 때 현행법의 해석으로는 통신사업자나 이용자는 민사소송과 통신위원회의 재정을 동시에 신청할 수 있다고 볼 것이다.[32]

다만, 위와 같이 해석할 경우에도, 통신사업자나 이용자가 법원에 소송을 제기하면서 동시에 통신위원회에 재정을 신청할 수 있다는 것과 이에

---

32) 이에 반하여 미국 통신법은 FCC에 제기된 통신에 관한 분쟁은 법원에 제소할 수 없고, 법원에 제소된 통신에 관한 분쟁은 FCC에 제소할 수 없도록 하고 있으며, FCC의 결정에 대한 불복은 항소법원에 제기하도록 규정하고 있다.

대하여 법원이나 통신위원회가 어떻게 판단하는지는 별개의 문제라고 할 것이다. 소송과 재정이 동시에 제기된 경우에는 통상 법원의 재판의 효력이 통신위원회의 재정의 효력보다 우월하다는 점에서, (소에 있어서의 소의 이익과 같이) 재정의 이익이 없음을 이유로 통신위원회는 재정신청에 대한 결정을 내릴 필요가 없다고 할 것이다. 입법론으로는 구제절차를 FCC에 제기하는 방법과 법원에 제소하는 방법으로 처음부터 나누는 미국 통신법을 참조할 필요가 있다고 생각한다.

2) 행정소송과 민사소송이 동시에 제기될 경우

경우에 따라서는 통신사업자나 이용자가 통신위원회에 재정을 신청하면서 동시에 민사소송을 제기하고, 민사소송 계속중에 통신위원회가 재정결정을 하고 이 재정결정에 대하여 항고소송이 제기되는 경우도 상정할 수 있을 것이다.

기본법 제40조의 2의 문언만으로는 이와 같은 행정소송과 민사소송의 동시제기의 가능성이 배제되지 아니하며, 또 허용되지 않는다고 해석할 근거는 없다. 다만 위에서 재정과 소송의 동시제기 경우에 대하여 살펴본 바와 마찬가지로, 이러한 두 가지 소송의 동시제기가 허용된다는 것이 양 법원이 모두 사안에 대하여 본안판결을 하여야 한다는 것을 의미하는 것은 아니라고 할 것이다. 이 경우 위에서 본 바와 같이 재정신청에 대하여 통신위원회가 재정의 필요가 없음을 이유로 재정결정을 내리지 않아야 할 것이며, 만약 재정결정이 내려져 이에 대한 행정소송, 구체적으로 항고소송이 제기된 경우 이를 담당하는 행정법원이 당해 소송의 소의 이익이 없음을 이유로 각하하는 것이 바람직하다고 할 것이다. 왜냐하면 애초에 민사소송이 제기된 사안의 경우에 민사법원의 판결보다 우월적 효력을 지니는 통신위원회의 처분권을 인정할 수는 없을 것이기 때문이다. 다만 입법론으로는 위에서 말한 바와 같이 구제절차를 배타적으로 마련하는 것이 필요하다고 생각한다.

3) 재정에 대한 불복의 소의 제기법원
   － 심급과 관련하여

독점규제 및 공정거래에 관한 법률에 의하면 공정거래위원회의 처분에 대하여 불복하여 소를 제기하고자 할 때에는 처분의 통지를 받은 날(이의신청을 거치지 아니하고 바로 행정소송을 제기하는 경우) 또는 이의신청에 대한 재결서의 정본을 송달받은 날(이의신청을 거친 경우)부터 30일 이내에 이를 제기하여야 하며(법 제54조 제1항), 불복의 소는 공정거래위원회의 소재지를 관할하는 서울고등법원의 전속관할로 규정하고 있다(법 제55조).

그러나 기본법에는 재정에 대한 불복의 소를 제기함에 있어 심급에 관한 이러한 특별한 규정이 없으므로, 재정에 대한 불복의 소는 원칙적으로 1심 행정법원에 제기하여야 할 것이다. 다만 입법론으로는 위 Ⅲ. 2. 나. 필요적 재정전치주의의 적용여부에서 논한 바와 같이, 통신사업과 관련한 통신위원회의 전문성이라는 측면을 고려할 때, 통신위원회의 독립성과 공정성·전문성, 그리고 재정절차의 공정성과 당사자의 절차적 권리를 보완·강화한다는 전제위에서, 재정을 거친 후의 재정에 대한 불복의 소는 고등법원의 관할 사항으로 정하는 것도 가능하다고 할 것이다.

Ⅳ. 불복수단의 강화 및 정비에 관한 입법론

1. 재정대상의 유형화

1) 법원에 의한 구제제도와 비교한 재정제도의 장점

재정은 행정청인 통신위원회에 의하여 사안과 관련하여 최초로 내려지는 행정청의 의사표시라는 점에서 기본적으로 행정처분적 성격을 지니지만, 분쟁해결기능이라는 관점에서는 재결적 성질도 가진다는 점은 전술한 바와 같다. 행정심판법에 의해 인정되는 행정심판제도의 주된 기능은 일반적으로 행정청의 자기통제기능과 권리구제기능이라고 말해진다. 그러나 통신위원회의 재정은 재정에 앞선 행정청의 처분이 존재하지 않는다는 점에서 행정청의 자기통제기능은 없으며, 오로지 권리구제의 관점에서 인정되는 제도라고 말할 수 있을 것이다.

그렇다면 본원적 권리구제기관인 법원과 비교할 때 권리구제제도로서의 통신위원회의 재정제도의 존재이유는 무엇인가를 검토해 보아야 한다. 법원에 의한 권리구제와 비교할 때 재정제도의 존재이유는, 첫째 전기통신사업의 특성에 상응하는 통신위원회의 전문성에 있다고 할 것이다. 이러한 전문성으로 인해 재정제도가 법원의 권리구제제도를 배제하지는 않는다고 할지라도 최소한 그에 대한 보완적 역할 내지 법원의 부담경감기능은 수행할 수 있을 것이다. 둘째, 이러한 재정제도는 법원의 권리구제와 비교하여 더 경제적이며, 더 신속하고, 접근이 용이하며, 때로는 법원에 의해 해결되기 어려운 정책적 문제들을 처리할 수 있는 장점을 가질 수 있을 것이다. 그렇다면 재정제도는 재정제도가 가지는 이러한 장점에 근거해서 이러한 장점이 가장 잘 발현될 수 있는 방법으로 구성되어야 할 것이다.

2) 재정절차 및 불복수단의 차별화

현행법상의 재정대상 사안들을 살펴 볼 때, 통신서비스 이용자의 손해배상 문제나 실비보상의 문제는 상대적으로 정당한 배상 내지 보상이라는 차원의 법문제 성격의 측면이 강한 반면에, 통신사업자간의 통신설비의 제공·무선통신시설의 공동이용·상호접속·공동사용이나 정보제공 등에 관한 협정의 체결과 관련된 분쟁들은 통신사업시장의 전체적인 틀의 형성과 관계되어 있는 것으로 이에 대한 결정은 전자에 비하여 상대적으로 정책적인 성격이 더 많이 투영되어 있다고 볼 수 있다. 그렇다면 전자와 관련해서는 재정제도의 권리구제제도로서의 경제성·신속성·접근용이성의 관점에서 절차를 구성·정비하고, 후자의 관점에서는 통신위원회의 전문성이라는 관점에서 절차를 구성·정비하는 방안도 생각해 볼 수 있을 것이다. 가령 통신위원회의 전문성이 매우 중시되는 영역에 대하여는, 원칙적으로 법원의 소송제기전에 재정을 필요적 전치절차로 규정하고, 이러한 전문성이 최대한 발휘될 수 있는 소위원회에서 1차적인 재정결정을 담당하고, 소위원회의 결정에 대하여는 자기통제장치이자 권리구제제도로서의 불복제도로서 전원위원회에 대한 이의신청제도를 두며, 이러한 재정결정 및 이의신청 절차에서 사안에 대한 충분한 심리 및 신중한 판단이 행해진다는 전제하에 이에 대한 불복의 소의 관할법원은 고등법원의 전속관할로 규정하는 방안도 생각할 수 있을 것이다.

이러한 절차를 구성하기 위해서는 그 전제로 사안 자체가 통신위원회의 전문성이 중요한 의미를 가질 수 있는 것이어야 하며, 재정절차 및 이의신청 절차에서 결정기관의 독립성과 중립성이 어느 정도 보장되어야 하고, 우리헌법 제107조 제3항이 행정심판 절차에 사법절차가 준용될 것을 요구하는 바와 같이 대심적 구조나 구두변론의 원칙과 같은 사법절차의 핵심적 요소들이 절차적 권리로서 당사자에게 인정되어야 할 것이다.

이에 반하여 법원의 권리구제제도와 비교하여 통신위원회의 전문성보다는 상대적으로 재정제도의 권리구제제도로서의 경제성·신속성·접근용이성이 중시되는 사안에서는 그러한 장점을 더 발현시킬 수 있는 방향으로 절차를 구성하되, 현행법과 마찬가지로 당사자에게 법원에서의 권리구제절차와 재정신청 사이의 선택권을 충분히 보장하는 방안으로 구성할수 있을 것이다.

요약하면 현행의 기본법상 재정대상들을 상대적으로 위와 같은 기준으로 분류하여, 각각의 사건을 다루기에 적절한 소위원회를 설치하고,33) 그절차 또한 사안의 유형에 적절하게 개별화 시킬 수 있을 것이다. 통신시장의 공정경쟁과 적정경쟁을 보장하기 위해 장기적으로는 통신위원회의독립성과 정책적 기능이 증가되어야 한다는 점에 대해 동의한다면 이러한 방안은 더욱 설득력을 가질 수 있을 것으로 생각된다.34)

2. 위원회 구성의 중립성 제고와 위원수의 확대

현행법상 통신위원회는 정보통신부내에 설치하도록 규정되어 있고(기본법 제37조 제1항), 위원은 정보통신부 장관의 제청에 따라 대통령이 임명·위촉하도록 규정하고 있으며(같은 조 제3항 및 동법 시행령), 위원의수는 기본법에는 위원장 1인을 포함한 9인의 위원으로 구성하되, 위원중1인은 상임으로 하도록 규정하고 있다(같은 조 제2항).

---

33) 이 때 그 필요성이 인정된다면 통신위원회의 위원의 증원 및 위원에 대한 상임위원 비율의 제고도 고려되어야 할 것이다.

34) 유지태, 「통신위원회의 발전방향」, 『한국헌법학의 현황과 과제(금랑 김철수교수 정년기념논문집)』, 박영사, 1998, 1107~1141면에서도 장기적으로 통신위원회의 독립성과 정책적 기능이 강화되는 방향으로 발전되어야 할 것이라고한다.

위원회의 행정조직법상 위상과 위원의 임명방법에 관해서는 통신사업시장에서의 통신위원회의 역할 및 정보통신부와의 관계, 통신사업시장의 현황 등과 관련하여 정책적으로 판단되어야 할 문제이므로, 오로지 법적인 관점에서 일방적인 주장을 펼치는 것은 적절치 않은 것으로 생각된다. 그러나 위원의 수에 관해서는 현행법상으로도 9인 이내의 위원으로 구성하도록 규정하고 있으나 현재 7명의 위원이 임명되어 활동하고 있는바,[35] 전문성 강화의 관점에서 위원수의 확대가 필요하다고 생각된다. 특히 현재 위원장 외 1인의 상임위원만을 두도록 규정하고 있으나, 같은 차원에서 상임위원의 비율도 늘리는 것이 좋다고 생각한다. 현재까지는 통신위원회의 재정업무가 그리 많지 않으므로 소위원회를 구성할 필요까지는 없을 것이다. 그러나 장기적으로 한편으로는 전문성의 관점에서, 그리고 다른 한편으로는 중립성과 경제성·접근의 용이성 관점에서 재정절차를 보완·정비한다면 재정제도의 수요가 더욱 증가할 수 있을 것이고, 필요하다면 전문성 및 효율성의 관점에서 소위원회의 설치도 고려해 볼 수 있을 것이다.

3. 재정절차의 보완과 사무국 기능의 강화

재정제도의 보완은 위원회의 전문성 강화만으로는 이루어질 수 없으며, 위원회 업무의 전문성 및 효율성과 밀접한 관련을 가지는 사무국의 기능 보완이 필수적으로 요청된다고 할 것이다. 이러한 사무국 기능의 보완과 관련하여 미국의 행정위원회의 재결시에 활용되고 있는 독립적이고 중립적인 행정법판사(administrative law judge) 제도의 도입을 검토할 필요가 있음은 앞에서 언급하였다.

또한 일정한 사안에 대한 재정절차를 필요적 전치절차로 규정한다든

---

35) 통신위원회 홈페이지 중 위원장 및 위원 소개(http://www.kcc.go.kr).

가, 또는 재정에 대한 불복으로 이의신청제도를 규정하고 이의신청에 대한 불복의 소의 관할을 고등법원으로 제한하는 절차를 마련하고자 한다면, 필연적으로 재정절차에 대한 전문성·중립성·절차적 권리의 보장이 강화되어야 함을 말하였다. 재정절차의 전문성 강화에 관해서는 위에서 언급한 제도들을 검토할 필요가 있고, 중립성의 관점에서는 위원에 대한 제척·회피·기피에 관한 내용을 법령에 명시적으로 규정하여야 할 것이다. 아울러 절차적 관점에서 원칙적인 구두변론권 및 당사자의 소송관련서류의 열람·문서제출요구권, 법적대리권 보장 등의 명문화도 고려할 필요가 있을 것이다.

그 외 특히 정보통신부 내지 통신위원회의 정책 및 결정에 직접적으로 매우 강한 영향을 받게 되는 통신사업자들의 경우에는 그러한 이유 때문에 통신위원회의 재정에 대한 불복이 사실상 어렵다는 점을 고려한다면, 이러한 당사자들에 대하여 불복에 따른 불이익의 부과를 방지하는 제도적 대책도 강구할 필요가 있을 것이다.

V. 결 론

통신업무는 역사적으로 국가독점에서 출발하여 점점 민영화되어 왔으며, 민영화된 시장에서의 국가의 규제권한도 공정경쟁 내지 적정경쟁을 보장하는 한도로 점점 완화되어 가는 추세에 있다. 이러한 역사적 흐름 속에서 태생한 통신위원회는 이러한 추세가 지속되는 한 그 위상과 권한이 장기적으로 강화될 것이며, 그 역할의 중요성 또한 증가될 것으로 생각된다. 그러나 통신위원회의 위상과 기능 강화라는 문제는 단지 역사적 추세라는 이유만으로 주장될 수는 없으며, 국내적 또는 국제적 통신시장의 상황과 이와 관련한 국가정책적 관점을 함께 고려하면서 결정하여야 할 것이다.

이 글에서는 기본적으로 현행법상의 통신위원회의 재정제도와 관련된 몇 가지 문제점을 분석·해명함과 동시에, 앞으로도 통신시장의 민영화와 규제완화의 추세가 지속될 것이라는 전망 하에, 그리고 적어도 지금의 시점에서 판단하기에는 그러한 흐름이 바람직한 것이라는 전제하에, 통신위원회의 재정제도의 정비와 관련한 몇 가지 입법론적 과제들을 검토해 보았다.

그러나 위에서 언급한 쟁점들 외에도 여러 가지 쟁점들이 아직 미해결인 채로 남아 있고, 통신위원회의 기능과 관련해서도 이 글에서는 재정기능만 다루었을 뿐, 심의·의결 기능과 관련된 문제들은 전혀 다루지 아니하였다. 이 글에서 다룬 재정제도에 관해서도 더 심도 있는 고찰을 위해서는 선진제국의 통신규제제도와의 비교법적 고찰이 필수적이라 할 것이지만, 이러한 논의는 다음 기회에 상론하기로 한다.

<토 론 문>

행정소송 등 불복수단 활성화 방안*

정호경 교수님께서 발표하신 통신위원회 재정(裁定)의 법적 성격과 불복방법에 대하여 잘 들었습니다.

교수님께서는 재정의 의의에 대해 규정하신 후 법적 효력을 논의하시고, 법적인 성격에 대해서는 "행정청이 행하는 구체적 사실에 관한 법집행으로서의 공권력의 행사 또는 그 거부와 기타 이에 준하는 행정작용"인 '처분'에 해당한다고 규정해 주셨습니다. 그러한 전제하에서 이의신청이나 행정심판, 행정소송 등 구체적인 불복수단과 심급 등 테크니컬한 측면까지 심도 있게 다루어 주셨습니다.

그런데 재정의 법적 성질과 관련하여 교수님께 문의드리고 싶은 사항은, 전기통신기본법 제40조의2 제4항에서 "통신위원회가 재정을 한 경우에 당해 재정의 내용에 대하여 재정문서의 정본이 당사자에게 송달된 날부터 60일 이내에 소송이 제기되지 아니하거나 소송이 취하된 때에는 당사자간에 당해 재정의 내용과 동일한 합의가 성립된 것으로 본다."라고 되어 있는데, 이처럼 당사자의 수용에 따라 결론이 달라질 수 있는 형태의 조문 하에서 기존의 처분과 같은 법적 성격을 부여할 수 있겠느냐 하는 것입니다.

이러한 논의가 중요한 이유는 교수님께서 재정이 처분이라는 전제하에

---

* 조성국(중앙대 교수).

서 후속의 불복수단에 대해 검토하고 계시기 때문입니다. 교수님께서 재정의 법적 성격이 처분이라고 규정하신 것과 관련하여 기존의 처분과는 어떠한 차이가 있으며 혹시 법적 성격을 달리 검토해 볼 여지는 없는 것인지 질문드리고 싶습니다.

그리고 미국식의 행정법판사(Administrative Law Judge)의 도입을 언급하셨습니다. 미국식 행정법판사제도는 사건처리의 공정성 및 중립성 확보라는 측면에서 상당한 장점이 있는 것이 사실입니다. 하지만 미국에는 거의 모든 행정기관에 보편적으로 활용되고 있는 제도이지만 우리나라는 행정심판제도가 실시되고 있기 때문에 이러한 제도를 도입하기 위해서는 기존의 행정심판제도와의 관련성, 도입의 범위, 행정법판사의 자격요건 등 좀 더 포괄적인 논의가 필요하다고 생각됩니다.

필자 약력

· 경건
서울대학교 법과대학 졸업
서울대학교 대학원 졸업(법학박사)
현재 서울시립대학교 법학부 교수

· 김대인
서울대학교 법과대학 졸업
서울대학교 대학원 졸업(법학박사)
현재 이화여자대학교 법과대학 교수

· 김성태
서울대학교 법과대학 졸업
독일 Würzburg대학교 대학원 졸업(법학박사)
현재 홍익대학교 법과대학 교수

· 문상덕
서울대학교 법과대학 졸업
서울대학교 대학원 졸업(법학박사)
현재 서울시립대학교 법학부 교수

· 이희정
서울대학교 법과대학 졸업
서울대학교 대학원 졸업(법학박사)
현재 한양대학교 법과대학 교수

· 장경원

서울대학교 법과대학 졸업
독일 Hamburg대학교 대학원 졸업(법학박사)
현재 명지대학교 법과대학 교수

· 정호경

서울대학교 법과대학 졸업
서울대학교 대학원 박사과정 수료
현재 한양대학교 법과대학 교수

· 조성국

서울대학교 법과대학 졸업
서울대학교 대학원 박사과정 수료
현재 중앙대학교 법과대학 교수

· 조성규

서울대학교 법과대학 졸업
서울대학교 대학원 졸업(법학박사)
현재 전북대학교 법과대학 교수

서울대학교 『공익산업법센터』
(CeLPU : Center for Law & Public Utilities)

1. 센터의 설립취지

○ 센터는 통신법, 방송법, 에너지규제법(전기, 가스, 원자력 등), 운송
산업규제법(항공운송, 철도 등) 등 공익규제산업(Public Utilities)에
관한 법제연구를 수행할 것을 목적으로 합니다.

○ 이들 영역은 대부분 민영화 이후 경쟁질서의 형성 및 기타 공익목
적달성을 위해 전문규제기관에 의하여 강한 규제(sector-specific
regulations)가 이루어지는 영역으로서 다양한 공법적 이슈가 제기되
고 있으나, 현재 국내에는 이러한 연구기능을 수행하는 연구기관이
존재하지 않습니다.

○ 초기에는 정보통신법, 방송법에 중점을 두고 시작하여, 에너지법,
운송법 등 다른 공익산업법 분야로 연구범위를 확대할 계획입니다.

○ 공익산업법센터는 규제법적 접근을 중심으로 하되, 경제학, 행정학
등 다른 사회과학 및 기술정책 전문가를 다수 참여시킴으로써, 공
익산업분야에 있어서 새로운 규제법적 쟁점을 개발하고 올바른 규
제법정책적 대안을 모색하고자 합니다.

2. 센터 연구조직 및 세부 연구분야

○ 정보통신법연구회 : 통신법, 방송법, 정보법 등 정보통신 관련법제
○ 에너지법연구회 : 전기, 가스, 석유, 난방 등 에너지 관련규제법제
○ 물류법연구회 : 항공운송법, 철도 및 자동차운송법, 도로법 등
　　　　　　　　　　　물류관계법제
○ 식품의약법연구회 : 식품법, 의약품법 등 식품의약품 안전규제법제

CeLPU 총서

① **정보통신법연구 I** –통신시장에 있어서 전문규제기관과
일반경쟁규제기관의 관계

편저자 : 이원우.
저　자 : Bertrand du MARAIS, Helmut Schadow, Mike Feintuck,
Peter F. Cowhey, Rolf Stober, 경건, 김대인, 문상덕,
이원우, 이희정, 조성규.

② **정보통신법연구 II** –통신법의 집행절차 및 불복제도

편저자 : 이원우.
저　자 : 경건, 김대인, 김성태, 문상덕, 이희정, 장경원, 정호경,
조성국, 조성규.

③ **정보통신법연구 III** –통신법상 이용자보호 및 공정경쟁을 위한
규제제도의 주요 쟁점과 개선방향

편저자 : 이원우.
저　자 : 경건, 김대인, 김종보, 문상덕, 박재천, 송시강, 이희정,
장경원, 최선옥, 한기정.

④ **정보통신법연구 IV** –방송통신융합에 따른 규제체계의 정비방안(간행 예정)

⑤ **정보통신법연구 V** –방송통신시장과 규제정책(간행 예정)

⑥ **식품안전법연구 I** –현행 식품안전법제의 쟁점과 개선과제(간행 예정)

정보통신법연구 Ⅱ

인 쇄 2008년 5월 20일
발 행 2008년 5월 27일

편 저 이 원 우
펴낸이 한 정 희
편 집 문 영 주
발행처 경인문화사

주 소 서울특별시 마포구 마포동 324-3
전 화 02-718-4831~2
팩 스 02-703-9711
이메일 kyunginp@chol.com
홈페이지 한국학서적.kr
        www.kyunginp.co.kr

값 18,000원
ISBN : 978-89-499-0560-0 93360